人工智能通识课程系列教材

人工智能通识教育

吕　争　冯金地　赵　琨◎主　编
贾超广　杨自斌　黎　帅　王　涛　武天洋◎副主编

中国铁道出版社有限公司
CHINA RAILWAY PUBLISHING HOUSE CO., LTD.

内 容 简 介

本书为人工智能通识课程系列教材之一,结合人工智能学科竞赛的相关要求和竞赛目标,将人工智能相关原理、技术与行业应用场景相结合,详细介绍了人工智能基础、人工智能支撑运作平台、人工智能关键技术、人工智能应用、人工智能前沿、人工智能与社会等内容。全书内容编排契合大学生数字能力和信息素养培养要求,帮助读者切实理解和掌握人工智能相关知识与应用。

本书适合作为普通高等学校"人工智能通识"课程的教材或参考书,也可作为高等职业院校"信息技术基础"课程教材,还可作为计算机培训班的教材。

图书在版编目(CIP)数据

人工智能通识教育 / 吕争,冯金地,赵琨主编. 北京 : 中国铁道出版社有限公司,2025. 1. -- (人工智能通识课程系列教材). -- ISBN 978-7-113-31975-5

Ⅰ. TP18

中国国家版本馆CIP数据核字第2024HG9173号

书　　名:人工智能通识教育
作　　者:吕　争　冯金地　赵　琨

策　　划:韩从付		编辑部电话:(010)63549508	
责任编辑:陆慧萍			
编辑助理:史雨薇			
封面设计:郑春鹏			
责任校对:刘　畅			
责任印制:赵星辰			

出版发行:中国铁道出版社有限公司(100054,北京市西城区右安门西街8号)
网　　址:https://www.tdpress.com/51eds/
印　　刷:河北宝昌佳彩印刷有限公司
版　　次:2025年1月第1版　2025年1月第1次印刷
开　　本:787 mm×1 092 mm　1/16　印张:18　字数:473 千
书　　号:ISBN 978-7-113-31975-5
定　　价:59.00元

版权所有　侵权必究

凡购买铁道版图书,如有印制质量问题,请与本社教材图书营销部联系调换。电话:(010)63550836
打击盗版举报电话:(010)63549461

前　言

在日新月异的科技浪潮中，人工智能（AI）以其独特的魅力和无限的潜力，正逐步渗透到社会的各个角落，引领着一场前所未有的技术革命。为了响应时代的需求，培养适应未来社会的高素质技能型人才，编写团队精心组织编写了这本《人工智能通识教育》教材。

本书旨在为读者提供一个系统、直观且易于理解的人工智能知识体系。全书共分为七个教学模块，从初始人工智能的基本概念讲起，逐步深入到人工智能的支撑运作平台、关键技术、广泛应用、前沿动态，最后探讨人工智能与社会的关系。这样的编排既符合学习的逻辑顺序，又能让读者在轻松愉快的阅读中逐步领略人工智能的奥秘。

本书在编写过程中，突出了以下四个鲜明的特色：

（1）突出实训，理实结合。理论知识与实践技能的结合是掌握人工智能的关键。因此，本书在介绍理论知识的同时，特别注重实训环节的设计。通过具体的实训项目和案例分析，让读者在实践中加深对人工智能技术的理解和掌握，提升解决实际问题的能力。

（2）内容精练，实用性强。考虑到高职教育的特点，本书在内容上力求精练、实用，避免冗长的理论推导和复杂的数学计算。精选了人工智能领域最核心、最实用的知识和技能，旨在让读者在有限的时间内获得最大的学习收益。

（3）线上线下资源结合，利于自学。为了方便读者的学习，本书特别配备了丰富的教学资源，包括但不限于教学课件、实训指导、案例库等。读者可以访问中国铁道出版社教育资源数字化平台（www.tdpress.com/51eds）获取这些资源，以提高教学便捷性和灵活性。

（4）案例丰富，激发学习兴趣。书中通过大量的案例分析，展示了人工智能在各个领域的广泛应用和深远影响，以及人工智能技术的巨大潜力，以期激发读者学习人工智能的兴趣和热情，培养创新思维和实践能力。

本书编写团队成员长期工作在教学一线，具有丰富的人工智能及相关领域的教学经验。由吕争、冯金地、赵琨担任主编，贾超广、杨自斌、黎帅、王涛和武天洋担任副主编，河南景奈教育科技集团有限公司参与编写。

我们相信，通过本书的学习，读者将能够系统地掌握人工智能的基本知识和技能，为未来的职业生涯打下坚实的基础。同时，我们也希望本书能为高等院校各专业人工智能通识课程教学提供有力的支持，为相关岗位的培训提供优质的教材资源。让我们携手共进，共同迎接人工智能时代的到来！

由于时间仓促，加之编者水平有限，书中疏漏与不妥之处在所难免，恳请广大专家和读者批评指正。

编　者

2024 年 9 月

目　录

模块1　初识人工智能 1

单元1　人工智能的定义和内涵 1
1.1.1　人工智能的定义 2
1.1.2　人工智能的特征 3
1.1.3　实现人工智能的四种途径 4

单元2　人工智能发展简史 6
1.2.1　人工智能1.0时代：计算推理，奠定基础 7
1.2.2　人工智能2.0时代：知识表示和专家系统 7
1.2.3　人工智能3.0时代：机器学习和深度学习 8

单元3　人工智能发展现状 11
1.3.1　人工智能研究现状 11
1.3.2　人工智能产业链 12
1.3.3　各国人工智能发展现状 15

单元4　人工智能理论与技术框架 19
1.4.1　人工智能理论基础 19
1.4.2　机器学习与深度学习 23

实训任务 26
自我测评 27

模块2　人工智能支撑运作平台 29

单元1　人工智能芯片 29
2.1.1　芯片的基础知识 29
2.1.2　人工智能芯片的概念 30
2.1.3　人工智能芯片的发展 32
2.1.4　人工智能芯片的应用领域 33
2.1.5　人工智能芯片的市场前景 34

单元2　大数据 36
2.2.1　大数据概述 36

2.2.2　大数据与人工智能的关系 37
　　2.2.3　人工智能领域的大数据运用 39
单元3　云计算服务平台 40
　　2.3.1　云计算服务平台的概述 40
　　2.3.2　云计算服务平台的核心技术 41
　　2.3.3　云计算服务平台的类型 41
　　2.3.4　云计算服务平台在人工智能领域的应用 43
　　2.3.5　云计算服务平台的优势与挑战 45
单元4　边缘计算 45
　　2.4.1　边缘计算概述 45
　　2.4.2　边缘计算的系统架构与技术原理 46
　　2.4.3　边缘计算与云计算的区别和联系 47
　　2.4.4　AI领域的边缘计算运用 48
　　2.4.5　边缘计算面临的挑战与未来发展 49
单元5　万物互联与群体智能平台 50
　　2.5.1　万物互联概述 50
　　2.5.2　万物互联的技术基础与发展趋势 50
　　2.5.3　万物互联在AI领域中的应用 51
　　2.5.4　群体智能概述 52
　　2.5.5　群体智能在AI领域中的应用 52
　　2.5.6　万物互联与群体智能的结合 53
　　2.5.7　万物互联与群体智能在AI领域中的重要性 54
单元6　混合增强智能服务平台 54
　　2.6.1　混合增强智能概述 54
　　2.6.2　混合增强智能服务平台全维解析 56
单元7　无人自主系统平台 58
　　2.7.1　无人自主系统平台的概念 58
　　2.7.2　无人自主系统平台的发展历程 59
　　2.7.3　无人自主系统平台的基本构成和工作原理 60
　　2.7.4　无人自主系统的关键技术 61
　　2.7.5　无人自主系统平台典型应用 62
　　2.7.6　无人自主系统平台的挑战与发展趋势 63

单元8 智能数据与安全平台 ... 64
2.8.1 智能数据平台基础 ... 64
2.8.2 安全平台的必要性 ... 65
2.8.3 智能数据与安全平台的融合 ... 65
2.8.4 智能数据与安全平台的关键技术 ... 66
2.8.5 智能数据与安全平台的实施与运维 ... 67
2.8.6 智能数据与安全平台的未来展望与挑战 ... 67
实训任务 ... 68
自我测评 ... 70

模块3 人工智能关键技术 ... 72
单元1 自然语言处理技术 ... 72
3.1.1 什么是自然语言处理 ... 72
3.1.2 自然语言处理的典型应用 ... 73
3.1.3 自然语言处理的发展趋势 ... 75
单元2 机器学习技术 ... 76
3.2.1 监督学习的流程和框架 ... 77
3.2.2 监督学习的案例 ... 77
3.2.3 数据集与损失函数 ... 79
3.2.4 无监督学习的主要任务 ... 80
单元3 深度学习技术 ... 81
3.3.1 深度学习的发展历程 ... 81
3.3.2 深度学习的工作原理 ... 82
3.3.3 深度学习的关键——GPU ... 83
3.3.4 深度学习的案例 ... 84
单元4 机器视觉与机器听觉 ... 85
3.4.1 机器视觉 ... 85
3.4.2 机器视觉的原理 ... 86
3.4.3 机器听觉 ... 88
3.4.4 语音识别技术的应用 ... 90
3.4.5 声纹识别 ... 91
单元5 跨媒体分析与推理技术 ... 91
3.5.1 跨媒体分析与推理技术概述 ... 91

3.5.2　跨媒体分析推理技术研究框架 ... 92
 3.5.3　图文转换 ... 93
 3.5.4　应用举例 ... 94
 3.5.5　跨模态检索 ... 96
 3.5.6　基于知识图谱的视觉问答系统 ... 97
 3.5.7　挑战与展望 ... 98
单元6　虚拟现实与增强现实技术 ... 98
 3.6.1　VR与AR的定义 ... 98
 3.6.2　VR与AR的发展简史 ... 99
 3.6.3　VR与AR的研究现状 ... 100
 3.6.4　VR与AR的联系与区别 ... 102
 3.6.5　VR系统组成 ... 103
 3.6.6　VR系统分类 ... 104
 3.6.7　VR系统硬件设备 ... 105
 3.6.8　AR系统组成 ... 108
 3.6.9　VR技术与AR技术的应用领域 ... 109
实训任务 ... 112
自我测评 ... 116

模块4　人工智能应用（一） ... 117

单元1　人工智能+制造 ... 117
 4.1.1　智能制造简介 ... 117
 4.1.2　人工智能给制造业带来的优势 ... 120
 4.1.3　工业机器人 ... 122
 4.1.4　智能机床 ... 126
单元2　人工智能+交通 ... 129
 4.2.1　人工智能在交通管理中的使用 ... 129
 4.2.2　交通管理中人工智能应用的争议 ... 133
 4.2.3　智慧城市——城市中的人工智能交通系统 ... 135
单元3　人工智能+物流 ... 136
 4.3.1　国内人工智能在物流行业中的应用现状 ... 136
 4.3.2　菜鸟智慧物流 ... 138
 4.3.3　顺丰智慧物流 ... 139

  4.3.4 码垛机器人的认知 140
 单元 4 人工智能 + 建筑 142
  4.4.1 建筑行业的现状和挑战 142
  4.4.2 人工智能在建筑领域的应用 143
  4.4.3 人工智能与人类合作的可能性 144
  4.4.4 人工智能与建筑行业的伦理问题 145
  4.4.5 搬运机器人在建筑行业的应用 146
 单元 5 人工智能 + 农业 147
  4.5.1 人工智能与农业 147
  4.5.2 人工智能在农业领域的应用场景 148
  4.5.3 人工智能在农业领域的优势 149
  4.5.4 人工智能在农业发展中的挑战 149
  4.5.5 人工智能在农业领域的未来趋势 150
实训任务 150
自我测评 153

模块 5 人工智能应用（二） 154
 单元 1 人工智能 + 医疗诊断 154
  5.1.1 何为人工智能 + 医疗诊断 154
  5.1.2 医疗诊断影像分析 157
  5.1.3 疾病预测和风险评估 161
  5.1.4 智能辅助诊断系统 163
  5.1.5 病历数据挖掘 165
 单元 2 人工智能 + 教育 167
  5.2.1 何为人工智能 + 教育 167
  5.2.2 智能教学与个性化学习 169
  5.2.3 自动化评估与反馈 172
  5.2.4 学情分析与预测 175
  5.2.5 虚拟学习环境与智能课堂 176
  5.2.6 学习障碍辅助与包容性教育 179
 单元 3 人工智能 + 环境保护 182
  5.3.1 何为人工智能 + 环境保护 182
  5.3.2 人工智能在气候变化监测中的应用 184

- 5.3.3 人工智能在生态系统保护中的应用 186
- 5.3.4 人工智能在污染控制与资源管理中的应用 188

单元4 人工智能+军事国防 191
- 5.4.1 何为人工智能+军事国防 191
- 5.4.2 无人机作战系统 192
- 5.4.3 智能武器与精确打击 194
- 5.4.4 网络战与智能网络防御 196
- 5.4.5 自主作战决策 197

单元5 人工智能+城市管理 199
- 5.5.1 何为人工智能+城市管理 199
- 5.5.2 人工智能+城市管理的发展概况 199
- 5.5.3 人工智能在公共安全中的应用 200

单元6 人工智能+养老 203
- 5.6.1 何为人工智能+养老 203
- 5.6.2 人工智能在健康监测中的应用 205
- 5.6.3 人工智能在日常生活辅助中的应用 206
- 5.6.4 人工智能在心理关怀与社交互动中的应用 209

实训任务 210
自我测评 214

模块6 人工智能前沿 216

单元1 生成式人工智能 216
- 6.1.1 AIGC 的理论基础 216
- 6.1.2 AIGC 的核心技术 219
- 6.1.3 AIGC 的典型应用场景 221
- 6.1.4 AIGC 面临的挑战 227

单元2 通用人工智能（AGI） 228
- 6.2.1 AGI 的理论基础 228
- 6.2.2 AGI 的发展现状 228
- 6.2.3 AGI 的技术瓶颈 230
- 6.2.4 跨学科视角下的 AGI 230
- 6.2.5 AGI 的未来发展方向 231

单元3 机器人流程自动化（RPA） 232

6.3.1 企业数字化转型 232
6.3.2 RPA 理论基础 233
6.3.3 RPA 与 AI 的融合机制 236
6.3.4 RPA+AI 融合创新的企业应用案例 237
6.3.5 RPA+AI 的未来 239

单元 4 量子计算 240
6.4.1 量子计算的概念与特点 240
6.4.2 量子计算在人工智能中的应用 241
6.4.3 人工智能对量子计算的影响 242
6.4.4 量子计算与人工智能结合的案例 243
6.4.5 量子计算 +AI 的未来 243

单元 5 脑机接口 244
6.5.1 脑机接口的理论基础 244
6.5.2 脑机接口的应用 244
6.5.3 脑机接口与人工智能融合的优势与挑战 245
6.5.4 脑机接口 +AI 的未来 246

单元 6 具身智能 247
6.6.1 具身智能的发展历史 247
6.6.2 具身智能的技术体系 248
6.6.3 具身智能产业发展现状 249
6.6.4 具身智能的应用领域 249
6.6.5 具身智能的未来 250

单元 7 3D 打印 251
6.7.1 3D 打印的原理与技术特点 251
6.7.2 人工智能对 3D 打印的优化作用 251
6.7.3 3D 打印与人工智能的融合应用 252
6.7.4 3D 打印 + 人工智能的未来 253

单元 8 仿生计算 253
6.8.1 仿生计算的理论基础 253
6.8.2 仿生计算与群体智能的关系 254
6.8.3 仿生计算的应用案例 254
6.8.4 仿生计算的未来 255

单元 9　类脑智能 256
　　6.9.1　类脑智能的理论基础 256
　　6.9.2　类脑智能的发展现状 258
　　6.9.3　类脑智能发展面临的挑战 259
实训任务 259
自我测评 261

模块 7　人工智能与社会 262

单元 1　人工智能改变人类工作 262
　　7.1.1　工作岗位的替代 262
　　7.1.2　工作方式的改变 263
单元 2　未来新的工作机会 264
单元 3　人工智能时代需要的人才 266
　　7.3.1　跨学科知识 266
　　7.3.2　创新能力 266
　　7.3.3　实践能力 266
单元 4　人工智能安全和评估 267
　　7.4.1　人工智能的安全问题 267
　　7.4.2　人工智能的安全评估标准 267
单元 5　人工智能的伦理与隐私 268
　　7.5.1　人工智能引发的伦理问题 268
　　7.5.2　人工智能时代的隐私保护 269
实训任务 270
自我测评 271

附录 A　国际青年人工智能大赛 273

参考文献 276

模块 1 初识人工智能

学习目标
1. 深入理解人工智能的定义、特征、发展历程及现状趋势。
2. 掌握人工智能的基础理论、机器学习与深度学习技术，具备初步的应用分析能力。
3. 培养批判性思维，能够分析人工智能技术的优缺点，思考其对社会的潜在影响。

学习重点
1. 人工智能的内涵。
2. 人工智能产业链的结构与各国发展现状比较分析。
3. 机器学习与深度学习的基础理论及主要算法。

本模块主要介绍人工智能的定义和内涵、人工智能发展简史、人工智能现状和发展趋势及人工智能概述。

单元 1　人工智能的定义和内涵

人工智能（artificial intelligence, AI），是通过计算机程序模拟、延伸人类智能的技术。它能赋予机器感知、理解、推理等能力，甚至超越人类智能。2016年，AlphaGO在国际围棋赛事中战胜人类顶级选手，这一事件标志着AI技术的重大突破，展示了其在复杂决策和策略分析上的强大实力。而到了2024年，中国各大城市兴起的自动驾驶现象，更是AI技术迅猛发展的生动体现。自动驾驶技术依赖AI进行环境感知、路径规划和安全驾驶，它的兴起不仅提升了交通效率，还预示着未来智能交通的广阔前景。这些实例证明，AI正深刻改变我们的生活，并将持续引领科技进步的潮流，人工智能的应用领域如图1-1所示。

图1-1　人工智能的应用领域

1.1.1 人工智能的定义

人工智能的起源与1950年英国著名数学家和逻辑学家阿兰·图灵（见图1-2）紧密相连。在他的著作《计算机器与智能》中，图灵提出了一个引人深思的假想实验——"图灵测试"。该测试的核心在于评估机器是否能展现出与人类相似的智能行为。具体而言，若测试者无法通过纯文本对话区分与其交流的是人还是机器，便可认为该机器具备智能。这一思想实验不仅为人工智能领域奠定了基石，更成为衡量机器智能程度的重要标准。简而言之，"图灵测试"提供了一种判断机器是否具备人类智能的实用方法，从而引领了人工智能技术的探索与发展。因此，可以将人工智能定义为：通过模拟人类的思考、学习和解决问题等智能行为，使机器能够在一定程度上展现出与人类相似的智能水平。

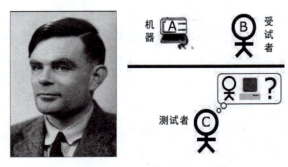

图1-2　阿兰·图灵和图灵测试

如今，人工智能早已经度过了简单模拟人类智能的发展阶段，演进为研究人类智能活动规律和构建具有一定智能水平的人工系统和硬件，开展为需要人类智能才能进行的工作的一门综合学科。

目前，在学术层面，关于人工智能的定义，有一些不同的观点。

（1）1956年达特茅斯会议上，计算机学家约翰·麦卡锡对人工智能的定义是制造智能机器的科学和工程，旨在创造能够像人类一样思考的机器。他认为人工智能产品应该具备人类心智的能力，包括推理、知觉、联想等心理技能。麦卡锡的定义强调了人工智能对人类智能的模拟与实现。

（2）斯坦福大学的尼尔斯·约翰·尼尔森教授认为人工智能是关于知识的学科，研究怎样表示知识、怎样获得知识并使用知识的科学。这个定义揭示了人工智能学科的基本思想和内容，即研究人类智能活动的规律，以及如何让计算机完成以往需要人类智力才能胜任的工作。

（3）麻省理工学院的帕特里克·温斯顿教授认为人工智能是研究如何使计算机去做过去只有人类才能做的智能工作。这个定义突出了人工智能的目标，即模拟和扩展人类的智能行为。

从实践角度出发，广义人工智能可以定义为：一种具备高度灵活性和适应性的技术，它旨在模拟、延伸甚至超越人类的智能。这种技术不仅限于特定任务，而且能够应对各种情境，进行逻辑推理、问题解决，以及从经验中学习和自我改进。

从人工智能产业角度来看，人工智能是利用数字计算机或受其控制的机器来模拟、延伸和扩展人类智能的技术。它涵盖从基础层的算力和数据支持，到技术层的算法和模型开发，再到应用层与各行业的深度融合。通过感知环境、获取知识并优化决策，人工智能为产业带来创新和效率提升。

而我们通常提到的人工智能技术，其本质是模拟、延伸甚至超越人类的智能，它综合了数学、计算机科学、控制论、语言学、心理学、神经科学、经济学等多个学科的知识。其核心在于使机器能够执行类似于人类的智能活动，如学习、推理、理解自然语言、识别图像、规划、问题解决等。

人工智能就像由不同音符组成的音乐，不同音符由不同乐器奏响，最终实现演奏者内心所想和头脑所思的效果。类似于创造音乐作品，人工智能的实现也具有多元性和协同性。人工智能中的各个组成部分或技术，如机器学习算法、自然语言处理技术、计算机视觉技术等，就好比不同的乐器，各自有着独特的音色和演奏方式。

当这些"音符"或技术被巧妙地组合和编排时，就能产生出美妙的"音乐"——即智能行为。这种智能行为能够体现出设计者的意图和思想，就像演奏者通过音乐来表达自己的情感和想法一样。它也揭示了人工智能的潜力和可能性，即通过组合和优化不同的技术元素，我们可以创造出能够模拟甚至超越人类智能的系统。

要实现人工智能，需要具备四种关键能力，这些是构成其"智能"的基石。

（1）认识和理解外部环境的能力让人工智能系统能够感知并解析外界信息，这是其与外部环境交互的基础。

（2）人工智能需要具备提出概念、建立方法的能力，通过演绎和归纳推理来解决问题，并据此做出合理决策，这体现了人工智能的逻辑推理和问题解决能力。

（3）学习能力是人工智能不断进步和自我优化的关键，通过大量的教育、学习和训练，人工智能系统能够不断完善自己的知识库和技能集。

（4）自适应能力使人工智能能够在面对新情境时调整策略，以应对不断变化的环境和需求，这是人工智能灵活性和实用性的重要体现。

以上四种能力共同构成了人工智能的核心竞争力，使其能够在执行任务时展现出与人类相似的智能水平，甚至在某些方面超越人类。

1.1.2 人工智能的特征

21世纪以来，互联网行业出现了大数据、云计算和物联网等新技术，这大大推动了人工智能的发展，大数据提供了海量的数据资源，云计算为数据处理提供了强大的计算能力，物联网则通过连接各种设备产生了丰富的数据。而人工智能则能够对这些数据进行深度分析和学习，做出智能决策，提升效率和准确性。

相较于这些互联网新技术，人工智能显然处在更高阶维度，是因为它赋予了机器类似于人的思考和学习能力，这种智能性是其他技术所不具备的。人工智能能够改变互联网本身，因为它让互联网变得更加智能化、个性化，提升了用户体验，同时也推动了各行业的创新和变革。

这种改变和颠覆主要表现在全新交互方式、自进化能力，以及去节点化三个方面。

1. 全新交互方式

人工智能技术为用户提供了前所未有的交互体验。传统的互联网和移动互联网技术主要依赖于键盘、鼠标或触摸屏等设备进行交互，而人工智能技术则打破了这一局限，引入了更加自然、智能的交互方式。

通过语音识别和自然语言处理技术，用户可与设备进行自然语言对话，无须学习复杂的命令或操作步骤。这种交互方式不仅更加直观、便捷，还大大降低了用户的使用门槛。此外，人工智能技术还能通过图像识别、手势识别等技术实现更多样化的交互方式，进一步提升用户体验。

除了提升用户体验外,全新的交互方式还为企业和公共部门提供了新的服务模式和商业机会。例如,在客户服务领域,智能语音助手可以实时回答用户的问题,提供个性化的推荐和服务;在医疗领域,通过自然语言处理和图像识别技术,医生可以更方便地查看和分析患者的医疗图像和病历资料,提高诊断的准确性和效率。

2. 自进化能力

人工智能技术的另一大特点是其自进化能力。传统的互联网和移动互联网技术往往需要人工进行更新和维护,而人工智能技术则能够通过机器学习和深度学习技术自我优化和进步。

通过持续学习和分析大量数据,人工智能系统可以自动识别模式、预测趋势并作出决策。这种自进化能力使得人工智能系统能够适应不断变化的环境和需求,提供更加精准、个性化的服务。例如,在电商领域,智能推荐系统可以根据用户的购物历史和浏览行为自动调整推荐策略,提高销售额和用户满意度。

自进化能力不仅提升了系统的智能性和适应性,还为企业和公共部门带来了巨大的商业价值和社会效益。通过自动化和智能化的决策支持,企业和公共部门可以更加高效地管理资源、优化运营并降低成本。同时,自进化能力也使得人工智能技术能够在更多领域发挥作用,推动社会的创新和进步。

3. 去节点化

人工智能的去节点化,是指其能够在后台高效地处理信息、应用和服务,使用户在前端能够直接获得所需,而无须了解背后的复杂过程和节点。这颠覆了人们获取信息和服务的方式。

在传统互联网技术中,用户往往需要经过多个步骤和节点才能获取到所需的信息或服务。例如,在搜索引擎中,用户需要输入关键词,然后浏览和筛选多个结果才能找到所需内容。这个过程中,用户参与了信息的组织、匹配和筛选,且这个过程是显性的、透明的。

然而,在人工智能技术的支持下,去节点化使这个过程变得简洁高效。数据处理、逻辑判断和交互表达的动作都被电子化、数字化和云化,用户只需通过简单的交互,如语音指令或点击,即可直接获得所需的信息或服务。例如,在塔式起重机操作中,这个复杂的信息处理过程被塔机安全监控终端所隐藏,用户无须了解背后的具体运作机制。

去节点化带来了诸多便利。首先,它大大提高了用户获取信息的效率,减少了不必要的中间环节。其次,它使得服务更加个性化和精准,因为人工智能可以根据用户的历史数据和偏好进行智能推荐。最后,它降低了技术使用门槛,使得更多人能够享受到科技带来的便利。

1.1.3 实现人工智能的四种途径

人工智能的实现总是依赖于计算机,目前主流的实现人工智能的途径有四种。

1. 像人一样行动:图灵测试

人工智能的实现,首先被设想为能够像人一样行动(见图1-3),这一理念的集中体现就是图灵测试。图灵测试作为一种评估机器是否具备人类智能的标准,要求机器在对话中表现得如同人类,使人无法区分。目前,围绕这一核心,人工智能的发展聚焦于以下六个关键领域。

(1)自然语言处理:让机器理解和生成人类语言,实现更自然的对话。

(2)知识表示:研究如何有效地将人类知识转化为计算机可理解的格式。

(3)自动推理:使机器能够模拟人类的逻辑推理能力,进行问题求解和决策。

(4)机器学习:让计算机从数据中学习规律,不断提高性能。

(5)计算机视觉:旨在使机器能够识别和理解图像与视频,模仿人类的视觉能力。

（6）机器人学：研究如何结合上述技术，制造出能够执行任务的智能机器人。

这六个领域共同构成了人工智能的主体框架，它们的不断进步推动着人工智能向更高层次的发展。

图1-3 人工智能能否像人一样交谈

2. 像人一样思考：认知建模

人工智能若能像人一样思考，确实需要先深入探索人是如何思考的。目前，我们主要通过三种方法来研究人脑的实际运行机制：内省、心理实验和脑成像技术。

（1）内省：通过自我观察来捕获我们自身的思维过程。例如，认知心理学家可能会要求被试者在解决问题时报告他们的思考过程，从而了解人类思维的内部逻辑。

（2）心理实验：通过观察工作中的个体来探究思维规律。例如，著名的"斯特鲁普效应"实验，通过展示颜色和字义不同的文字来测试反应时间，揭示了人类处理信息的自动性和干扰效应。

（3）脑成像技术：能够直接观察大脑在工作时的状态。功能性磁共振成像（functional magnetic resonance imaging, fMRI）就是一个实例，它通过检测大脑血流变化来反映脑区活动，从而揭示不同思维任务下大脑的活跃区域。

这些研究方法共同为我们揭示了人脑思维的奥秘，也为人工智能模型的构建提供了宝贵的启示和依据。通过模拟人类的思维方式，人工智能有可能实现更加类人的智能行为。

认知科学是一门跨学科的综合性科学，旨在研究人类的认知过程，包括知觉、注意、记忆、语言、思维、意识等。它融合了心理学、神经科学、语言学、哲学、计算机科学等多个领域的知识，致力于揭示人类智能的本质和工作机制。

认知科学对人工智能认知建模起着至关重要的推动作用。通过研究人类的认知模式，人工智能专家可以设计出更加贴近人类思维方式的算法和模型，从而提高人工智能的效率和准确性。认知科学不仅为人工智能提供了理论基础，还为其提供了实践指导，推动了人工智能技术的飞速发展。

在认知科学领域，有三位科学家作出了关键贡献。

（1）艾弗拉姆·诺姆·乔姆斯基：他提出了著名的生成语法理论，这一理论为自然语言处理（natural language processing, NLP）领域奠定了基础。他的转换生成语法为自然语言处理提供了重要的理论指导。"管辖与约束理论"（GB理论），特别适合用来设计未来的人工智能自然语言系统。

（2）赫伯特·亚历山大·西蒙：他首创了"通用问题求解系统"GPS，这是根据人在解题中的共同思维规律编制而成的，使启发式程序有了更普遍的意义。另外，西蒙还提出了"决策模式理论"这一核心概念，为决策支持系统（DSS）奠定了理论基础，对人工智能在决策领域的应用产生了重要影响。

（3）丹尼尔·丹尼特：认知科学领域的先驱之一，他提出了多个具有里程碑意义的理论，如"认知革命""心智模型"等，这些理论为认知科学的发展和人工智能认知建模奠定了基础。

3. 合理地思考：思维法则

实现人工智能的第三个途径——合理地思考，与古希腊哲学家亚里士多德的逻辑学理念有着深厚的联系。亚里士多德提出的三段论逻辑学范式，为后世提供了严谨的思维法则。三段论由大前提（所有人都会死亡）、小前提（苏格拉底是人）和结论（苏格拉底会死亡）构成，通过这一逻辑推理方法，人们能够更为准确地判断事物的性质和关系。

在人工智能领域，逻辑主义流派深受亚里士多德逻辑学的影响。该流派主张从功能方面模拟、延伸和扩展人的智能，核心在于符号推理与机器推理。逻辑主义认为，通过符号表达的方式来研究智能和推理，可以构建出具有人类智能特点的系统。这一流派的研究者致力于将人类的逻辑思维方式转化为计算机可执行的算法和程序，从而让机器具备推理、规划和知识表示等高级智能行为。

逻辑主义流派在创建智能系统时，强调"思维法则"的途径，即通过建立一套严密的逻辑规则，使机器能够像人一样进行逻辑推理。这种方法不仅提高了机器的智能水平，也为人工智能的发展提供了坚实的理论基础。

然而，这一途径在实现人工智能的过程中面临着两大障碍。

第一，非格式化的知识，如人类的情感、文化和习惯等，很难用纯粹的逻辑化形式来表达。这些知识是人类智能的重要组成部分，但在逻辑系统中却难以精准捕捉。

第二，理论上能够解决的问题与实际操作的可行性之间存在巨大差异。即使在逻辑上构建了一个完美的解决方案，实际操作中可能会因为计算资源的限制、算法的效率问题导致难以实现。

4. 合理地行动：进程安排

进程安排是实现人工智能的一个重要途径，它强调的是对操作运行的智能规划与管理。在复杂多变的环境中，进程安排能够根据当前的情况，动态地调整任务的执行顺序和方式，以确保系统能够高效地达到预定目标。这种智能的进程管理，不仅提升了系统的自主性，还增强了其适应性和灵活性。

相较于其他三种实现人工智能的途径，进程安排有着独特的优势。首先，与"像人一样行动：图灵测试"相比，进程安排更注重行动的逻辑性和效率，而非简单模仿人类行为。其次，与"像人一样思考：认知建模"相比，进程安排不局限于模拟人类的思维方式，而是根据任务需求和系统资源来优化决策过程。最后，与"合理地思考：思维法则"相比，进程安排不仅关注思考过程的合理性，还强调实际行动的有效性和适应性。

进程安排的核心在于其能够根据不确定性动态调整任务规划，以实现最佳期望结果。这种动态规划能力，使得系统在面对复杂多变的环境时，能够迅速作出反应，重新安排任务的优先级和执行顺序，从而确保整体目标的达成。这种灵活性和自主性，使得进程安排在实现人工智能的过程中具有不可替代的优势。

单元2　人工智能发展简史

人工智能作为计算机科学的一个分支，旨在探索智能的本质，并生产出能像人类智能一样

1.2.1 人工智能1.0时代：计算推理，奠定基础

人工智能发展的第一个阶段，即人工智能1.0时代，主要是以计算推理为基础，为人工智能领域奠定了基石。这一阶段的重要成果和技术突破如下。

（1）阿兰·图灵（Alan Turing）在1936年提出了图灵机理论，这是一种抽象的计算模型，为后来的计算机设计和人工智能发展提供了理论基础。图灵的工作对人工智能领域产生了深远影响，他提出的图灵机概念成为计算机科学和人工智能的核心。

（2）沃伦·麦卡洛克（Warren McCulloch）和沃尔特·皮茨（Walter Pitts）在1943年首次提出了基于人类大脑的神经网络创建的计算机模型，被称为MCP模型。这一模型为后来的神经网络研究奠定了基础。

他们的论文《神经活动中固有思想的逻辑演算》具有开创性意义，展示了神经系统可以被视为一种通用计算设备，从而引领了后续对神经网络的研究和应用。

（3）1956年夏天，在美国新罕布什尔的达特茅斯学院召开了一次重要的人工智能暑期研讨会，这次会议在人工智能发展史上具有重要意义。

会议上，麦卡锡（J. McCarthy）、纽厄尔（A. Newell）、西蒙（H. A. Simon）和明斯基（M. L. Minsky）等人作出了重要贡献。他们探讨了人工智能的基本概念、方法和应用前景，为人工智能领域的发展指明了方向。

这次会议正式使用了"人工智能"这一术语，并标志着人工智能作为一个独立学科的诞生。

这一阶段的主要成果和进展：

① 神经网络的提出：沃伦·麦卡洛克和沃尔特·皮茨的工作为神经网络的研究奠定了基础，展示了神经系统可以被视为一种通用计算设备的可能性。

② 图灵机理论的提出：阿兰·图灵的图灵机理论为计算机科学和人工智能提供了理论基础，对后续的计算机设计和人工智能发展产生了深远影响。

③ 人工智能学科的诞生：1956年的达特茅斯会议标志着人工智能作为一个独立学科的诞生，为后续的研究和应用提供了方向和指导。会议上提出的"人工智能"术语也成为该领域的标准用语。

总的来说，人工智能1.0时代是一个奠定基础、探索计算推理的阶段。这一阶段的工作为后续的人工智能发展提供了重要的理论和实践基础。

1.2.2 人工智能2.0时代：知识表示和专家系统

人工智能发展的第二个阶段，即基于知识表示的专家系统阶段，是人工智能发展历程中的一个重要时期。这一阶段的重要成果和技术突破主要体现在专家系统的设计和应用上。专家系统是一种模拟人类专家决策过程的计算机程序，它能够利用专业知识和经验来解决特定领域的问题。这一阶段的重要成果和技术突破如下：

（1）知识表示：在这一阶段，研究人员开始探索如何有效地将人类专家的知识和经验转化为计算机可理解的格式。这涉及了知识表示方法的研究，如产生式规则、语义网络等，这些方法为专家系统的构建提供了基础。

（2）专家系统的开发与应用：专家系统是这一阶段最显著的成果之一。它们利用特定领

域的知识和规则来进行推理和决策，从而模拟人类专家的行为。图1-4所示是专家系统的工作原理。这些系统在医疗、化学、数学、金融等多个领域得到了广泛应用。

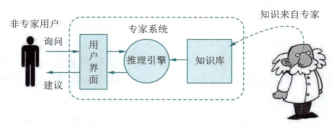

图1-4　专家系统的工作原理

（3）不确定性推理的引入：在专家系统中，不确定性推理的引入是一个重要的技术突破。它允许系统处理不完全和不确定的知识，提高了系统的灵活性和适应性。MYCIN系统就是这一突破的典型代表。

下面介绍几种重要的专家系统。

（1）DENDRAL系统：专家系统的早期实例，它是一个化学专家系统，由斯坦福大学的费根鲍姆等人在20世纪60年代中期开发。它利用基于规则的推理方法，实现了对质谱数据的自动解释和分子结构的推断。这个系统的成功展示了专家系统在特定领域内的应用潜力和价值。它能够通过分析化学物质的质谱数据，推断出可能的分子结构，从而辅助化学家进行研究和开发。

（2）MACSYMA系统：一个具有代表性的计算机代数系统，由麻省理工学院开发。它利用LISP编写，可以处理复杂的数学计算和符号运算。该系统在人工智能发展的早期阶段起到了重要作用，它不仅能够进行严密的数学计算，还可以通过公式处理方法进行启发式的推理，模仿专家的思考行为。这使得MACSYMA系统在科研、教育等领域得到了广泛应用。

（3）MYCIN系统：一个用于诊断和治疗细菌感染的医疗专家系统。它能够根据患者的症状和病史，提供可能的诊断以及相应的治疗方案。该系统采用了不确定推理技术，能够处理医学领域中的不确定性和模糊性，从而提供更为准确的诊断建议。

（4）CASNET系统：一个用于青光眼诊断和治疗的专家系统。它通过分析患者的眼压、视野等数据，辅助医生进行青光眼的早期诊断和治疗方案制定。该系统提高了青光眼诊断的准确性和效率，为患者提供了更好的医疗服务。

（5）PROSPECTOR系统：一个用于地质勘探的专家系统。它能够通过分析地质数据，预测矿藏的位置和储量，辅助地质学家进行勘探决策。该系统结合了地质学知识和人工智能技术，提高了矿藏勘探的准确性和效率。

总的来说，人工智能发展的第二个阶段以基于知识表示的专家系统为重要特征，取得了显著的成果和技术突破。DENDRAL系统和MACSYMA系统作为这一阶段的典型代表，展示了专家系统在特定领域内的强大应用潜力。这些系统的成功不仅推动了人工智能技术的发展，也为后续的技术创新和应用拓展奠定了坚实的基础。

1.2.3　人工智能3.0时代：机器学习和深度学习

随着科技的飞速发展，人工智能已经进入了全新的3.0时代，这一时代以机器学习和深度学习为主要特征，如图1-5和图1-6所示。在这个阶段，AI不再仅仅依赖于预设的规则和知识库，而是能够从海量的数据中自主学习、提炼特征并进行智能决策。以下介绍这一阶段的重要科学成果、技术突破以及应用场景。

图1-5 机器学习

图1-6 深度学习

1. 重要科学成果

（1）图像识别与语音识别的显著提升：在机器学习和深度学习的推动下，图像识别和语音识别的准确率得到了显著提升。通过深度神经网络的学习，计算机现在能够更精确地识别图像中的对象、场景以及语音中的词汇和语境。

（2）自然语言处理的进步：自然语言处理在机器学习技术的助力下取得了重大进展。现在的AI系统不仅能够理解人类语言的表面意思，还能在一定程度上捕捉其深层含义和上下文关系。

（3）强化学习的突破：强化学习是机器学习的一个重要分支，它使得机器能够在与环境的交互中学习并优化决策策略。近年来，强化学习在多个领域都取得了令人瞩目的成果，如游戏AI、自动驾驶等。

2. 主要科学家及其贡献

乔弗里·辛顿（Geoffrey Hinton）：被誉为"深度学习之父"，他在神经网络和深度学习领域作出了卓越贡献。他提出了反向传播算法，这是训练深度神经网络的关键技术之一，极大地推动了深度学习的发展。

杨立昆（Yann LeCun）：卷积神经网络（convolutional neural networks, CNN）的先驱之一。他在20世纪90年代就提出了卷积神经网络的概念，并将其应用于手写数字识别等问题上。CNN如今已成为图像识别领域的核心技术。

吴恩达（Andrew Ng）：在机器学习和深度学习领域都有显著贡献。他不仅在学术界有着广泛的影响力，还将这些技术带到了工业界，推动了AI技术的实际应用。

3. 技术突破

（1）深度学习的兴起：深度学习作为机器学习的一个分支，在人工智能3.0时代得到了极大的发展。它通过构建深层神经网络来模拟人脑的学习过程，实现了对复杂数据的特征提取和模式识别。深度学习的成功应用，特别是在图像识别、语音识别和自然语言处理等领域，极大地推动了人工智能技术的进步。

（2）自然语言处理的进步：在人工智能3.0时代，自然语言处理技术也取得了显著进步。通过深度学习模型，机器能够更准确地理解人类语言，实现更自然的对话和交流。这一进步为智能助手、智能客服等应用提供了强大的技术支持。

（3）Transformer模型的提出：Transformer模型在自然语言处理领域取得了革命性的突破。它通过自注意力机制来捕捉文本中的长距离依赖关系，显著提高了NLP任务的性能。

（4）生成对抗网络（generative adversarial networks, GAN）的发展：GAN由两个神经网络组成——生成器和判别器，它们通过对抗学习来生成逼真的图像、音频或文本。这一技术在艺术创作、虚拟现实等领域有着广泛的应用前景。

（5）强化学习的应用：强化学习是一种通过与环境交互来学习决策策略的方法。在人工智能3.0时代，强化学习被广泛应用于机器人控制、自动驾驶等领域。通过与环境的不断交互和学习，机器能够自主优化决策策略，提高性能。

4. 重要标志性事件

（1）**深蓝在国际象棋赛战胜顶级选手**：1997年，IBM公司的超级计算机"深蓝"在与国际象棋世界冠军卡斯帕罗夫的对弈中取得了胜利。这一事件不仅标志着人工智能技术在特定领域达到了人类顶级专家的水平，还象征着机器智能在复杂决策和策略规划方面的巨大突破。

（2）**ImageNet挑战赛的胜利**：在深度学习的推动下，2012年，Hinton小组在ImageNet挑战赛中，AlexNet经典网络运用卷积神经网络算法夺冠。他们使用深度学习模型对图像进行分类和识别，准确率远超传统方法。

（3）**DeepFace、DeepID（人脸识别和人脸认证）横空出世**：2012年，DeepFace和DeepID等技术出现，并在LFW（人脸识别公开测试集）数据库上的人脸识别和人脸认证的准确率高达99.75%，几乎超越人类。这些技术利用深度学习算法，实现了高效、准确的人脸识别和认证，为安全监控、身份验证等场景提供了便捷可靠的解决方案。

（4）**AlphaGo战胜李世石**：2016年，由DeepMind团队开发的AlphaGo在围棋比赛中击败了世界冠军李世石。这一事件引起了全球范围内的广泛关注，不仅展示了人工智能在复杂决策和策略规划方面的强大能力，也标志着人工智能在特定领域已经达到了人类顶级专家的水平。

目前，人工智能3.0时代的机器学习和深度学习技术已经渗透到我们生活的方方面面。从自动驾驶到医疗诊断，从智能助手到金融风控和智能制造，这些技术的应用正在不断推动着社会的进步和发展。

总之，人工智能的发展史是一部关于人类科技与创新的奋斗史，如图1-7所示。从早期的理论探索到现如今各行各业广泛的实际应用，人工智能已经取得了辉煌的成就。未来随着人工智能技术的不断进步和应用场景的拓展，人工智能必将在诸多领域重塑我们的生产、生活，加速推进人类文明的发展。

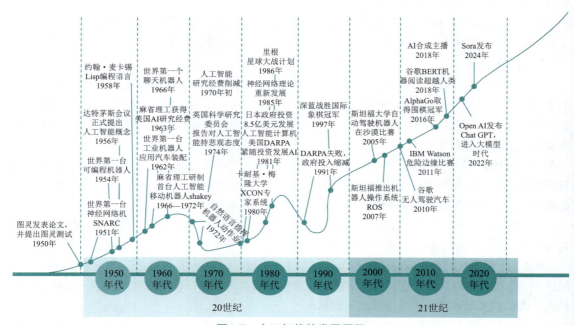

图1-7 人工智能的发展历程

单元 3　　人工智能发展现状

关于人工智能发展现状，下面将分别从人工智能研究现状、人工智能产业链、各国人工智能发展现状三个方面进行介绍。

1.3.1　人工智能研究现状

人工智能作为当今科技的前沿领域，正加速推动社会进步、科技革新和产业变革。近年来，全球范围内人工智能领域已经涌现出众多重要的基础理论研究和应用研究成果。

1. 吴恩达团队

研究领域：主要集中在机器学习和深度学习。

心律不齐诊断算法：吴恩达团队开发了一种深度学习新算法，能够诊断14类心律不齐，其准确率可与医生相媲美。这一研究为机器学习在医疗领域的应用开辟了新的道路，特别是在提高患者诊断质量和节约医生时间方面有着巨大的潜力。

深度学习改善临终关怀：吴恩达团队提出了一种利用深度学习技术来改善临终关怀服务的方法。他们使用深度学习算法对住院病人的电子健康档案（EHR）数据进行分析，帮助姑息治疗团队判断哪些病人可能需要姑息治疗。这种方法可以提高姑息治疗的针对性和效率，使更多需要的患者得到及时关怀。

2. 李飞飞团队

研究领域：专注于认知启发的人工智能、计算机视觉等。

认知启发的人工智能（NOIR系统）：李飞飞团队与斯坦福大学的吴佳俊等人联合研发了一种名为"NOIR"的通用型智能BRI系统。该系统能将人类脑电波中的信号转换为机器人可以执行的技能集，实现了通过脑电图（EEG）向机器人传达意图的功能。这一创新使得人们可以利用脑电波指挥机器人执行如烹饪、熨烫衣物等日常活动，极大地提高了人机交互的自然性和效率。

ImageNet的创建：李飞飞团队创建了大规模的图像数据库ImageNet，这个数据库为计算机视觉研究提供了丰富的数据资源，推动了深度学习在计算机视觉领域的发展。ImageNet的成功使得计算机视觉技术取得了重大突破。

多模态智能融合：李飞飞团队还研究了利用视觉、听觉和触觉智能融合来完成机器人操作任务。他们设计了一个多感官自注意力模型来融合这三种感官模式。这一研究在机器人操作学习领域取得了显著成果，展示了多模态感知在解决复杂机器人操纵任务中的优势。

3. 安德烈·卡帕蒂团队

研究领域：自动驾驶技术的神经网络。

神经网络在自动驾驶中的应用：卡帕蒂团队深入研究了神经网络在自动驾驶技术中的应用。团队通过训练神经网络来识别和理解道路标志、交通信号、障碍物以及其他车辆和行人的行为，从而大大提高了自动驾驶系统的安全性和可靠性。

Dojo超级计算机的开发与应用：卡帕蒂团队参与了特斯拉Dojo超级计算机的开发工作。通过利用Dojo的强大计算能力，能够加速神经网络的训练过程，提高自动驾驶系统的学习效率和性能。

视觉感知技术的创新：卡帕蒂团队通过优化神经网络的结构和算法，提高了视觉感知系统的分辨率和识别能力。这使得自动驾驶系统能够更准确地感知周围环境，包括识别行人、车辆、道路标记等关键信息，从而做出更精确的驾驶决策。

数据驱动的研发方法：卡帕蒂团队强调数据在自动驾驶技术研发中的重要性。他们利用大量的真实驾驶数据来训练和优化神经网络模型，从而提高自动驾驶系统的适应性和稳健性。

4. DeepMind团队

研究领域：机器学习、强化学习等。

AlphaFold的开发：DeepMind团队开发了AlphaFold，这是一个能够预测蛋白质3D结构的机器学习系统。该系统已成功预测了地球上近乎所有已知蛋白质的3D结构，其中包括2亿个蛋白质结构。这一突破性的成果对于解决从抗生素耐药到作物抗逆性等一系列问题具有重要意义。

分布式强化学习的研究：DeepMind团队研究了大脑中奖励机制与分布式强化学习的关系。他们发现，多巴胺神经元对奖励的预测各不相同，这些神经元会被调节到不同水平的"悲观"和"乐观"状态，这与分布式强化学习的原理相吻合。这一发现不仅验证了分布式强化学习的潜力，还提供了对大脑奖励机制的新解释。

解决强化学习中的挑战：DeepMind团队还致力于解决强化学习中的挑战，如探索与利用的平衡、稀疏奖励等问题。他们通过优化算法和设计更高效的探索策略来提高智能体的学习效率。这些努力使得DeepMind的智能体在各种复杂任务中表现出色，进一步推动了强化学习领域的发展。

5. 伊恩·古德费洛团队

研究领域：生成对抗网络、机器学习等。

生成对抗网络的提出与发展：伊恩·古德费洛团队于2014年首次提出了生成对抗网络的概念。GANs由生成器和判别器构成，通过博弈论中的二人零和博弈原理进行训练，使得生成器能够捕捉真实数据样本的潜在分布并生成新的数据样本。

针对GANs训练过程中的不稳定性和模式崩溃问题，古德费洛团队进行了深入研究，并提出了多种改进模型和优化方法，如深度卷积GAN（DCGAN）、条件GAN（cGAN）等，显著提高了GANs的性能和稳定性。

强化学习与GANs的结合：团队还探索了将GANs与强化学习相结合的可能性，利用GANs生成的环境模拟数据来训练智能体，在虚拟环境中进行训练和测试，为强化学习任务提供了新的思路和方法。

语音与语言处理：除了图像生成外，古德费洛团队还将GANs应用于语音和语言处理领域。他们利用GANs进行语音合成和文本生成等任务的研究，取得了令人瞩目的成果。

1.3.2 人工智能产业链

从产业层面来看，人工智能产业链可以分为上游的基础层、中游技术层和下游的应用层，如图1-8所示。人工智能产业图谱如图1-9所示。

1. 人工智能基础层

作为人工智能技术的根基，基础层涵盖了硬件、系统平台和数据资源等三个方面。

（1）从硬件角度来看，GPU/FPGA等加速硬件和智能芯片构成了人工智能系统的核心。这些高性能硬件设备能够处理大规模的矩阵运算，为深度学习等计算密集型任务提供强大的计算能力。特别是GPU，由于其并行处理能力，已经成为深度学习领域的主流加速硬件。而FPGA则提供了更高的灵活性和定制性，可以根据特定的算法和应用进行优化。

智能芯片则是针对人工智能应用专门设计的芯片，它们通常在能效比、计算效率和集成度等方面具有优势。智能芯片的发展对于推动人工智能技术的普及和应用至关重要。

应用层 场景与产品	智能产品	家居	金融	客服	机器人	无人驾驶
		营销	医疗	教育	农业	制造
	应用平台	智能操作系统				
技术层 感知与认知	通用技术	自然语言处理		智能语言	机器问答	计算机视觉
	算法模型	机器学习		深度学习		增强学习
	基础框架	分布式存储		分布式计算		神经网络
基础层 硬件算力	数据资源	通用数据				行业数据
	系统平台	智能云平台				大数据平台
	硬件设施	GPU/FPGA等加速硬件				智能芯片

图1-8　人工智能产业链

人工智能产业图谱

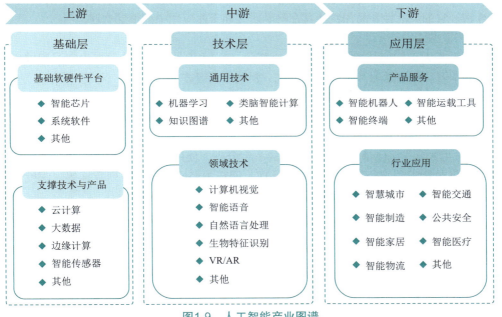

图1-9　人工智能产业图谱

（2）系统平台如智能云平台和大数据平台，为人工智能应用提供了存储、计算和分析海量数据的能力。这些平台通常集成了多种数据处理和分析工具，能够高效地处理结构化和非结构化数据，从而为机器学习模型的训练和推理提供有力支持。

（3）在数据方面，通用数据和行业数据是机器学习模型训练的重要资源。身份信息、医疗、购物、交通出行等各个领域的数据为模型的训练和优化提供了丰富的素材。这些数据不仅有助于提升模型的准确性，还能使模型更加适应各种实际应用场景。

2. 人工智能技术层

人工智能技术层是构建和实现人工智能应用的核心层次，它涵盖了开源框架、算法模型和通用技术三个方面。

1）开源框架

开源框架在人工智能技术层中扮演着重要角色，它们为开发者提供了构建和训练机器学习模型的工具和平台。其中，TensorFlow、Caffe、Microsoft CNTK、Theano和Torch等是业内知名的开源框架。

（1）TensorFlow：由谷歌开发的TensorFlow是一个强大的开源机器学习框架，可用于各种深度学习和其他机器学习应用。它支持分布式训练，能够在不同硬件上高效运行，并且有一个庞大的社区和丰富的生态系统。

（2）Caffe：由伯克利视觉和学习中心开发的深度学习框架，特别适用于计算机视觉任务。它以其速度和灵活性而闻名。

（3）Microsoft CNTK：由微软开发的深度学习工具包，支持多种类型的神经网络，包括卷积神经网络（CNN）、循环神经网络（RNN）等。

（4）Theano：一个Python库，用于定义、优化和评估涉及多维数组的数学表达式。它是深度学习研究的早期工具之一，以其高效的符号微分和编译功能而受到研究人员的喜爱。

（5）Torch：一个广泛使用的开源机器学习库，提供了大量的机器学习算法支持，特别是深度学习算法。它的灵活性和易用性使其在科学研究和工业应用中都很受欢迎。

2）算法模型

算法模型是人工智能技术层的核心组成部分，它们定义了如何从数据中学习和做出预测或决策。机器学习、深度学习和增强学习是这一领域的关键技术。

（1）机器学习：机器学习算法能够从数据中自动发现模式和规律，而无须明确编程。这些算法包括决策树、支持向量机（SVM）、随机森林等，它们在分类、回归和聚类等任务中表现出色。

（2）深度学习：深度学习是机器学习的一个分支，使用深层神经网络来模拟人脑的学习过程。这些网络包括卷积神经网络用于图像处理、循环神经网络用于序列数据等。深度学习在图像识别、语音识别和自然语言处理等领域取得了显著成果。

（3）增强学习（也称为强化学习）：增强学习是一种通过试错来学习的策略优化方法。智能体通过与环境的交互来学习如何最大化累积奖励。这种方法在游戏AI、机器人控制等领域有广泛应用。

3）通用技术

基于开源框架和算法模型，产生了一系列通用技术，这些技术在各种应用场景中发挥着重要作用。

（1）语音识别：通过机器学习模型将人类语音转换为文本，实现语音输入和指令识别。

（2）图像识别与分类：利用深度学习技术对图像进行自动分类和识别，如物体识别、人脸识别等。

（3）自然语言处理：NLP技术涉及文本分析、情感分析、机器翻译等，使计算机能够理解和生成自然语言文本。

（4）SLAM（即时定位与地图构建）：SLAM技术用于机器人的自主导航和环境感知，通过传感器数据实时构建环境地图并定位自身位置。

（5）传感器融合：将来自不同传感器的数据进行融合，以提高感知和决策的准确性。

（6）路径规划：基于环境信息和目标，为机器人或自动驾驶车辆规划最优路径。

3. 人工智能应用层

人工智能应用层是人工智能技术在实际应用中的体现，它由应用平台和智能产品构成，直接面向用户和市场，将先进的人工智能技术转化为实际的服务和解决方案。

应用平台通常指的是智能产品的操作系统，它是连接人工智能技术与实际应用之间的桥梁。这些操作系统不仅提供了用户与智能设备进行交互的界面，还集成了各种智能服务和功能。它们能够处理复杂的任务，如语音识别、图像分析、数据处理等，并根据用户的需求提供个性化的服务。

智能产品的操作系统需要具备高度的灵活性和可扩展性，以适应不断变化的市场需求和用户习惯。同时，为了保障用户的数据安全和隐私，操作系统还需要具备强大的安全防护措施。

智能产品及应用场景，可以分为自动驾驶、智能家居、智能安防、智能交通、智能医疗、智能教育、智能政务、智能金融、智能商业零售等领域。

（1）自动驾驶：自动驾驶汽车是人工智能应用的重要领域之一。通过集成先进的传感器、摄像头、雷达等设备，以及深度学习等算法，自动驾驶汽车能够实时感知周围环境，做出准确的驾驶决策。这不仅提高了驾驶的安全性，还能有效缓解交通拥堵问题。

（2）智能家居：智能家居系统通过物联网技术将家中的各种设备连接起来，实现远程控制和自动化管理。用户可以通过智能手机或语音助手控制灯光、空调、门窗等设备，提高生活的便捷性和舒适度。

（3）智能安防：智能安防系统利用视频监控、人脸识别等技术，实现对公共区域和私人空间的全方位监控。一旦发生异常情况，系统能够迅速响应并报警，有效保障人们的生命财产安全。

（4）智能交通：智能交通系统通过大数据分析和人工智能技术，优化交通流量管理，提高道路通行效率。例如，通过实时监测交通拥堵情况，为驾驶员提供最佳的路线规划建议。

（5）智能医疗：在医疗领域，人工智能被广泛应用于疾病诊断、药物研发、患者监护等方面。通过深度学习等技术，人工智能可以辅助医生进行更准确的诊断，提高治疗效果。

（6）智能教育：在教育领域，人工智能可以帮助教师制订个性化的教学计划，为学生提供定制化的学习资源。同时，智能教育机器人还可以与学生进行互动，激发他们的学习兴趣。

（7）智能政务：政府部门利用人工智能技术提高服务效率和决策水平。例如，通过大数据分析社会热点问题，为政策制定提供科学依据；利用智能语音助手提供便捷的政务服务咨询。

（8）智能金融：金融行业利用人工智能进行风险评估、客户管理、投资建议等方面的工作。智能投顾可以根据投资者的风险偏好和投资目标，为其提供个性化的投资组合建议。

（9）智能商业零售：在商业零售领域，人工智能被用于库存管理、销售预测、客户行为分析等方面。通过大数据分析消费者购买行为，商家可以制定更精准的营销策略，提高销售额和客户满意度。

1.3.3 各国人工智能发展现状

继蒸汽机时代、电气时代、互联网时代、移动互联网时代之后，人类逐渐迈入人工智能时代。近年来，世界各国高度重视人工智能的发展，争相发布本国人工智能政策规划和战略布局，竞相对人工智能技术各领域进行大规模投资，培养和吸引优秀人才，成立相关重要政府机构和重点实验室、研究院，借助政策和资金等方式大力培育和发展人工智能技术，纷纷抢占人工智能产业发展制高点。

1. 美国

美国在人工智能领域具有全球领先优势，这首先源于美国在人工智能领域的法律和政策环境相对完善。同时，美国政府、企业和研究机构在AI领域的投资力度也持续加大。

2016年，美国政府发布《国家人工智能研究和发展战略计划》，标志着人工智能正式成为国家战略。该计划详细规划了人工智能研究的重点方向、资源分配以及与其他国家的合作方式，为美国的人工智能发展提供了全面的指导。同年，美国政府成立人工智能特别委员会，负责协调政府部门、学术界和产业界在人工智能领域的工作，确保各项政策和措施得到有效实施。2018年，美国参议院通过的2019年国防授权法案草案中，对人工智能和机器学习方面给予了高度重视。国防高级研究计划局（DARPA）对"AI Next"项目进行了重点投资，该项目旨在提升人工智能系统的各项技术性能，并开创了下一代人工智能算法和应用。美国国家科学基金会（NSF）等国家机构也持续资助人工智能的基础研究，包括机器学习、计算神经科学等关键领域。2023年5月，美国白宫更新并发布了《国家人工智能研发战略计划》。该计划对各战略的具体优先事项进行了调整和完善。同年7月，拜登政府召集了包括谷歌、微软等在内的七家人工智能公司，宣布这些公司自愿承诺推动AI技术的安全、可靠和透明发展。

美国在人工智能领域的创新能力非常突出。这得益于其"全政府""全社会"的模式，整合多方力量加速AI的迭代升级。在美国政府的积极推动下，美国的人工智能产业得到了快速发展。众多知名科技企业纷纷涉足人工智能领域，推出了一系列创新的产品和服务。

（1）OpenAI的ChatGPT与GPT-4系列：ChatGPT和GPT-4是由OpenAI开发的大型语言模型，具有强大的自然语言处理和生成能力。它们能够理解并回答复杂的问题，甚至能进行对话和生成文本，被广泛应用于聊天机器人、智能助手等领域。

（2）谷歌的AI产品与服务：谷歌在人工智能领域有着深厚的积累，推出了多款知名的AI产品，如智能音箱、智能助理等。此外，谷歌还在AI芯片、自动驾驶等领域取得了显著进展。

（3）苹果的Siri与Apple Intelligence：Siri是苹果公司开发的智能语音助手，它利用人工智能技术为用户提供便捷的语音交互体验。近年来，苹果还推出了Apple Intelligence项目，为其操作系统和设备带来更智能的功能和服务。

（4）微软的Cortana与小冰：Cortana是微软推出的智能个人助理，它能够帮助用户管理日程、查找信息、提供提醒等。小冰则是微软开发的一款智能聊天机器人，具有高度的情感交互能力。

（5）亚马逊的Alexa：Alexa是亚马逊推出的智能语音助手，广泛应用于亚马逊的Echo系列智能音箱中。用户可以通过语音与Alexa交互，完成各种任务，如播放音乐、查询天气、控制智能家居设备等。

（6）特斯拉的自动驾驶系统：特斯拉的自动驾驶系统是其电动汽车的一大亮点，该系统利用人工智能技术实现车辆的自动驾驶和智能导航功能。特斯拉在自动驾驶技术方面的研究和应用处于行业领先地位。

（7）IBM的Watson：Watson是IBM开发的一款人工智能平台，提供了一系列认知计算技术和行业解决方案。Watson在自然语言处理、机器学习等领域具有强大的能力，并被广泛应用于医疗、金融、零售等行业。

2. 德国

2023年11月，德国联邦教研部（BMBF）发布了《人工智能行动计划》。该计划旨在促进德

模块 1　初识人工智能

国在国家和欧洲层面的人工智能发展，以推动欧盟与已经占据主导地位的美国和中国竞争。另外，德国政府持续加大人工智能领域投资力度：从2017年至今，BMBF用于人工智能的年度预算增加了二十多倍。根据《联邦政府人工智能战略》，德国计划投入30亿欧元支持人工智能的发展。此外，德国计划通过《人工智能行动计划》加强与其他欧洲国家和国际伙伴的合作，以提升其在全球科技竞争中的地位。

德国在人工智能领域取得了显著的应用成果，并涌现出了一批知名企业和产品。

（1）医疗健康：德国在医疗健康领域的人工智能应用上取得了重要突破。例如，总部位于柏林的Ada Health开发了一款基于人工智能技术研发的"个人健康伴侣"，能够通过移动设备上的会话界面帮助用户查看病情症状，并得到可能病因的反馈。

（2）自动化与智能制造：德国作为工业4.0的倡导者，在自动化与智能制造方面有着深厚实力。西门子（Siemens）公司是全球电子电气工程领域的领先企业，其工业自动化控制产品广泛应用于各种工业场景，如PLC、变频器、触摸屏等。库卡（KUKA）是德国领先的工业机器人制造商，其产品包括各种工业机器人，如Heiobot和Smarttabs等，这些机器人在全球范围内广泛应用于汽车、航空航天等领域。博世（Bosch）集团是全球第一大汽车技术供应商，其自动化和智能制造产品以及解决方案，以其高品质和创新性受到全球客户的青睐。

（3）金融与保险：法兰克福的Arago公司开发的HIRO人工智能算法在金融、保险等领域有广泛应用，该算法可以在短时间内实现高自动化率，显著提升业务流程效率。

（4）交通与物流：德国在智能交通和物流领域也应用了人工智能技术。例如，Door2door公司开发了一个"需求响应式运输解决方案"平台，通过拼车框架来优化城市交通，减少汽车数量，提高交通效率。

3. 英国

2017年，英国《产业战略白皮书》就提出，要让英国成为最具创新力的经济体，并吸引全球人工智能人才。此外，英国还设立了人工智能办公室，与人工智能委员会合作制定人工智能战略。英国科研与创新署（UKRI）将人工智能列为2023—2024财年的优先事项。这反映了英国对人工智能领域的高度重视，并计划通过投资来推动该领域的发展。英国政府于2024年3月正式出台了《2024—2030数字发展战略》，该战略旨在推动英国全面迈向数字化新时代，其中人工智能是关键的推动力量。为了支持先进AI模型的研究，英国将投资3亿英镑用于构建新的"AI研究资源"，包括建设两台超级计算机，这将大大提升英国在人工智能领域的研究能力。英国国防部也发布了《国防人工智能战略》，旨在通过前沿技术枢纽支撑新兴技术的使用和创新，从而支持创建新的英国国防AI中心。

英国在人工智能领域拥有众多著名企业和知名产品。

（1）IDVerse：一家总部位于伦敦的B轮融资公司，致力于帮助企业快速实现全球扩张。他们的全自动解决方案可以通过用户的面部和智能手机，在超过220个国家和地区使用任何身份证明文档，快速验证新用户。

（2）Magic AI：英国首家提供AI个人教练服务的公司，利用先进的全息技术提供沉浸式健身体验。名人运动员和体育明星以全息影像的形式出现在其AI墙镜中，提供个性化的锻炼指导。

（3）Venture Planner：该公司通过其AI驱动平台改变了商业规划，专为初创公司、企业家等量身定制，利用人工智能技术简化了商业规划流程，提高了效率和成功概率。

（4）Permutable AI：专注于实时人工智能驱动的分析，其旗舰产品代表了金融市场分析的一次革命性飞跃，利用自然语言处理和先进的数据科学进行市场趋势的实时预测和解读。

（5）Olly：由华人创始的人工智能企业Emotech开发的个人机器人。Olly具有个性，并且能够通过日常交互来适应用户的个性。其核心技术为语音识别及情感分析，同时具有学习能力，能够根据主人的性格进行自我更新。

（6）AlphaGo：由DeepMind公司（后被谷歌收购）开发的程序，在围棋比赛中战胜了人类世界冠军，展示了人工智能在复杂决策领域的强大能力。

（7）ai.io：世界上第一家完全自动化的人才分析和发展平台，他们的产品为来自世界各地的球员提供了远程被球探发现的机会。其旗舰产品aiScout允许球员通过在手机上拍摄自己参与虚拟演练的影像来被评估，而aiLabs产品则帮助俱乐部对青训球员进行测试。

4. 中国

近年来，中国政府在人工智能领域出台了多项重要的政策文件，为人工智能的发展提供了强有力的政策支持和引导。以下是一些主要的政策文件及其核心内容。

《促进新一代人工智能产业发展三年行动计划（2018—2020年）》：由工业和信息化部（以下简称工信部）印发，以信息与制造技术深度融合为主线，以新一代人工智能技术的产业化和集成应用为重点，推动人工智能和实体经济深度融合，加快制造强国和网络强国建设。《扩大内需战略规划纲要（2022—2035年）》：国务院发布的这份纲要明确提出了推动5G、人工智能、大数据等技术与交通物流、能源、生态环保、水利、应急、公共服务等深度融合的发展方向。《国家人工智能产业综合标准化体系建设指南（2024版）》：该指南由工信部、中国网络安全和信息化委员会办公室、国家发展和改革委员会（以下简称发改委）、国家标准化管理委员会等四部门联合印发，旨在加快构建满足人工智能产业高质量发展和"人工智能+"高水平赋能需求的标准体系。《新一代人工智能发展规划》：这份规划将人工智能上升到国家战略层面。规划明确了到2025年和2030年的具体发展目标，包括人工智能基础理论实现重大突破，技术与应用达到世界领先水平，以及核心产业和相关产业规模的预期增长。

这些政策文件不仅为人工智能的发展指明了方向，还提供了具体的实施路径和支持措施，有助于推动中国人工智能产业的持续健康发展。

中国在人工智能领域取得了多项领先的应用技术成果，广泛应用于自动驾驶、物流、交通、教育、农业、工业机器人和智能家居等多个场景。

（1）自动驾驶：中国在自动驾驶技术方面取得了显著进展，如北京、上海、武汉等城市已经在交通管理方面采用了人工智能技术，以高精度地图、激光雷达、摄像头等传感器实现车辆的自主驾驶，提高道路安全和减少拥堵。多家企业如华为、百度等都在积极研发自动驾驶技术，并推动其商业化应用。

（2）物流：智慧物流方面，新石器无人车已与中国邮政、顺丰等头部企业合作，推动无人配送车、无人售卖车等产品的应用，实现了物流过程的智能化和自动化。京东为"最后一公里"基础运力打造的智能机器人——"智能快递车"已迭代至第五代，最大可载重200 kg，续航超过100 km，集成了多项核心技术，如高精定位、融合感知等，可实现L4级别自动驾驶。

（3）交通：智慧互通（AICT）推出的智能路网交通大模型（IRN MMGPT）已成功通过中国网络安全和信息化委员会办公室算法备案，该模型旨在提升智能路网的通用性和易部署性，降低交付和运维成本，为智慧交通的快速发展注入新动能。

（4）教育：中国在中小学教育中开始普及人工智能教育，并在高等教育机构中设立人工智能专业和研究所。此外，国内还出现了多款AI教育产品，如Gauth App、河马爱学App、Hi Echo App等，它们利用AI技术提供个性化的学习内容和推荐，助力学生高效学习。

（5）农业：智慧农业方面，中国研发了多款农业机器人，如Root AI采摘机器人、FarmWise智能自主机器人、TerraSentia农作物监测机器人等。这些机器人通过计算机视觉、机器学习和传感器技术等手段实现自动化种植、采摘、监测等任务，提高农业生产效率和质量。

（6）工业机器人：中国在工业机器人领域也取得了显著成果，如深圳研发的CRobot协作机器人具有高度灵活性和易用性；杭州的HIT Robotics、上海的SIA Robotics以及广州的GIT Robotics等企业都推出了高精度、高稳定性的工业机器人产品，满足复杂生产任务的需求。

（7）家居：智能家居方面，中国也开发了多款AI家居产品。TCL的3D人脸大屏猫眼智能锁，融合了AI+3D人脸识别技术，实现高效的面部识别功能。海尔的全空间智能保鲜舱，利用AI技术实现食物保鲜和智能洗涤。石头科技的T60扫地机器人，采用全新的LDS激光建图算法和多项技术升级，提供出色的清洁效率。

单元 4　人工智能理论与技术框架

数学、计算机科学、神经科学、控制论、心理学、语言学等学科是人工智能理论建模的基础，机器学习与深度学习等技术使机器具备智能行为。

1.4.1　人工智能理论基础

1. 数学

人工智能的数学基础主要涉及多个数学领域，这些数学知识在构建和理解人工智能算法及模型中发挥着核心作用。

（1）线性代数：在机器学习中，特征向量和权重矩阵的运算是非常常见的。线性变换包括旋转、缩放等，这些变换可以通过矩阵乘法来实现。特征值与特征向量对于理解矩阵的性质以及进行矩阵分解（如奇异值分解SVD）至关重要。

（2）概率论与统计学：概率模型用于描述不确定性，是机器学习中许多算法（如贝叶斯分类器）的基础。参数估计与假设检验在统计学中主要用于从数据中推断总体参数，并检验关于数据的假设。

（3）微积分：导数与微分用于描述函数的变化率，梯度下降等优化算法中广泛应用了导数的概念。积分用于计算面积或体积，在机器学习中也常用于计算概率密度函数的累积分布。泰勒公式用于近似复杂函数，而拉格朗日乘子法则用于求解约束优化问题。

（4）最优化理论与算法：凸函数和凸集在优化问题中具有重要性质，许多机器学习问题都可以转化为凸优化问题来求解。梯度下降法是求解无约束优化问题的常用方法，用于求解函数的最小值。在机器学习中，梯度下降法常用于训练神经网络等模型。

（5）信息论：熵与互信息用于度量信息的不确定性和相关性，在特征选择、决策树等算法中有广泛应用；KL散度用于度量两个概率分布之间的差异，在生成模型、变分推断等领域有重要应用。

2. 计算机科学

人工智能的计算机科学基础主要包括以下几个方面。

（1）**数据结构**：数据结构是计算机科学中的基本概念，它研究数据的组织、存储和访问方式。在人工智能中，合理的数据结构可以提高算法的效率，使得机器能够更快速地处理和分析数据。

（2）**算法**：算法是解决特定问题或执行特定任务的一系列步骤。在人工智能领域，算法的设计和优化至关重要，因为它们直接影响到系统的性能和准确性。例如，机器学习算法可以帮助系统从数据中学习并改进性能。

（3）**编程语言**：编程语言是实现人工智能系统的关键工具。通过编程语言，开发人员可以编写代码来创建智能系统，实现各种复杂的功能。常用的编程语言包括Python、Java、C++等，这些语言都提供了丰富的库和框架来支持人工智能的开发。

（4）**计算机体系结构**：计算机体系结构是指计算机系统的整体设计和组织方式。在人工智能中，了解计算机体系结构有助于优化系统的性能和扩展性。例如，针对深度学习等计算密集型任务，可以使用GPU或TPU等专用加速器来提高计算速度。

（5）**数据科学**：数据科学涉及数据的采集、清洗、分析和可视化等技能。在人工智能中，数据是驱动模型学习和改进的关键因素。因此，掌握数据科学技能对于构建高效的人工智能系统至关重要。

3. 神经科学

人工智能的神经科学基础主要涉及以下几个方面。

（1）**神经元与突触**：神经元是神经系统的基本单元，负责接收、处理和传递信息。它们通过电化学信号进行交流，这些信号在神经元之间通过突触进行传递。突触是神经元之间的连接点，其强度和效能可以随着经验和学习而改变，这是神经系统可塑性的基础。

（2）**大脑结构与功能**：大脑分为多个功能区，如感觉区、运动区、语言区和认知区等，这些区域协同工作以实现复杂的认知和行为功能。大脑的功能区化使得我们能够进行各种复杂的认知和行为活动，了解这些功能区的运作机制对于开发更高效的人工智能系统至关重要。

（3）**神经递质与调质**：神经递质是神经元间信息传递的物质基础，它们在突触处释放并作用于下一个神经元，从而传递信息。了解神经递质和调质的作用机制有助于理解神经系统如何处理和传递信息，这对于模拟人类思维过程的人工智能系统来说非常重要。

（4）**神经可塑性**：神经可塑性是指神经系统在结构和功能上的适应性改变，它是学习和记忆的基础。通过研究神经可塑性，可以了解神经系统如何适应环境变化和学习新信息，这对于开发具有学习能力的人工智能系统至关重要。

（5）**神经编码与信息处理**：神经编码是神经科学的核心问题之一，研究神经元如何编码和处理信息。这涉及神经元的电脉冲传递、频率编码、时间编码以及群体编码等多种方式。理解神经编码的原理有助于揭示神经系统如何处理和解释来自外部世界的信息，这对于构建能够模拟人类感知和认知过程的人工智能系统具有重要意义。

4. 控制论

人工智能的控制论基础主要涉及以下几个方面。

（1）**控制系统的基本构成**：控制论研究如何构建一个能够让系统从某一状态转移到另一状态的稳定性控制系统。在人工智能中，这涉及如何设计和实施有效的控制策略，使智能系统能够按照预期目标进行运作。

（2）反馈控制原理：反馈是控制论中的一个核心概念。在人工智能系统中，反馈控制通过比较系统输出与期望输出之间的差异，并据此调整系统输入，以达到减少误差、优化性能的目的。

（3）自适应与优化：控制论强调系统的自适应能力，即系统能够根据环境变化自动调整参数或策略以保持最佳性能。在人工智能中，这通常通过机器学习等技术实现，使系统能够不断学习和优化。

（4）稳定性与强健性：控制论关注系统的稳定性和强健性，即系统在受到外部扰动时仍能保持稳定运行的能力。这对于人工智能系统的可靠性至关重要，特别是在复杂和不确定的环境中。

（5）控制策略的设计与实施：控制论提供了一套完整的理论和方法来设计和实施有效的控制策略。在人工智能中，这些策略可以应用于各种场景，如机器人控制、自动驾驶等。

5. 心理学

人工智能的心理学基础主要涉及认知心理学、行为主义心理学、情感心理学等方面，这些心理学分支为人工智能的研究和应用提供了重要的理论和实践指导。

（1）认知心理学基础：认知心理学研究人类的思维过程，包括感知、记忆、语言等，对人工智能有着深远的影响。认知心理学的理论和方法被广泛应用于自然语言处理、机器视觉、智能决策等领域。例如，模式识别、联想记忆等认知心理学的概念，为人工智能中的图像识别和数据处理提供了理论基础。

（2）行为主义心理学基础：行为主义心理学强调从环境交互中学习和适应，这一观点在人工智能中得到了广泛应用。例如，强化学习算法就是基于行为主义心理学中的奖励和惩罚机制设计的，通过模拟环境中的试错过程来优化行为策略。此外，行为主义心理学的理论还为机器人的行为规划和自主学习提供了指导。

（3）情感心理学基础：情感心理学研究人类的情绪体验和情绪表达，对人工智能的情感交互设计具有重要意义。情感计算是情感心理学在人工智能领域的重要应用之一，旨在开发能够感知、理解和表达情感的计算机系统。通过模拟人类的情感反应，人工智能系统可以更加自然地与人类进行交互，提高用户体验。

6. 语言学

人工智能的语言学基础是构建和理解自然语言处理系统的关键。以下是对人工智能语言学基础的详细介绍。

（1）语言学的基本概念：语言学是研究语言的科学，涉及语言的各个方面，包括语音、语法、语义等。在人工智能中，语言学为自然语言处理提供了理论基础和方法论指导，帮助机器理解和生成人类语言。

（2）语音学与音系学：语音学研究语音的产生、传播和接收，关注声音的物理属性和人类的发音机制。音系学则研究语言中音素（音的最小单位）的系统和规则。在人工智能中，这些研究有助于语音识别和合成技术的发展，使机器能够准确地捕捉和发出人类的声音。

（3）语法学：语法学研究语言的句子结构和词法规则，即如何组合单词和短语来构成有意义的句子。在人工智能中，语法学的知识被应用于句法分析，帮助机器解析句子的结构并理解其意义。此外，语法学还涉及形态学，研究词的内部结构和形态变化，如词缀、词根等，这对于机器的词法分析和词汇生成至关重要。

（4）**语义学与语用学**：语义学研究语言的意义，关注词汇、短语和句子的含义以及它们之间的关系。在人工智能中，语义学的知识被用于词义消歧、语义角色标注等任务，帮助机器准确理解文本的意义。语用学则研究语言在特定语境中的使用，涉及语言的交际功能和会话含义。这对于机器理解对话和生成符合语境的响应至关重要。

（5）**语言学资源与应用**：语言学资源，如语料库、词典和语法规则库，为人工智能提供了丰富的语言数据和知识。这些资源被广泛应用于自然语言处理的各个任务中，如文本分类、情感分析、机器翻译等。同时，随着深度学习技术的发展，基于大规模语料库的预训练模型（如BERT、GPT等）在语言处理任务中取得了显著成果。

7. 经济学

人工智能的经济学基础涵盖了信息不对称理论、博弈论、优化理论、市场机制和竞争，以及数据驱动决策等多个方面。

（1）**信息不对称理论**：在交易过程中，买方和卖方往往拥有不同的信息水平。人工智能通过数据分析和学习算法，能够从大量的信息中识别和利用隐藏的模式，从而在信息不对称的环境中提供更好的决策支持。这有助于减少因信息不对称而导致的市场效率低下和资源配置不当。

（2）**博弈论**：博弈论研究人们在决策过程中的相互作用和策略选择。人工智能通过强化学习等技术，可以模拟和优化决策者在博弈中的行为，并提供关于最佳策略的建议。这对于分析经济趋势和预测市场走势具有重要意义。

（3）**优化理论**：经济学中的优化理论研究如何在给定的资源限制下最大化效益或满足特定目标。人工智能可以利用算法来解决复杂的经济问题，如在资源分配、生产计划和市场定价等方面的优化。

（4）**市场机制和竞争**：经济学研究市场机制和竞争对资源配置和经济效率的影响。人工智能可以模拟市场行为和竞争环境，帮助分析市场机制的效果，并提供关于竞争策略和定价策略的建议。这对于理解市场动态和制定有效的市场策略至关重要。

（5）**数据驱动决策**：人工智能依赖于大量的数据来进行训练和学习，这与经济学中的数据驱动决策思维相契合。人工智能可以处理和分析大规模的经济数据，从中提取有用的信息，并为决策者提供数据驱动的建议。这使得经济分析更加精确高效，并为解决复杂的经济问题提供了新的工具和方法。

8. 伦理学

人工智能的伦理学基础主要关注隐私与数据安全、透明度与解释性、公平性与非歧视、失业风险与社会影响以及道德判断与责任等方面。

（1）**隐私与数据安全**：人工智能系统需要大量的数据进行训练和学习，这些数据往往包含个人隐私信息。因此，隐私和数据安全是人工智能伦理学的重要考量。在使用个人数据时，必须充分尊重和保护用户的隐私权，同时加强对数据的安全性保护，防止数据被非法获取和滥用。

（2）**透明度与解释性**：人工智能系统通常被设计成黑盒模型，其决策过程和内部机制对外部用户来说往往是不可见的。为了提高人工智能系统的可信度和可接受性，伦理学要求加强对人工智能系统的透明度，使其决策过程是可解释的，并能够向用户提供合理的解释。

（3）**公平性与非歧视**：由于人工智能系统的训练数据和算法可能存在偏见或歧视，因此确保人工智能系统的公平性至关重要。在设计和训练人工智能系统时，需要避免不公正的偏见和歧视，对潜在不平等进行调查和修正。

（4）**失业风险与社会影响**：随着人工智能技术的发展，一些传统职位可能会被自动化取代，导致失业风险增加。因此，伦理学要求采取措施来应对这些社会影响，如为人们提供新技能的学习和培训机会，以及探索灵活的工作模式来创造更多就业机会。

（5）**道德判断与责任**：人工智能系统通常通过算法进行决策和行动，但在面对道德抉择时，可能无法做出符合伦理标准的选择。因此，需要加强人工智能系统的道德规范和责任追究。设计者和使用者应承担起相应的道德责任，并制定规范和法律来约束其行为。

1.4.2 机器学习与深度学习

近年来人工智能技术所取得的成就，除了计算能力的提高及海量数据的支持，很大程度上得益于机器学习理论和技术的进步；而深度学习作为机器学习的重要演化方向，从技术层面上大幅提升了人工智能水平。

1. 机器学习

日常生活场景引入：想象一下，你正在使用智能手机上的音乐播放应用。每当你听歌时，这个应用都会推荐一些你可能喜欢的歌曲。开始时，这些推荐可能并不完全准确，但随着时间的推移，你发现它推荐的歌曲越来越符合你的口味。这是怎么做到的呢？背后其实就是机器学习的魔法。

人工智能的机器学习理论主要涉及以下几个方面。

1）机器学习基本概念

机器学习是一种让计算机系统从数据中"学习"并自动改进其性能的技术。这里的"学习"指的是计算机系统能够通过分析数据来识别模式、做出预测或决策，而无须进行明确的编程。

在上述音乐播放应用的例子中，机器学习算法通过分析用户过去的听歌历史和偏好，逐渐识别出用户的音乐品位和喜好。这个过程是自动化的，不需要人工干预。算法会不断地从用户的行为中学习，如用户听了哪些歌曲、跳过了哪些歌曲、哪些歌曲反复聆听等，从而逐渐优化推荐结果。

2）机器学习的类型

（1）**监督学习**：输入数据带有标签，模型通过学习输入和输出之间的映射关系来进行预测。常见的监督学习算法包括线性回归、逻辑回归、支持向量机、决策树、随机森林和梯度提升树等。监督学习广泛应用于图像识别、自然语言处理、推荐系统等领域。

（2）**无监督学习**：输入数据没有标签，模型通过发现数据中的结构、分布或模式来学习。常见的无监督学习算法包括聚类（如K-means、层次聚类）和降维（如主成分分析PCA）等。无监督学习常用于市场细分、图像压缩、网络入侵检测等场景。

（3）**半监督学习**：输入数据部分有标签，部分没有标签，模型能同时利用有标签和无标签的数据进行学习。半监督学习可以降低标注数据的成本，并提高模型的泛化能力。

（4）**强化学习**：模型通过与环境的交互来学习，目的是最大化累积奖励。强化学习常用于解决决策问题，如游戏、自动驾驶等。常见的强化学习算法包括Q学习、深度Q网络（DQN）和策略梯度方法等。

总的来说，机器学习的类型多种多样，每种类型都有其独特的适用场景和优势。在实际应用中，需要根据具体问题选择合适的模型和算法。

3）机器学习的常用算法

（1）线性回归（linear regression）：通过找到一条直线，尽可能地拟合散点图中的数据点。它试图找到最适合数据的直线方程来表示自变量和因变量之间的关系。

（2）逻辑回归（logistic regression）：用于二分类问题，其输出是一个概率值，表示某个事件发生的可能性。逻辑回归使用逻辑函数将中间结果映射到结果变量。

（3）支持向量机（support vector machine，SVM）：在数据点之间绘制边界（即超平面），以最大化两个类别之间的边距，从而对新的数据点进行分类。

（4）决策树（decision trees）：通过树形结构对数据进行分类或回归。每个节点代表一个特征，每个分支代表一个决策规则，每个叶子节点代表一个类别或一个具体的数值。

（5）随机森林（random forest）：通过集成多个决策树来提高预测精度。每棵树都对数据进行分类或回归，然后随机森林算法将这些预测结果结合起来，得出最终的预测结果。

（6）K-最近邻算法（k-nearest neighbors，KNN）：基于实例的学习，通过测量不同数据点之间的距离进行分类或回归。一个对象的分类是由其邻居的"多数表决"确定的。

（7）朴素贝叶斯（naive bayes）：基于贝叶斯定理的分类方法。它假设特征之间相互独立，通过计算给定特征条件下各个类别的概率，从而进行分类。

这些算法各有特点，适用于不同的数据和应用场景。在实际应用中，需要根据数据的特性和问题的需求来选择合适的算法。

4）机器学习的关键步骤

（1）数据收集与准备：这一阶段是机器学习的起点，涉及从各种来源获取与问题相关的原始数据。数据可能包含噪声、错误或不相关的特征，因此需要进行清洗和预处理，如处理缺失值、异常值，以及数据转换和特征提取等，以优化数据质量。

（2）特征工程：特征工程是从原始数据中提取有用特征的过程，这些特征将被机器学习算法用于训练模型。这包括特征选择、特征变换（如标准化、归一化）和特征生成等技术，目的是使模型能够更好地理解数据。

（3）模型选择与训练：根据问题的性质和数据的特点选择合适的机器学习模型，如线性回归、逻辑回归、决策树、支持向量机或神经网络等。使用训练数据对模型进行训练，通过调整模型的参数来最小化预测错误，提升模型的预测准确性。

（4）模型评估：训练完成后，需要对模型进行评估以了解其性能。评估通常使用独立的验证集或测试集，并通过计算准确率、精确率、召回率、F1值等指标来量化模型的性能。

（5）模型优化：根据评估结果，可能需要对模型进行调优以提高其性能。调优方法包括调整模型的超参数、采用正则化技术、增加训练数据量或尝试不同的模型架构等。

（6）模型部署与监控：当模型达到满意的性能后，将其部署到实际环境中以处理真实数据。在部署阶段，需要考虑模型的实时性能、可扩展性和安全性。对部署后的模型进行持续监控和维护，以确保其稳定性和可靠性，并及时应对任何潜在问题。

这些步骤构成了机器学习的基本流程，从数据收集到模型应用，每个步骤都至关重要，共同决定着最终模型的性能和泛化能力。

2. 深度学习

生活场景引入：想象一下，你正在使用智能手机上的语音助手，如Siri或小爱同学。你对着手机说:"明天的天气怎么样?"很快,手机就回复了你明天的天气预报。这一切背后,其实是深度学习技术在发挥作用。它让机器能够"理解"你的语音,并给出相应的回应。

深度学习理论依赖于神经网络的结构来模拟人类大脑的学习和决策过程,主要包括以下几个方面。

1)深度学习的基本概念

深度学习(deep learning)是机器学习的一个子集,通过模拟人类大脑中的神经网络结构,利用多层次的分析和计算方法,从大量数据中自动提取有用的特征并进行高效地学习。深度学习的"深度"通常指的是神经网络中隐藏层的数量,这些隐藏层能够逐级提取数据的抽象特征。

2)神经网络基础

神经网络是由多个节点(神经元)相互连接构成的网络结构,每个节点接收输入信号并产生输出。节点之间通过权重进行连接,这些权重在训练过程中被调整以优化模型的预测性能。神经网络的学习过程包括前向传播(计算预测值)和反向传播(根据误差调整权重)。

3)关键技术和算法

深度学习的关键技术与算法主要涉及激活函数、损失函数和优化算法三个方面。

(1)**激活函数**:激活函数是神经网络中不可或缺的组成部分,它决定了神经元如何根据输入信号产生输出信号。常用的激活函数包括:Sigmoid激活函数、Tanh激活函数和ReLU激活函数,其中ReLU激活函数是目前最常用的激活函数之一。

此外,还有LeakyReLU、PReLU等改进型ReLU激活函数,以及Swish和Mish等新型激活函数,它们在不同场景下具有各自的优势。

(2)**损失函数**:损失函数用于度量模型预测值与真实值之间的差距,指导模型优化方向。常见的损失函数包括:均方误差损失函数和交叉熵损失函数,前者常用于回归问题,计算预测值与真实值之间的平方差;后者则常用于分类问题,特别是多分类问题。它衡量了预测概率分布与真实概率分布之间的差异。选择合适的损失函数对于提高模型性能至关重要。

(3)**优化算法**:优化算法用于根据损失函数调整模型参数,以最小化损失函数并提高模型性能。常见的优化算法包括梯度下降算法、AdaGrad算法、动量法、RMSProp算法、AdaDelta算法和Adam算法等。Adam算法结合了动量法和RMSProp的思想,具有自适应学习率和动量项的优点,是目前广泛使用的优化算法。

4)深度学习模型

卷积神经网络和循环神经网络是两种主要的深度学习模型,各自具有独特的特点和应用场景。

(1)**卷积神经网络**:CNN通过卷积层、池化层和全连接层等结构,能够有效地从原始图像中提取有用的特征。其中,卷积层是CNN的核心,它通过一组可学习的滤波器对输入数据进行卷积操作,以提取图像的局部特征。每个滤波器都会在输入数据上滑动,并进行点乘运算,生成一个新的特征图(feature map)。在卷积操作后,通常会应用一个激活函数,如ReLU,以增加网络的非线性表达能力。池化层(pooling layer)通常位于卷积层之后,用于降低特征图的维度,同时保留重要特征。全连接层:在多个卷积层和池化层之后,通常会有一个或多个全连接层,用于对提取的特征进行整合和分类。

CNN在图像识别、目标检测、人脸识别等计算机视觉任务中表现出色。

（2）循环神经网络（RNN）：RNN的核心是一个循环单元，它能够记住之前的信息，并根据当前输入更新其内部状态。这使得RNN能够处理变长序列，并捕捉序列中的长期依赖关系。RNN在处理序列时，会按照时间步（time step）进行迭代。在每个时间步，RNN都会接收一个输入，并更新其内部状态，然后产生一个输出。由于RNN具有记忆先前信息的能力，因此它在处理自然语言处理任务（如机器翻译、文本生成和语音识别）时特别有效。

循环神经网络特别适合处理序列数据，如文本、语音或时间序列数据。RNN通过捕捉序列中的时间依赖性，能够预测未来的输出或分类。

5）深度学习的训练过程

（1）数据准备：获取原始数据，并对数据进行清洗和预处理，包括去除噪声和异常值、处理缺失值、数据归一化或标准化等。然后进行数据增强（如图像翻转、旋转、缩放等）以增加数据的多样性。

（2）模型设计：根据问题的类型选择合适的模型架构，如卷积神经网络适用于图像处理，循环神经网络适用于序列数据等。使用深度学习框架（如TensorFlow、PyTorch）定义模型结构，包括各层的类型、层数、激活函数等。根据具体任务选择合适的损失函数。选择优化算法，如随机梯度下降（SGD）、Adam等，并设置相关的超参数，如学习率。

（3）模型训练：将数据按批次（batch）进行训练，并通过前向传播计算模型的预测输出，然后使用损失函数计算预测输出与真实标签之间的误差。通过反向传播算法计算各层参数的梯度，并使用优化器根据梯度更新模型参数。重复前向传播、计算损失、反向传播和更新参数的过程，直到完成所有的训练轮次（epoch）或达到早停条件。

（4）模型评估与调优：在验证集上评估模型的性能，监控评估指标（如准确率、精度、召回率、F1分数等），以确定是否过拟合或欠拟合。调整模型的超参数（如学习率、批量大小、网络层数等）以提升模型性能。可以使用网格搜索、随机搜索或贝叶斯优化等方法进行超参数调优。

（5）模型测试与部署：在测试集上评估模型的最终性能，并报告各项评估指标。将训练好的模型保存为文件，以便于后续加载和使用。将模型部署到生产环境中，如服务器、移动设备或嵌入式系统，以进行实际应用。

（6）持续监控与更新：在生产环境中监控模型的性能，检测模型漂移或性能下降。根据需要进行模型的重新训练或更新，以确保其持续有效。

通过以上步骤，可以系统地完成深度学习的训练过程，从而得到性能优异、泛化能力强的深度学习模型。

实 训 任 务

实训1.1 绘制人工智能产业链示意图

【实训目标】了解人工智能产业链的构成，以及对应层次涉及的关键技术、主要应用等信息。

【实训工具】选择合适的思维导图工具。

【实训步骤】

（1）明确搜索目标：人工智能产业链包括上游、中游和下游。

（2）筛选信息：对收集到的信息进行比对，选择官方网站、日期相对新的信息进行汇总、整理，人工智能产业链的上游、中游和下游各部分，列举至少两个相关的企业或产品。

（3）绘制思维导图：选择合适的工具绘制思维导图，可以选用WPS Office思维导图、百度脑图、Xmind、MindManager、MindMaster等工具。

【注意事项】
（1）工欲善其事必先利其器，选用专门针对人工智能资源的搜索引擎。
（2）尝试不同关键词组合以精确搜索结果。

实训 1.2　图像识别

【实训目标】体验在手机上使用深度学习模型进行图像识别的过程，能简要描述所选择的应用及其主要功能，并列出应用中可能使用的深度学习技术（如卷积神经网络）。

【实训工具】一部支持深度学习应用安装和运行的智能手机，并安装一个深度学习图像识别的应用，如"Google Lens""百度AI识别"或其他类似应用。

【实训步骤】
（1）图像采集：在周围环境中选择5个不同的对象（如植物、动物、日常用品等）进行拍照。
（2）图像识别：使用所选应用，逐个识别拍摄的5张照片中的对象。分别记录应用给出的识别结果，并与实际对象一一进行比对。
（3）结果分析：分析识别结果的准确性，哪些对象被准确识别，哪些存在误差。对于识别不准确的对象，探讨可能的原因（如照片角度、光线条件、对象特征的复杂性等）。
（4）总结与反思：总结整个实训过程中的体验和收获。思考深度学习在手机上的其他可能应用场景。

【注意事项】
图像采集时应确保照片质量清晰、对象特征明显。

自我测评

一、选择题

1. 人工智能是通过（　　）方式模拟人类智能的。
   A. 硬件设备　　　　B. 软件程序　　　　C. 算法和数据　　　　D. 生物技术
2. 下列选项中，（　　）不属于人工智能的特征。
   A. 学习能力　　　　B. 感知能力　　　　C. 情感表达　　　　D. 推理能力
3. 人工智能发展的早期阶段主要依赖（　　）方法。
   A. 深度学习　　　　B. 符号逻辑　　　　C. 神经网络　　　　D. 遗传算法
4. 在人工智能的发展途径中，（　　）是模拟人类大脑结构和工作原理的方法。
   A. 知识表示　　　　B. 逻辑推理　　　　C. 神经网络　　　　D. 自然语言处理
5. 人工智能发展简史中，（　　）被认为是AI诞生的标志性年份。
   A. 1946年　　　　B. 1950年　　　　C. 1956年　　　　D. 1960年
6. 当前人工智能产业链中，（　　）主要负责技术研发和创新。
   A. 基础层　　　　B. 技术层　　　　C. 应用层　　　　D. 服务层

7. 人工智能的理论基础主要包括（　　）。
   A. 数学和计算机科学　　　　　　　　B. 物理和化学
   C. 生物学和心理学　　　　　　　　　D. 哲学和历史学
8. 机器学习通过（　　）方式让计算机系统具备学习能力。
   A. 手动编程　　B. 数据驱动　　C. 规则制定　　D. 人类指导
9. 下列技术中，（　　）是实现自然语言处理的关键。
   A. 图像识别　　B. 语音识别　　C. 情感分析　　D. 模式识别
10. 深度学习是基于（　　）技术发展起来的。
    A. 决策树　　　　　　　　　　　　　B. 神经网络
    C. 支持向量机　　　　　　　　　　　D. 随机森林
11. 人工智能的发展受（　　）因素的影响。（多选题）
    A. 算法进步　　　　　　　　　　　　B. 数据量增长
    C. 计算能力提升　　　　　　　　　　D. 政策支持
12. 人工智能可以通过（　　）途径来实现（　　）。（多选题）
    A. 知识表示与推理　　　　　　　　　B. 机器学习
    C. 自然语言处理　　　　　　　　　　D. 计算机视觉
13. 人工智能的发展简史中，经历的阶段包括（　　）。（多选题）
    A. 逻辑推理阶段　　　　　　　　　　B. 知识工程阶段
    C. 机器学习阶段　　　　　　　　　　D. 深度学习阶段
14. 人工智能的发展趋势包括（　　）。（多选题）
    A. 技术融合创新　　　　　　　　　　B. 智能化水平提升
    C. 产业应用拓展　　　　　　　　　　D. 伦理和法规完善
15. 在人工智能产业链中，应用层主要包括（　　）。（多选题）
    A. 机器人制造　　　　　　　　　　　B. 智能语音识别
    C. 芯片设计　　　　　　　　　　　　D. 自动驾驶系统开发
16. 下列（　　）技术属于机器学习范畴。（多选题）
    A. 线性回归　　　　　　　　　　　　B. 决策树
    C. K-近邻算法　　　　　　　　　　　D. 数据库管理系统
17. 深度学习在（　　）领域取得了显著成果。（多选题）
    A. 图像识别　　　　　　　　　　　　B. 自然语言处理
    C. 围棋对弈　　　　　　　　　　　　D. 天气预报
18. 机器学习的主要任务包括（　　）。（多选题）
    A. 分类　　B. 回归　　C. 聚类　　D. 降维

二、简答题

1. 简述人工智能的定义及其核心特征。
2. 人工智能的发展经历了哪些重要阶段？请简要说明。
3. 当前人工智能的主要研究领域有哪些？举例说明。
4. 机器学习和深度学习有何区别与联系？请简要阐述。

模块 2 人工智能支撑运作平台

学习目标

1. 了解人工智能芯片的基本概念、发展历程和主要类型。
2. 掌握大数据的基本概念、特点和应用领域。
3. 理解云计算的基本概念、服务模式和主要特点。
4. 理解边缘计算的基本概念、原理和主要应用场景。
5. 掌握群体智能的基本概念、体系结构和关键技术。
6. 理解混合增强智能、无人自主系统的基本概念、原理和关键技术。
7. 掌握无人自主系统的基本概念、原理和关键技术。
8. 了解智能数据的基本概念、处理方法和应用场景。

学习重点

1. 大数据的挖掘及应用。
2. 云计算服务模型的理解与应用。
3. 边缘计算的架构特点、混合增强智能的原理。
4. 边缘计算与云计算的协同工作。
5. 群体智能中的协同与决策机制。
6. 无人自主系统的关键技术。

单元 1　人工智能芯片

随着科技的飞速发展，人工智能已经深入影响了我们生活的方方面面，从智能手机、自动驾驶汽车到智能家居，其背后都离不开强大的人工智能技术支撑。而人工智能芯片，作为这一技术的"大脑"，正日益成为推动人工智能发展的关键力量。本单元将深入探讨人工智能芯片的相关知识，旨在帮助学生理解这一领域的基本概念、技术特点、应用领域以及未来发展趋势。通过学习本章，学生将对人工智能芯片有一个全面的了解，从而更好地理解人工智能技术的核心组件和运行机制。

2.1.1　芯片的基础知识

芯片，也被广泛称为集成电路（integrated circuit, IC），是现代科技的杰出代表。这种由半导体材料精制而成的微小电子器件，已经成为当今电子设备和计算系统的核心组成部分。芯片将数以万计，甚至以亿计的微小电子元件，如晶体管、电阻、电容等，高精度地集成在一块半导体基板（多为硅晶圆）之上，从而构成一个高度复杂的微型电子电路系统。

这种高度集成化的设计不仅大幅减少了电子设备的体积，还显著提高了其性能和可靠性。更重要的是，随着技术的进步，芯片的制造成本逐渐降低，使得更多的电子设备能够走进千家万户，极大地丰富了人们的日常生活。

芯片的种类繁多，根据不同的处理信号，我们可以将其大致分为三类：数字芯片、模拟芯片以及数模混合芯片。

数字芯片主要用于处理离散的二进制数字信号，是现代计算机和数字电子设备的基础，用于产生、放大和处理各种数字信号。常见的数字芯片包括各类通用处理器（如CPU、GPU、DSP等）、存储器（如SRAM、DRAM、ROM等）以及单片系统（SoC）和微控制器（MCU）等。

模拟芯片主要用于产生、放大和处理各种连续的模拟信号，如音频、视频等，常见于通信和娱乐设备中。常见的模拟芯片包括模数转换芯片（ADC）、运算放大器、线性稳压器、基准电压源等。

数模混合芯片结合了数字芯片和模拟芯片的功能，能够同时处理数字和模拟信号，为复杂的电子系统提供了更为灵活和高效的解决方案。常见的数模混合芯片包括数模转换器、基带芯片、接口芯片等。

芯片的工作原理基于半导体材料的物理特性。在芯片制造过程中，通过特定的制造工艺将电子元件集成在一块小型半导体晶圆上。这些电子元件通过微细的导线相互连接，形成复杂的电路结构。当芯片加电后，电路中的晶体管等元件会处于不同的工作状态，从而产生和处理各种信号。这些信号被设定成特定的功能（即指令和数据），来表示或处理字母、数字、颜色和图形等。

芯片的制造流程包括多个步骤，主要包括硅片的制造、氧化过程、涂光刻胶、光刻工艺、刻蚀工艺、沉积工艺、离子注入工艺等。这些步骤需要在高度洁净的环境中进行，以确保芯片的质量和性能。其中，光刻和刻蚀工艺是芯片制造中的关键步骤，它们决定了芯片上电路图案的精度和复杂度。

芯片广泛应用于各个领域，包括通信、计算机、汽车电子、工业自动化、医疗电子和家电等。例如，在手机中，芯片负责处理通信信号、运行操作系统和应用程序等；在计算机中，芯片则负责数据处理、图形渲染和存储等功能。随着科技的不断发展，芯片的性能和集成度不断提高，功耗逐渐降低。未来，芯片将继续向更小、更快、更智能的方向发展，以满足各种新兴应用的需求。同时，随着5G、物联网、人工智能等技术的快速发展，芯片的应用领域也将进一步拓展。

2.1.2 人工智能芯片的概念

1. 人工智能芯片定义

人工智能芯片，又称为AI芯片，是一种针对人工智能应用场景专门设计的硬件芯片，如图2-1所示。从广义上讲，只要能够运行人工智能算法的芯片都称为AI芯片。然而，通常意义上的AI芯片指的是针对人工智能算法做了特殊加速设计的芯片，这些人工智能算法一般以深度学习算法为主，也可以包括其他机器学习算法。AI芯片也被称为AI加速器或计算卡，即专门用于处理人工智能应用中的大量计算任务的模块（其他非计算任务仍由CPU负责）。

AI芯片被广泛应用于图像和语音识别、自然语言处理、推荐系统、自动驾驶、机器人等领域。这些领域对数据和算力的要求非常高，而AI芯片正是为了满足这些需求而设计的。

2. 人工智能芯片的特点

高效处理。AI芯片通过并行计算、深度学习等技术，实现对大规模数据的快速处理，为人工智能系统的运行提供强大算力支持。

专门设计。AI芯片是专门针对人工智能任务进行设计的，因此相比通用芯片，在特定的人工智能任务上具有更高的性能和效率。

多样化类型。AI芯片有多种类型，包括GPU（graphics processing unit，图形处理器）、FPGA（field-programmable gate array，现场可编程门阵列）、ASIC（application specific integrated circuit，专用集成电路）等，每种类型都有其独特的应用场景和优势。

图2-1　人工智能芯片

3. 人工智能芯片分类

GPU是专门用于处理和渲染图形的硬件单元，如图2-2所示，通常存在于计算机、手机、平板和游戏机等设备中。与CPU（中央处理器）不同，GPU被特别设计用于高效地处理图形相关的计算任务，例如，渲染3D场景、运行视频游戏以及进行复杂的图像处理。近年来，随着技术的发展，GPU已经不仅仅局限于图形处理。通过通用计算图形处理器（GPGPU）技术，如NVIDIA的CUDA和OpenCL，开发人员可以使用GPU来进行非图形相关的并行计算任务。这使得GPU在深度学习、大数据分析、物理模拟等领域的应用越来越广泛。

图2-2　GPU

FPGA是一种半定制的集成电路。与传统的ASIC不同，FPGA允许设计者在制造后对其进行编程，从而实现在单个芯片上的特定功能。在人工智能领域，FPGA的灵活性使其能够适用于各种复杂的人工智能算法，特别是在需要高性能、低功耗和快速上市时间的项目中。

ASIC是为实现特定场景应用要求而定制的专用AI芯片。除了不能扩展以外，在功耗、可靠性、体积方面都有优势，尤其在高性能、低功耗的移动设备端。ASIC的应用范围非常广泛，包括通信、消费电子产品、工业控制、医疗设备、航空航天和军事等领域。例如，在通信领域，ASIC可以用于实现高速数据传输、信号处理和数据加密等功能；在消费电子领域，ASIC可以用于实现音频和视频处理、图像识别和传感器接口等功能。然而，ASIC也有一些局限性。首先，它们的开发成本通常较高，尤其是在设计和测试阶段。其次，由于ASIC是为特定应用设计的，因此它们的灵活性较低，一旦设计完成并投入生产，就很难进行修改或升级。因此，在选择使用ASIC时，需要权衡其高性能、低功耗和低成本等优势与较高的开发成本和较低的灵活性之间的平衡。

类脑芯片，是一种模仿人脑神经系统结构和功能的新型人工智能处理器，通过模拟神经元之间的突触连接来实现信息的传递和处理。它由数百万个人工神经元和突触连接组成，可以模拟人脑神经元的行为，具备并行计算、低功耗设计和自适应学习等特点。每个神经元都有一个阈值，当输入信号超过该阈值时，神经元会产生一个输出信号，并将其传递给与之连接的神经元。这种工作机制使得类脑芯片能够模拟出复杂的神经网络行为，如学习、记忆和决策等。目前类脑芯片的研究仍处于初级阶段，但它被认为是未来人工智能芯片的一个重要发展方向。

2.1.3 人工智能芯片的发展

人工智能芯片的发展历程是一个不断演进和创新的过程，其关键的发展阶段可分为四个部分。

1. 早期探索阶段

20世纪60年代初，美国的Fairchild公司推出了第一款数字信号处理器（DSP），该芯片使用了专用算法和指令集，使其能够高效地完成数字信号处理任务，大大提高了数字信号处理的速度和精度。这为后续人工智能芯片的发展奠定了基础。

20世纪70年代，AT&T贝尔实验室的科学家Ted Hoff提出了"微处理器"的概念，并在1971年推出了世界上第一款微处理器——Intel 4004。这款微处理器不仅使计算机的制造成本大幅降低，还为以后人工智能芯片的发展提供了硬件基础。

2. GPU崛起阶段

随着图形处理器（GPU）技术的不断进步，人们开始将GPU应用到通用计算中，以加速计算。GPU具有强大的并行计算能力，可以高效地处理大规模的并行计算任务。

2006年，NVIDIA公司推出了CUDA技术，这使得GPU在深度学习等人工智能领域中得到广泛应用。CUDA技术使得GPU能够更方便地进行编程和计算，从而推动了人工智能算法在GPU上的高效实现。

3. ASIC芯片兴起阶段

随着人工智能领域的不断发展，ASIC芯片在人工智能领域的应用越来越广泛。ASIC芯片是专门为某种特定应用领域而设计的芯片，它能够实现高效、低功耗的计算。在人工智能领域中，ASIC芯片主要用于深度学习推理加速，以及边缘设备的优化。例如，谷歌的Tensor Processing Unit（TPU）芯片、苹果的神经引擎（neural engine）芯片等都是ASIC芯片在人工智能领域中的典型应用。

4. 多样化发展阶段

随着业界对于人工智能算力的要求越来越高，GPU价格昂贵、功耗高的缺点也使其在场景各异的应用环境中受到诸多限制。因此,研究人员开始研发专门针对人工智能算法进行优化的定制化芯片。这些定制化芯片在计算能力、能耗比等方面都有了非常大的提升。

除了ASIC芯片外,还有其他类型的新型AI芯片也在不断研发中。例如,基于光电子技术的AI芯片、脉动神经网络(pulse neural network)芯片等。这些新型AI芯片将使得人工智能领域的应用更加丰富和普及,同时也将加速人类社会的数字化进程。

2.1.4 人工智能芯片的应用领域

人工智能芯片的应用领域广泛,如图2-3所示,涵盖了多个行业和场景,在多个领域都发挥着重要作用,推动了各行业的技术创新和产业升级。随着技术的不断发展和应用的深化,预计未来AI芯片将在更多领域发挥关键作用,为人类社会的发展注入新的动力。

图2-3 人工智能芯片的应用领域

1. 云计算与数据中心

云计算平台与数据中心作为现代信息技术的重要基石,亦是AI大算力芯片施展其强大能力的关键应用场景。在这些高度集成化、复杂化的环境中,AI芯片扮演着举足轻重的角色,它们专注于处理错综复杂的数据分析任务,并支撑机器学习模型的训练与推理流程。随着大数据时代的到来,数据量的爆炸性增长与AI算法日益提升的复杂性,对高性能计算能力的渴求愈发迫切。AI芯片凭借其卓越的算力支持,成为云计算和数据中心应对海量数据处理挑战的有力武器。它们不仅显著提升了计算效率,使得数据处理更为迅速、准确,还助力实现了能耗的有效降低,为构建绿色、高效的数字基础设施贡献了重要力量。

2. 自动驾驶与智能交通

自动驾驶与智能交通作为未来交通发展的重要方向,其技术突破与革新紧密依托于AI大算力芯片的强大支撑。在自动驾驶领域,AI芯片扮演着核心角色,它们高效处理着车载传感器所捕获的海量数据,进而实现精准的环境感知、迅速的决策制定以及稳定的控制执行。这一系列复杂功能的实现,均离不开AI芯片提供的卓越算力与高效数据处理能力。正是有了AI芯片的助力,自动驾驶汽车方能在瞬息万变的道路环境中做出实时、准确的判断,从而确保行车安全,提升交通效率。

3. 医疗健康与生物技术

在医疗健康与生物技术这一前沿交叉领域,AI大算力芯片正发挥着日益重要的作用。它们被广泛应用于处理和分析海量的医疗影像数据、基因组学数据等复杂信息,为疾病的精确诊断、个性化治疗计划的制定以及新药物的研发提供了强有力的支持。借助深度学习等先进的AI技术,AI芯片能够显著提升诊断的准确性和效率,为患者带来更为精准、高效的医疗服务。同时,AI芯片还助力生物技术的持续创新,推动了新药研发、基因编辑等多个领域的突破性进展。AI大算力芯片不仅是医疗健康领域技术进步的重要驱动力,也是生物技术发展不可或缺的关键要素,其应用前景广阔,对于提升人类健康水平和促进生命科学研究具有重要意义。

4. 智能制造与工业4.0

在智能制造与工业4.0的浪潮中，AI大算力芯片正逐步成为引领变革的核心力量。它们被广泛应用于生产线的自动化控制、产品质量的精密检测以及设备的预测性维护等关键环节。通过深度融合AI技术，AI芯片能够实现对生产过程的智能化优化，不仅显著提高了生产效率，还有效降低了生产成本，为制造业的转型升级提供了强大动力。更重要的是，AI芯片的应用进一步推动了制造业向智能化、网络化的高级形态发展，使得生产模式更加高效、灵活且可持续。

5. 金融服务

在金融服务这一关键领域内，AI大算力芯片正发挥着愈发重要的作用。它们被广泛应用于处理风险分析、欺诈检测、算法交易等高复杂度的金融计算任务，成为金融机构提升服务效率与竞争力的关键工具。借助AI芯片的强大算力，金融机构能够高效地处理和分析海量的金融数据集，从而更精准地评估风险、及时发现并遏制欺诈行为，显著提升了金融市场的稳定性与安全性。同时，AI芯片的应用还有助于金融机构降低成本、优化决策流程，进一步增强了其业务处理能力和市场竞争力。

6. 安防与监控

在安防与监控领域，AI大算力芯片的应用正逐步展现出其巨大的潜力与价值。它们被广泛应用于视频图像的分析处理中，通过深度学习等先进技术，实现了人脸识别、异常行为检测等多种智能化功能。这些功能的实现，不仅极大地提高了安全管理的效率和准确性，还为公共安全、城市管理等领域提供了强有力的技术支持。借助AI芯片的实时分析能力，安防系统能够迅速捕捉并预警潜在的安全威胁，有效防范和应对各类安全事件。

7. 物联网与智能家居

物联网与智能家居作为现代科技发展的前沿阵地，正日益展现出其巨大的应用潜力。在这一领域中，AI大算力芯片的应用为设备的智能化与自动化控制提供了强有力的支撑。随着物联网技术的不断演进，越来越多的设备需要实现与互联网的连接，进行数据的高效交换与处理。而AI芯片凭借其卓越的算力支持，使得物联网设备能够更加高效地处理海量数据，并迅速做出决策。在智能家居领域，AI芯片的应用更是推动了家居设备的全面智能化升级，不仅提升了家庭生活的便捷性，还极大地增强了居住的舒适度。

2.1.5 人工智能芯片的市场前景

人工智能芯片市场前景广阔且充满机遇，呈现出市场规模持续增长、技术创新与突破、应用领域不断拓展、市场竞争格局激烈以及政策支持与发展机遇并存的特点。未来，随着技术的不断进步和应用场景的拓展，AI芯片的需求将持续增长，为相关企业带来广阔的商机。

1. 市场需求持续增长

随着科技的飞速发展，人工智能技术已取得显著进步，并在诸多领域内实现了广泛应用与深入拓展。从日常生活中的图像识别、语音识别，到前沿科技领域的自动驾驶、智能制造，人工智能正以其独特的优势，深刻地改变着人们的生活方式与工作模式。这一系列创新应用的不断涌现，不仅彰显了人工智能技术的强大潜力，也极大地推动了市场对人工智能芯片需求的持续增长。

与此同时，人工智能模型的持续优化与复杂化，对算力的需求也呈现出激增的趋势。高性能的人工智能芯片，作为支撑这些复杂模型运行的关键硬件基础，其重要性日益凸显。这类芯片能够提供强大的计算能力，确保复杂的人工智能算法得以高效执行，从而满足各类应用场景对算力的严苛要求。

2. 市场规模不断扩大

根据研究机构Gartner的预测，2024年全球人工智能半导体总收入将达到710亿美元，较2023年增长33%。这表明人工智能芯片市场正在经历快速增长。中国作为全球最大的半导体市场之一，对人工智能芯片的需求也在不断增加。随着国内人工智能产业的快速发展，国产AI芯片也在逐步获得越来越多的落地应用。

3. 竞争格局与发展趋势

在探讨人工智能芯片市场的竞争格局与发展趋势时，我们不难发现，当前这一领域主要由国际知名厂商如英伟达、AMD等占据主导地位。这些国际巨头凭借其在技术研发、产品性能以及市场占有率等方面的显著优势，长期引领着全球人工智能芯片市场的发展潮流。然而，随着中国科技产业的快速崛起，国内厂商正逐步打破这一格局，使得国际竞争愈发激烈。

在国家政策的积极扶持以及市场需求的强劲推动下，国内人工智能芯片厂商迎来了前所未有的发展机遇。百度、华为、阿里等科技巨头纷纷布局AI芯片领域，不仅推动了国产AI芯片的快速发展，还促进了整个产业链的完善与升级。与此同时，地平线、深鉴科技、寒武纪等优质本土厂商也崭露头角，它们在特定领域或应用场景中展现出了强大的竞争力和创新力，为国产AI芯片的发展注入了新的活力。

面对日益激烈的市场竞争，人工智能芯片厂商纷纷寻求技术创新与差异化竞争策略。它们通过不断优化芯片架构、提升计算性能、降低功耗等方式，致力于提高产品的性价比和竞争力。这种持续的技术创新和差异化竞争，不仅推动了人工智能芯片技术的不断进步，还为用户提供了更加丰富多样的选择，满足了不同应用场景的需求。

4. 政策环境与发展机遇

当前，各国政府高度重视人工智能产业的战略地位，纷纷出台了一系列政策措施以推动其发展。这些政策不仅为人工智能芯片厂商提供了有力的支持，还为其创造了良好的发展环境和广阔的市场机遇。

此外，人工智能芯片产业的发展还离不开产业链上下游的协同配合。一个完善、高效的产业链，能够确保从原材料供应到产品设计、生产、销售等各个环节的顺畅衔接，从而提高整个产业的竞争力和市场响应速度。随着人工智能芯片产业链的不断完善和协同发展，厂商将获得更多的市场机遇和更大的发展空间。它们可以更加专注于技术创新和产品优化，不断提升自身的核心竞争力，以更好地满足市场需求，推动整个产业的持续健康发展。

5. 挑战与风险

在人工智能芯片产业的发展过程中，挑战与风险并存，这是不可忽视的现实。从技术层面看，人工智能芯片的研发与生产对技术实力和创新能力提出了极高要求。厂商需持续投入大量研发资源，不断突破技术瓶颈，以确保在激烈的市场竞争中保持技术领先地位。随着技术的不断进步和应用领域的日益拓展，这一挑战也愈发凸显。

同时，市场风险也是人工智能芯片厂商必须面对的重要问题。这一市场具有高度竞争性和不确定性，技术的快速发展和市场的不断变化要求厂商必须具备敏锐的市场洞察力和灵活的策略调整能力。为了有效应对市场风险，厂商需密切关注市场动态和技术趋势，及时调整产品策略和市场策略，以确保在激烈的市场竞争中立于不败之地。

单元 2　大数据

在21世纪的信息化浪潮中，大数据与人工智能作为信息技术的两大核心驱动力，正以前所未有的速度改变着我们的生活、工作和学习方式。大数据与人工智能之间存在着密不可分的联系，在人工智能系统中，大数据扮演着至关重要的角色。

作为支撑运作平台，大数据为人工智能提供了丰富的数据资源和训练素材，通过大数据的分析和挖掘，人工智能系统能够不断学习和优化自身的算法和模型，从而实现更加精准和高效的智能决策和预测。同时，人工智能技术的不断进步也为大数据的处理和分析提供了更加高效和智能的工具和方法。这种相互促进的关系，使得大数据与人工智能成为推动社会进步和产业升级的重要力量。本单元深入探讨大数据作为人工智能支撑运作平台的角色，有助于学生更好地理解人工智能的工作原理和应用场景，提升学生的专业素养和创新能力。

2.2.1　大数据概述

1. 大数据的定义

大数据（big data）是指无法在一定时间范围内用常规软件工具进行捕捉、管理和处理的数据集合，是需要新处理模式才能具有更强的决策力、洞察发现力和流程优化能力的海量、高增长率和多样化的信息资产。大数据不仅包含传统的结构化数据，还涵盖了大量的非结构化数据，如社交媒体上的文本、图片和视频等。

2. 大数据的特点

（1）海量性：大数据集合的规模通常超出传统数据库管理系统的处理能力，数据量可能达到TB、PB甚至EB级别。

（2）高速性：大数据的生成、传输和处理的速度非常快，需要借助高效的技术和算法来应对。

（3）多样性：大数据的来源和格式多种多样，包括结构化数据、半结构化数据和非结构化数据。

（4）真实性：大数据要求数据具有真实性和可靠性，以确保分析结果的准确性。

（5）价值密度低：大数据的数据量很大，但是价值密度很低，需要通过深度分析和挖掘才能发现和发挥大数据的价值。

3. 大数据的来源

大数据作为当今信息时代的重要资源，其来源极为广泛且多样化。在众多数据来源中，社交媒体平台占据了显著位置。例如，微博、微信、抖音等社交媒体上的用户数据，包括用户发布的内容、互动行为以及个人信息等，都构成了大数据的重要组成部分。此外，物联网设备的普及也为大数据提供了丰富的数据源。智能仪表、工业传感器、环境传感器、摄像头等各类物联网设备在运行过程中不断产生大量数据，这些数据涵盖了从工业生产到日常生活等多个领域。

同时，电子商务网站的兴起也为大数据的积累贡献了重要力量。淘宝、京东等电子商务平台上的交易数据、用户行为数据等，不仅反映了消费者的购买偏好和市场趋势，也为企业提供了宝贵的市场分析和决策支持。除此之外，企业信息系统如ERP、CRM等也是大数据的重要来源，这些系统中存储的企业运营数据、客户信息等为企业的精细化管理提供了有力支撑。

4. 大数据的应用领域

大数据的应用领域广泛且不断深入，它已成为推动各行各业数字化转型的重要力量。在商业领域，企业通过大数据分析消费者行为和市场趋势，实现精准营销和个性化推荐，提升市场竞争力。医疗健康领域，大数据助力疾病预测、诊断和治疗方案优化，提高医疗服务质量和效率。城市管理方面，大数据被广泛应用于智能交通、环境监测和公共安全等领域，提升城市管理的智能化和精细化水平。此外，大数据还在金融、教育、农业等领域发挥着重要作用，为经济社会发展注入新的活力。

5. 大数据的挑战与机遇

大数据虽然带来了巨大的价值，但同时也面临着诸多挑战，如数据隐私保护、数据安全、数据处理技术的局限性等。然而，随着技术的不断进步和创新，这些挑战也将逐渐得到克服。同时，大数据也为各行各业带来了前所未有的机遇，推动了社会的数字化转型和智能化升级。

6. 大数据的发展趋势

随着信息技术的迅猛发展，大数据已经成为推动经济和社会发展的关键力量，发展趋势呈现出不断上升和深化的态势。

（1）**大数据的应用场景不断拓宽**：如今，大数据已经渗透到各个行业领域，如林业、能源、金融、医疗等，为各行业的转型升级提供了强有力的数据支撑。例如，在林业领域，基于5G+物联网技术的林业有害生物监测平台，能够利用大数据技术分析松材线虫病等林业有害生物的防治工作，提升防治效率和效果。

（2）**大数据与实体经济的融合日益加深**：大数据技术的不断发展，使得数据要素能够与其他生产要素相结合，产生新的生产力。这种融合不仅推动了传统产业的数字化转型，也催生了新兴的数字业态，如数据服务、数据产品等，进一步激发了大数据产业的创新活力。

（3）**大数据产业链不断完善**：随着数据采集、存储、计算、分析、应用等技术的不断进步，大数据产业链已经形成了较为完善的体系。各环节的技术创新和协同发展，为大数据产业的快速发展提供了有力保障。

（4）**大数据的发展环境日益优化**：政府部门对大数据产业的支持力度不断加大，出台了一系列政策措施来推动大数据产业的发展。同时，社会各界对大数据的认识和重视程度也在不断提高，为大数据产业的蓬勃发展创造了良好的社会氛围。

2.2.2 大数据与人工智能的关系

1. 大数据为人工智能提供训练基础

大数据在人工智能中扮演着至关重要的角色。人工智能算法需要大量的数据作为训练样本，以便识别模式和建立预测模型。大数据提供了足够的样本和信息，使得人工智能算法能够从中学习和发现模式、规律以及进行预测和决策。例如，对于一个基于人工智能的图像识别系统，大数据可以提供大量的图像样本进行训练，使得系统能够识别和分类不同的图像。在现代人工智能系统中，尤其是机器学习和深度学习领域，大量的数据是必不可少的。

大数据首先意味着海量的信息，这为人工智能模型的训练提供了足够的样本。例如，在深度学习领域，模型通常需要数百万甚至数十亿的数据点来进行训练，以达到较高的准确性和泛化能力。根据麦肯锡全球研究所的定义，大数据的数据规模远远超出了传统数据库软件的处理能力，这种规模上的优势使得AI算法能够在更多样化的数据上进行学习和优化。

大数据不仅数量庞大，而且类型多样，包括结构化数据（如数据库中的表格）、半结构化数据（如XML、JSON文件）和非结构化数据（如文本、图像、视频）。这种多样性有助于AI系统学习处理现实世界中的复杂情况。例如，在图像识别领域，一个包含各种场景、角度和光照条件的图像数据集能够训练出更加鲁棒的模型，使其在不同环境下都能准确识别目标。

大数据往往包含实时或近实时的信息，这对于训练能够应对快速变化环境的AI模型至关重要。例如，在金融领域，实时的市场数据可以帮助AI模型更准确地预测股票价格变动。通过云计算等技术，大数据可以实现高效地存储和处理，确保AI系统能够及时获取并分析最新的数据。

虽然大数据强调数量和多样性，但数据质量同样重要。在训练AI模型之前，通常需要对数据进行清洗和预处理，以去除噪声、异常值和重复项。这些清洗过程有助于提升数据的质量，进而提高AI模型的训练效果和性能。例如，在自然语言处理（NLP）中，对文本数据进行去停用词、词干提取等操作可以改善模型的文本理解能力。

大数据通过分析用户行为、市场趋势等信息，为AI系统提供了数据驱动的决策支持。这种支持使得AI能够在缺乏先验知识的情况下，依然能够做出合理的判断和预测。例如，在推荐系统中，大数据可以帮助AI分析用户的兴趣和偏好，从而为用户提供个性化的推荐内容。

2. 人工智能利用大数据进行模型优化

在人工智能模型的训练过程中，大数据不仅提供了训练样本，还可以用于模型的优化。通过对大数据的深入分析，可以发现数据中的规律和趋势，从而优化模型的参数和结构，提高模型的准确性和泛化能力。此外，大数据还可以提供实时的数据流，为人工智能系统提供最新的信息和反馈，使得系统能够不断更新和优化自身的模型。

人工智能利用大数据进行模型优化的过程可以细分为以下几个关键步骤。

1）数据清洗与预处理

（1）去除噪声和异常值：大数据集中往往包含大量的噪声数据和异常值，这些数据如果不经过处理直接用于模型训练，可能会影响模型的准确性。因此，数据清洗的第一步就是去除这些数据。

（2）数据增强：通过技术手段如旋转、缩放、裁剪等增加数据的多样性，帮助模型更好地泛化到未见过的场景。

（3）归一化与标准化：调整数据的分布，使其更符合模型的输入要求，提高训练的稳定性和速度。

2）特征工程

（1）特征选择：从原始数据集中挑选出对模型预测最有帮助的特征。

（2）特征变换：如对数变换、归一化等，提高数据的线性度，有助于模型更好地捕捉数据中的规律。

3）模型架构选择与调整

（1）选择合适的网络结构：根据任务特性（如图像分类、目标检测）选择最合适的网络架构，如ResNet、YOLO等。

（2）深度与宽度的平衡：增加网络层数可以提高模型复杂度，但也可能带来过拟合和训练难度增加的问题，因此需要合理控制。

4）超参数优化

（1）学习率调整：采用自适应学习率算法或学习率衰减策略，动态调整学习率以加速模型收敛。

（2）正则化与dropout：使用L1/L2正则化、dropout等技术减少模型过拟合的风险。

5）训练策略优化

（1）分布式训练：利用多个计算节点并行处理数据，显著缩短训练时间。

（2）提前停止：在模型性能达到某个阈值或不再显著提升时提前停止训练，防止过拟合并节省计算资源。

6）模型评估与后处理

（1）交叉验证：使用交叉验证技术对模型性能进行客观评估。

（2）模型剪枝与量化：移除不重要的神经元或连接，减少模型参数和计算量，提高推理速度。

7）利用高级框架与工具

深度学习框架，如TensorFlow、PyTorch等提供了丰富的优化工具和API，可以更方便地进行模型优化。

人工智能通过充分利用大数据在数据清洗、特征工程、模型架构选择、超参数优化、训练策略以及模型评估等多个环节进行细致而全面的优化工作，从而不断提升模型的性能表现。这些优化措施共同构成了人工智能模型优化的完整流程，使得模型能够更好地适应各种复杂任务需求并展现出卓越的性能。

3. 大数据与人工智能相互促进

大数据和人工智能之间存在着相互促进的关系。一方面，大数据为人工智能提供了丰富的训练样本和信息资源，推动了人工智能技术的不断发展和应用。另一方面，人工智能的发展也为大数据的处理和分析提供了更高效、更精准的工具和方法。例如，机器学习算法可以自动分析大量的数据，发现其中的规律和趋势，提供更精准的预测和决策支持。这种相互促进的关系使得大数据和人工智能在科技发展中形成了良性循环。

2.2.3 人工智能领域的大数据运用

随着技术的不断发展，大数据与人工智能的结合将更加紧密，为各个领域带来更多的创新和变革，两者相互促进，共同推动着技术的进步和行业的发展。

1. 数据驱动AI发展

AI算法需要大量数据来训练和学习，而大数据提供了这样的数据资源。没有数据，AI无法进行学习和预测。大数据的规模和多样性使得AI模型能够学习到更丰富的特征和模式，从而提高其准确性和泛化能力。

2. 智能分析与决策支持

（1）存储与处理：大数据技术可以帮助存储和处理海量数据，这是AI进行智能分析的基础。

（2）提取价值：AI技术可以对大数据进行智能分析，提取有价值的信息和洞察，为企业决策提供支持。例如，在金融领域，大数据用于风险分析和欺诈监测，AI则用于自动交易、智能投顾等。

（3）优化决策：企业可以利用AI分析大量业务数据，为优化决策提供支持，如市场趋势分析、风险评估等。

3. 深度学习与大数据处理

AI中的深度学习是处理大数据的强大工具。深度学习模型通过模拟人脑神经网络，可以对复杂数据进行分析和预测。大数据为深度学习模型提供了丰富的训练样本，使得模型能够学习到更复杂的特征和规律。

4. 提升用户体验与服务

在个性化推荐、智能客服等领域，AI技术能够根据用户的个人特点和需求提供相关服务，提高了服务的针对性和满意度。例如，电商平台利用大数据分析用户行为，AI则用于个性化推荐、智能客服等，从而提升用户体验和购物转化率。

5. 推动行业创新与发展

在医疗健康领域，利用大数据进行疾病预测和患者护理，AI用于辅助诊断、药物研发等，提高了医疗服务的效率和质量。

在制造业中，大数据和AI用于生产流程优化、质量检测、预测性维护等，提高了生产效率和产品质量。

在城市管理中，大数据和AI用于交通流量预测、公共安全监控、能源管理等领域，推动了智慧城市的建设和发展。

单元3　云计算服务平台

云计算服务平台是基于云计算技术，为用户提供各种服务（如计算、存储、数据库、软件开发等）的在线平台。这些服务可以通过网络（通常是互联网）进行访问，且具有弹性可扩展、按需付费等特点。云计算服务平台为人工智能的发展提供了强大的基础设施支持，使得AI算法能够在大规模数据集上高效地运行，加速了AI模型的训练、推理和优化过程。

2.3.1　云计算服务平台的概述

1. 基本定义

云计算服务平台允许用户通过网络（通常是互联网）访问共享的计算资源池，这些资源包括服务器、存储设备和数据库等。用户可以根据自己的需求，动态地获取和释放这些资源，而无须进行大量的前期投资或维护。

2. 核心特点

首先，云计算服务平台具有超大规模，如Google Cloud已拥有100多万台服务器，赋予用户前所未有的计算能力；其次，云计算支持虚拟化，用户可以在任意位置、使用各种终端获取应用服务，资源来自"云"而非固定的有形实体；再者，数据安全可靠是云计算的又一重要特征，通过数据多副本容错、计算节点同构可互换等措施来保障服务的高可靠性；此外，云计算对客户端需求低，用户只需一台可以上网的计算机和浏览器即可享受云计算服务；最后，云计算还具有通用性和可扩展性，可以满足不同用户的需求，并能在合理力度上按需开通服务资源，接近实时的自服务，无须用户对峰值负载进行工程构造。这些核心特点共同构成了云计算服务平台的独特优势，为用户提供了灵活、高效、可扩展的计算资源。

3. 服务类型

云计算服务平台通常提供三种主要的服务类型。

（1）基础设施即服务（IaaS）：提供基本的计算、存储和网络资源，用户可以在其上部署和运行任意软件。

（2）平台即服务（PaaS）：提供应用程序开发和部署所需的平台和工具，使用户能够更专注于应用开发而非底层基础设施管理。

（3）软件即服务（SaaS）：提供完整的应用程序，用户只需通过网络访问即可使用，无须安装或维护软件本身。

2.3.2　云计算服务平台的核心技术

1. 虚拟化技术

虚拟化技术是一种将计算机物理实体（如服务器、存储设备、网络设备）通过软件技术划分为多个虚拟实体的技术，是云计算服务平台的基础。它允许将物理硬件资源（如CPU、内存、存储等）抽象为逻辑资源，从而实现资源的动态分配、高效利用和灵活管理。通过虚拟化，多个应用程序和服务可以在同一物理平台上独立运行，互不干扰，极大地提高了资源的利用率和系统的可靠性。

2. 分布式计算

分布式计算是处理大规模数据和高并发请求的关键技术。在云计算服务平台中，分布式计算框架如Hadoop、Spark等被广泛应用，它们能够将一个大型的计算任务分解成多个小任务，并分配给网络中的多个计算节点同时处理。这种并行计算方式显著提高了计算效率和系统的可扩展性，使得云计算服务平台能够应对不断增长的数据处理需求。

3. 自动化管理

自动化管理技术对于云计算服务平台的运维至关重要。通过预设的规则和策略，自动化管理工具可以实现资源的自动调度、故障的自动检测和修复以及服务的自动扩展和缩减等功能。这不仅减轻了运维人员的工作负担，还确保了云计算服务平台的稳定性和高性能。

4. 云存储技术

云存储技术是云计算服务平台中数据存储和管理的核心。它采用分布式文件系统、数据冗余备份、数据加密等技术手段，提供了海量、高可靠、高效访问的存储服务。云存储技术不仅保障了用户数据的安全性和可用性，还为大数据分析、数据挖掘等应用提供了强大的存储支持。

5. 云安全技术

安全性是云计算服务平台不可忽视的重要因素。云安全技术涵盖身份验证、访问控制、数据加密、安全审计等多个方面，旨在保护云计算环境中的数据和应用程序免受未经授权的访问和恶意攻击。通过先进的云安全技术，云计算服务平台能够为用户提供安全、可信的云服务。

2.3.3　云计算服务平台的类型

1. 公有云

公有云是由第三方提供商运营和维护的云计算平台，通过互联网向公众提供云计算服务。有以下几个特点。

（1）动态资源分配：用户可以根据需求动态地购买和使用计算、存储、数据等资源。

（2）无须大量投资：用户无须在硬件和软件上进行大量前期投资。

（3）广泛的接入性：任何地点的用户只要有互联网连接就能访问服务。

典型代表有阿里云、百度云、腾讯云（见图2-4）等。

图2-4 公有云典型代表

2. 私有云

私有云是由企业或组织内部自行搭建和运营的云计算平台,专为内部使用或特定合作伙伴使用。有以下几个特点。

(1)高安全性:提供对数据、安全性和服务质量的有效控制。

(2)可定制性:可根据企业的特定需求进行定制。

(3)较高的成本:与公有云相比,搭建和维护成本相对较高,但长期运营成本可能因优化而降低。

使用场景:适用于对数据安全和隐私保护要求较高的行业,如金融、医疗等。

3. 混合云

混合云是将公有云和私有云进行整合的云计算平台,允许数据和应用程序在两者之间进行动态迁移。有以下几个特点。

(1)灵活性:结合了公有云的灵活性和私有云的安全性。

(2)扩展性:可以根据业务需求将数据和应用在公有云和私有云之间动态调整。

(3)成本效益:利用公有云的资源来应对高峰需求,降低整体运营成本。

典型应用:企业可以将敏感数据或核心应用部署在私有云上,而将非敏感数据或弹性需求的应用部署在公有云上,以实现最佳的成本效益和安全性,图2-5所示是混合云平台。

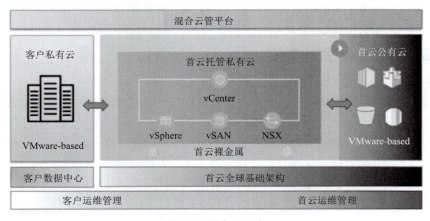

图2-5 混合云平台

2.3.4 云计算服务平台在人工智能领域的应用

云计算服务平台在人工智能中的应用非常广泛，它们为人工智能提供了强大的基础设施和计算资源，推动了AI技术的快速发展和落地应用，云计算技术平台如图2-6所示。

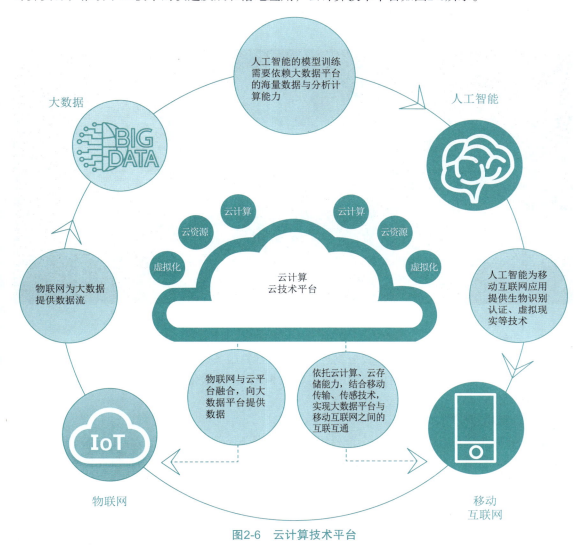

图2-6 云计算技术平台

1. 机器学习模型训练

云计算服务平台提供了大规模的计算资源，使得机器学习模型的训练变得更加高效。用户可以利用云平台上的GPU、TPU等专用硬件加速器，以及分布式计算框架（如TensorFlow、PyTorch等），快速训练出高质量的机器学习模型。

2. 深度学习推理

深度学习模型通常需要大量的计算资源进行推理，而云计算服务平台可以提供高性能的计算实例和优化的深度学习框架，满足深度学习推理的需求。此外，云平台还支持弹性扩展，可以根据实际流量动态调整计算资源，确保推理服务的稳定性和性能。

3. 大数据处理与分析

人工智能应用通常需要处理大量的数据，而云计算服务平台提供了强大的大数据处理和分析能力。用户可以利用云平台上的大数据服务（如Hadoop、Spark等），对数据进行高效地处理、挖掘和分析，为机器学习模型的训练和优化提供数据支持，云计算助力医院信息化如图2-7所示。

图2-7　云计算助力医院信息化

4. 自然语言处理

自然语言处理是人工智能的重要分支之一，而云计算服务平台为NLP应用提供了丰富的工具和资源。云平台上的NLP服务可以帮助用户实现文本分析、情感分析、机器翻译等功能，提升应用的智能化水平。

5. 计算机视觉（CV）

计算机视觉是人工智能的另一个重要领域，云计算服务平台同样为CV应用提供了强大的支持。用户可以利用云平台上的图像识别、视频分析等服务，实现图像分类、目标检测、人脸识别等功能，满足各种计算机视觉应用的需求。

6. 自动化机器学习（AutoML）

云计算服务平台还提供了自动化机器学习的功能，帮助用户自动完成模型选择、特征工程、参数调优等烦琐的任务。通过AutoML，用户可以更快速地构建和部署高质量的机器学习模型，降低AI应用的门槛和成本。

7. 模型部署与托管

云计算服务平台还提供了模型部署和托管的服务，用户可以将训练好的机器学习模型部署到云平台上，通过API接口对外提供服务。这样，用户可以轻松地实现模型的共享和复用，提高AI应用的开发效率和响应速度。

云计算服务平台在人工智能中的应用涵盖了机器学习、深度学习、大数据处理与分析、自然语言处理、计算机视觉等多个领域，为人工智能技术的发展和应用提供了强大的支持和保障。

2.3.5 云计算服务平台的优势与挑战

1. 优势

1）灵活性与可扩展性

云计算允许用户根据实际需求快速调整计算资源，无论是扩大还是缩减规模，都可以通过云平台轻松实现。这种灵活性使得企业能够迅速响应市场变化。

2）成本效益

云计算采用按需付费模式，用户只需支付实际使用的资源，避免了大量的初始投资和维护成本。这对于资金有限的中小型企业和创业公司尤为有利。

3）全球化和远程协作

云计算支持数据和应用程序的全球访问，促进了多地点团队的协作和合作，提高了工作效率。

4）数据安全和隐私保护

尽管数据安全是云计算面临的挑战之一，但许多云服务提供商已经实施了严格的安全措施，包括数据加密、访问控制等，以保护用户数据的安全和隐私。

5）丰富的服务和工具

云计算提供了丰富的服务和工具，如数据分析、大数据处理、人工智能等，加速了创新过程和新产品的推出。

2. 挑战

1）数据安全和隐私保护问题

尽管云服务提供商在加强安全措施，但用户敏感信息的应用系统部署在公共云上仍可能存在安全隐患。企业需要确保云服务提供商能够满足其数据安全和隐私保护的需求。

2）操作和标准化问题

目前云计算市场存在多个厂商和平台，缺乏统一的标准。这导致用户从一个云计算环境迁移到另一个环境时面临困难，增加了运营复杂性和成本。

3）服务质量保证

云计算服务的质量稳定性对企业至关重要。然而，由于技术故障或维护问题，云服务有时可能出现中断，影响企业的正常运营。因此，确保高质量的服务水平是云计算面临的一个挑战。

4）管理模式变化

云计算的集中化管理和分层耦合特点要求企业改变传统的IT系统管理和使用模式。这可能需要企业进行组织结构的调整和管理流程的优化，以适应云计算带来的变化。

单元 4　边缘计算

2.4.1 边缘计算概述

1. 边缘计算的基本概念

边缘计算是一种新型计算模式，它将计算任务和数据存储从中心化的云服务器推向网络的边缘，即设备或终端附近。在这种模式下，数据处理和分析主要在靠近数据生成源的边缘节点上进行，从而减少了数据传输的需求和延迟，提高了响应速度和数据处理效率。

2. 边缘计算的特点

（1）低延迟：由于数据处理在本地或接近数据源的位置进行，边缘计算能够显著减少数据传输的延迟，提供实时响应。

（2）带宽优化：边缘计算减少了向远程云服务器发送大量数据的需求，从而节省了网络带宽，降低了传输成本。

（3）分布式架构：边缘计算采用分布式架构，将计算资源分散到网络的边缘，增强了系统的可扩展性和容错能力。

（4）数据隐私与安全：数据在本地处理，减少了敏感信息的远程传输，提高了数据隐私和安全性。

（5）位置感知：边缘计算能够利用设备的位置信息，为基于位置的服务提供精准支持。

3. 边缘计算的优势

（1）实时性增强：边缘计算使得数据能够在产生后立即被处理，特别适用于需要实时响应的应用场景，如自动驾驶、工业自动化等。

（2）效率提升：由于减少了数据传输的往返时间和带宽占用，边缘计算提高了数据处理的整体效率。

（3）成本降低：通过优化带宽使用和减少远程数据中心的处理负担，边缘计算有助于降低运营成本。

（4）可扩展性和灵活性：随着物联网设备的激增，边缘计算能够轻松扩展以支持更多设备，同时提供灵活的服务部署选项。

（5）隐私保护：在数据隐私日益受到关注的背景下，边缘计算通过本地化数据处理，为用户隐私提供了更好的保护。

2.4.2 边缘计算的系统架构与技术原理

1. 系统架构

边缘计算的系统架构通常包含以下几个核心组件。

（1）边缘设备：这些设备包括各种嵌入式设备、传感器、智能手机等，它们位于网络的边缘，负责采集原始数据。例如，在智能交通系统中，路边摄像头就是一种典型的边缘设备，用于捕获实时路况视频。

（2）边缘网关：边缘网关作为中间层，聚合多个边缘设备的数据，并执行初步的数据处理与过滤。它们还可能承担设备管理、协议转换等功能，以确保数据能够在不同设备之间顺畅传输。

（3）边缘计算平台：这是运行在边缘节点上的软件环境，提供包括计算、存储、通信和安全管理在内的基础能力。平台可能包含容器化技术、轻量级操作系统以及配套的服务管理工具，以支持各种应用程序的运行。

（4）云中心：云中心作为边缘计算系统的后端，负责全局策略的制定、模型的训练与更新，以及数据的分析与可视化。云中心与边缘节点之间通过安全通道进行通信，以实现数据的同步、任务的调度以及远程控制。图2-8所示是阿里云模型架构。

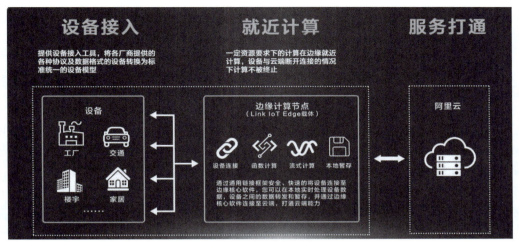

图2-8 阿里云模型架构

2. 技术原理

边缘计算的技术原理主要基于以下几点。

（1）分布式计算：边缘计算采用分布式计算架构，将原本集中在云端的计算任务下沉到网络边缘。这样做的好处是提高了数据处理的效率和响应速度，因为数据无须再长途传输到云端进行处理。

（2）数据优化与预处理：在边缘设备上执行数据的预处理、过滤、压缩和聚合等操作，可以大大减少上传到云端的数据量。这不仅降低了对网络带宽的需求，还减轻了云端的处理负担。

（3）安全性与隐私保护：由于数据主要在边缘设备上进行处理，减少了数据在互联网上的传输，从而降低了数据泄露的风险。此外，通过加密技术和安全芯片等手段，还可以进一步增强边缘设备的数据安全性和隐私保护能力。

（4）实时分析与智能决策：边缘计算能够支持实时数据处理和分析，为物联网设备和应用提供即时的反馈和智能决策支持。例如，在智能制造场景中，边缘计算可以实时监测生产线的运行状态，及时发现并处理潜在问题，确保生产的顺利进行。

边缘计算的系统架构和技术原理共同支撑了其在低延迟、高带宽、数据安全和实时处理等方面的优势，为各种智能化应用提供了强大的技术支持。

2.4.3 边缘计算与云计算的区别和联系

1. 边缘计算与云计算的区别

1）数据处理位置

边缘计算数据处理主要在靠近数据生成源头的边缘设备上进行，如传感器、智能手机等。这有助于降低数据传输延迟，提高实时性。

云计算数据处理集中在云端的数据中心，用户通过互联网访问和使用这些资源。虽然云计算能够处理大量数据，但由于数据传输的延迟，实时性可能相对较低。

2）延迟和带宽需求

边缘计算由于数据在本地处理，延迟极低，几乎可以实时响应。同时，减少了对网络带宽的依赖，降低了网络拥塞的风险。

云计算数据需要传输到云端进行处理，可能产生较高的延迟。此外，云计算需要较大的网络带宽来支持大规模数据的传输。

3）数据隐私和安全性

边缘计算数据在设备本地处理，减少了敏感数据的传输，从而提高了数据隐私和安全性。

云计算数据集中在云端处理，虽然云服务商会提供专业设施和技术来保障数据的安全，但数据在传输和存储过程中仍存在一定的风险。

4）弹性扩展

两者都具有弹性扩展的能力，但云计算在资源集中管理和动态分配方面更为强大，而边缘计算则更注重在设备级别的灵活性和快速响应。

2. 边缘计算与云计算的联系

（1）协同工作：边缘计算和云计算可以进行协同工作。边缘设备可以将处理过程中的有限数据传输到云端进行长期存储和分析，同时云端的计算和存储资源又可以为边缘设备提供更强大的计算能力和存储容量。

（2）数据共享和协同：通过数据交换和同步，边缘计算和云计算可以实现数据共享和协同。边缘设备可以将处理过程中的数据共享到云端，实现多用户、多组织之间的数据协同和应用开发。

边缘计算和云计算在数据处理位置、延迟和带宽需求、数据隐私和安全性等方面存在显著的差异。然而，它们并不是完全独立的，而是可以相互补充和协同工作的。这种结合使得数据处理更加高效、灵活和安全，满足了不同应用场景的需求。

2.4.4 AI领域的边缘计算运用

AI领域的边缘计算运用具有广泛的前景和潜力。随着物联网、5G等技术的不断发展，边缘计算将在更多领域中得到广泛应用，并推动数字化时代的进步。

1. 实时数据处理与分析

边缘计算能够在数据源头附近进行数据处理和分析，显著减少了数据传输的延迟。这种特性对于需要实时响应的AI任务尤为重要，如自动驾驶、智能监控等。在自动驾驶中，车辆需要实时处理大量的图像和传感器数据，以进行目标识别、路径规划和决策制定。采用边缘计算，车辆可以在本地处理这些数据，而无须将数据上传到云端，从而大幅减少延迟，提高系统实时性。在智能监控领域，边缘计算可以实现对监控视频的实时分析，如人脸识别、异常行为检测等，提高了监控系统的效率和准确性。

2. 优化响应速度

边缘计算通过将计算任务和数据存储放在更接近用户的位置，可以显著减少数据传输的时间，从而优化系统的响应速度。这种特性在需要低延迟响应的应用场景中尤为重要，如在线游戏、实时视频通话和远程医疗等。在智能家居系统中，边缘计算可以实现智能家居设备的快速响应，如智能灯光系统可以基于人体活动实时调整光线亮度，而无须将数据上传到云端再进行处理。这不仅提高了响应速度，还减少了网络带宽的消耗。

3. 增强数据隐私保护

边缘计算能够在本地处理敏感数据，减少数据上传至云端的风险，从而提高了数据的安全性和隐私保护。在金融、医疗等需要满足特定数据安全和隐私保护要求的领域，边缘计算可以帮助企业实现更好的合规性。通过本地化处理数据，企业可以更容易地满足监管要求，保护用户隐私。例如，在医疗健康领域，通过在医疗设备（如可穿戴设备、医疗监测仪）上集成边缘计算功能，患者的生理数据可以在本地进行处理和分析，而无须上传到云端。这不仅可以保护患者隐私，还可以减少数据传输的延迟，提高医疗服务的效率和质量。

4. 分布式计算与资源优化

边缘计算还可以实现分布式计算，即将计算任务分配给多个设备进行处理。这种分布式计算方式可以应对大规模数据和复杂算法的需求，提高整体计算效率。同时，边缘计算可以根据实时需求进行资源分配和任务调度，使得系统更加灵活。在资源有限的情况下，边缘计算可以优先处理紧急任务，确保系统的稳定运行。

2.4.5　边缘计算面临的挑战与未来发展

1. 边缘计算面临的挑战

1）数据安全与隐私

数据在边缘设备处理并分散于各个边缘节点，传统的集中化安全措施不再适用，需要新的数据安全策略。预计随着边缘计算的普及，对数据加密与传输安全的需求将日益增强，以确保数据在传输过程中的安全性。

2）网络稳定性

边缘计算依赖网络在不同节点之间传输数据，网络的稳定性和延迟直接影响计算的可靠性和用户体验。需要优化网络架构以提高整体的冗余性与稳定性，并应对网络故障，确保边缘节点在断网时也能正常运行。

3）设备异构性

边缘设备的多样性和异构性带来了适配挑战，需要通用边缘计算框架以支持不同设备和平台的协同运行。设计和开发可扩展的算法以适应不同设备的性能和需求，是边缘计算面临的重要技术挑战。

4）资源限制与管理

边缘设备通常具有有限的计算、存储和网络资源，如何高效利用这些资源是一个挑战。需要通过轻量化算法、容器化技术等方法优化资源利用，同时实现应用的快速部署和迁移。

2. 边缘计算未来发展

1）技术融合与创新

随着5G、物联网和人工智能的融合发展，边缘计算将迈向新的高度，实现更高效的数据处理与决策。AI与边缘计算的深度融合将优化边缘节点的性能，并推动设备的自学习和自适应能力。

2）算力增长与普及

根据IDC的预测，全球边缘计算支出预计在2024年达到2 280亿美元，并将持续增长。在中国，边缘计算市场的增长势头同样强劲，预计将不断扩大规模。

3）应用场景拓展

边缘计算的应用场景将越来越广泛，从智能制造到智能交通，从智能家居到自动化供应链管理，边缘计算的普及正在推动商业模式的转型。

4）边缘智算的发展

边缘计算正逐渐向边缘智算发展，不仅需要处理数据，还需要进行智能化分析和决策。多元异构算力的融合将成为关键，以满足AI驱动的复杂需求，并支持更多并行计算。

虽然边缘计算面临诸多挑战，但随着技术的不断创新和应用场景的拓展，其未来发展前景广阔。通过不断解决挑战并推动技术融合与创新，边缘计算将在各个领域发挥越来越重要的作用。

单元 5　万物互联与群体智能平台

万物互联和群体智能是近年来快速发展的技术领域，它们在人工智能领域中占据重要地位，并具有广阔的应用前景。万物互联，是将生活场景中的所有通电产品，如车、家电等，通过网络建立连接，形成一个庞大的生态系统。这一生态系统不仅为人工智能的存在、发展与应用提供了广阔的生存空间，还是人工智能、云、大数据等技术全面普及、应用与发展的生态土壤。没有万物互联，人工智能就如同失去了手脚，仅剩下感官与大脑，无法进行实践与创造。而群体智能平台，则是在万物互联的基础上，通过汇聚大量智能设备与用户的数据，实现智能的协同与共享。这种平台化的运作模式，极大地提升了人工智能的效能与应用范围。

2.5.1　万物互联概述

万物互联（internet of everything, IoE）是一个创新的概念，它将人、流程、数据和事物紧密地结合在一起，使得网络连接变得更加相关和有价值。通过万物互联，信息能够转化为行动，为企业、个人和国家创造新的功能，并带来更丰富的体验和前所未有的经济发展机遇。

1. 万物互联的定义

万物互联指的是将物理和虚拟世界的各种设备、传感器、软件、服务及人工智能等通过互联网技术实现相互连接、传输数据，从而形成一个协同工作的庞大网络。这一概念的核心在于打破传统设备和系统的界限，使得所有相关的事物都能互相通信和协作，以提供更加智能化、高效的服务。

2. 万物互联的核心要素

1）设备与传感器

这些是万物互联的基础单元，负责收集数据、执行指令。各种智能设备、传感器被广泛部署在环境、家居、工厂等各个场景中，实时采集和传输数据。

2）数据采集与处理

在万物互联中，数据采集是第一步，通过各种传感器收集环境中的信息；数据处理则涉及对收集到的大量数据进行整合、分析和利用，以提取有价值的信息。

3）智能化应用与服务

基于收集和处理的数据，提供各种智能化应用和服务，如智能家居控制、智能交通管理、远程医疗监控等。

4）安全与隐私保护

在万物互联中，数据安全和用户隐私保护是至关重要的。需要采取加密、身份验证等措施来确保数据传输和存储的安全性。

万物互联的核心要素包括智能设备与传感器、互联网技术、数据采集与处理、智能化应用与服务以及安全与隐私保护。这些要素共同构成了一个完整、高效的万物互联生态系统。

2.5.2　万物互联的技术基础与发展趋势

1. 技术基础

1）互联网技术

互联网技术是万物互联的核心技术，包括局域网技术、广域网技术、Internet技术、传输控制协议/互联网协议（TCP/IP）等，这些技术为设备之间的连接和数据传输提供了基础。

2）信息采集技术

信息采集是物联网发展的关键基础，涉及通过各种传感器对环境中的温度、湿度、噪声、光强度、压力等信息进行采集。这些传感器内置于各种智能设备中，为物联网提供了丰富的数据源。

3）网络通信技术

无线传感网是物联网的重要组成部分，它通过节点中内置的不同传感器采集信息，并通过内置的数据处理及通信单元完成相关处理与通信任务。此外，随着5G、6G等通信技术的不断发展，万物互联将实现更广泛的设备连接和更高速的数据传输。

4）数据库技术

在物联网时代，需要存储的物品信息量巨大，因此数据库技术也至关重要。数据库需要能够高效地管理、存储和检索这些海量数据。

2. 发展趋势

1）更广泛的连接

随着技术的进步，越来越多的设备将被纳入物联网，实现更广泛的连接。从智能家居到智慧城市，从工业制造到医疗健康，各个领域都将实现设备间的互联互通。

2）更智能化的处理

借助人工智能、大数据分析等技术，万物互联将实现更智能化的数据处理和决策支持。设备能够自主学习、优化运行，为用户提供更加个性化、智能化的服务。

3）更安全可靠的保障

随着网络安全技术的不断进步，万物互联将为用户提供更加安全可靠的网络环境。数据加密、身份验证等措施将得到更广泛的应用，确保用户数据的安全性和隐私性。

4）更深入的融合与应用

物联网将与云计算、边缘计算等技术更深入地融合，推动各种智能化应用的发展。同时，随着技术的不断成熟和成本的降低，万物互联将在更多领域得到应用和推广。

2.5.3 万物互联在AI领域中的应用

万物互联在AI领域中的应用广泛且深入，涵盖了智能家居、智慧城市、工业制造、医疗健康以及安全与隐私保护等多个方面。随着技术的不断发展和完善，这些应用将会更加成熟和普及，为人们的生活带来更多便利和智能化体验。图2-9所示为万物互联应用场景。

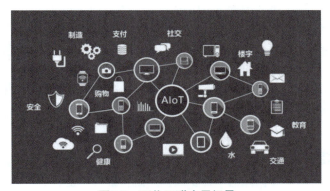

图2-9　万物互联应用场景

2.5.4 群体智能概述

群体智能（swarm intelligence）是一个专注于社会性生物（如蚂蚁、蜜蜂、鸟类等）群体行为的研究领域。这些生物在没有中央控制或全局规划的情况下，能够通过简单的个体行为协同完成复杂的集体任务。群体智能的研究不仅揭示了自组织、分布式且高度适应性的智能行为的奥秘，还为人工智能的发展提供了重要的启示。

1. 群体智能的定义

群体智能是指通过模拟自然界中生物群体的行为规律，实现分布式、去中心化的智能行为。群体智能（见图2-10）强调个体之间的协同合作和信息共享，通过简单个体的集体行为来解决复杂的任务。

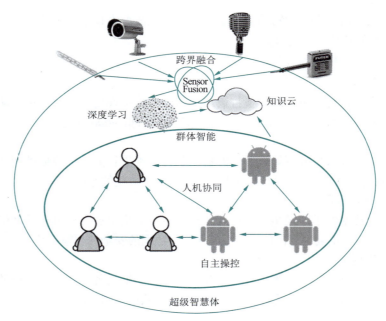

图2-10 群体智能

2. 群体智能的特点

（1）分布式控制：群体智能系统中不存在中心控制，每个个体都能独立地做出决策并影响整个系统的行为。

（2）自组织性：群体中的个体能够遵循简单的规则，通过局部的相互作用自发地形成全局的有序结构。

（3）适应性：群体智能系统能够根据环境的变化调整自身的行为，以适应不同的任务需求。

在AI领域中，群体智能为解决大规模、复杂的问题提供了新的思路和方法。通过模拟生物群体的自组织、自适应特性，群体智能系统能够高效地处理海量数据，并在动态变化的环境中保持强大的鲁棒性和灵活性。此外，群体智能还推动了人机协同和人机交互技术的发展，使得AI系统能够更好地融入人类社会，为人类提供更智能、更便捷的服务。

2.5.5 群体智能在AI领域中的应用

群体智能在AI领域中的应用涵盖了优化问题求解、提升决策效率与准确性、实现自适应与自组织、增强创意生成能力、促进多模态信息处理以及推动端侧AI发展等多个方面。随着技术的不断进步和应用场景的拓展，群体智能将在AI领域发挥更加重要的作用。

1. 优化问题求解

群体智能通过模拟自然界中生物群体的行为，如蚁群、蜂群等，利用多个智能体之间的协作和信息交换，能够在巨大的问题空间中快速找到解决方案。这种方法在工程和设计领域被广泛应用于优化问题求解、模型构建和系统设计等。

2. 提升决策效率与准确性

在AI系统中，群体智能可以汇聚多个智能体的知识和经验，通过集体学习和决策，提高决策的效率和准确性。例如，在市场分析中，AI可以利用群体智能来预测市场趋势，制定更精准的市场策略。

3. 实现自适应与自组织

群体智能具有自适应和自组织的特点，能够根据环境变化调整行为策略。在AI领域，这意味着系统可以更好地应对不确定性，提高鲁棒性和灵活性。例如，在智能交通系统中，群体智能可以帮助车辆实时感知路况，自动调整行驶路线，以应对突发状况。

4. 增强创意生成能力

群体智能的协作机制有助于激发新的创意和想法。在AI创意内容生成方面，群体智能可以协助创作出独一无二的文案和内容，为广告、艺术等领域提供源源不断的创新灵感。

5. 促进多模态信息处理

随着AI技术的发展，多模态信息处理成为重要趋势。群体智能在这方面也展现出巨大潜力，能够高效处理图文、语音等多种模态的信息。例如，在智能客服系统中，群体智能可以帮助AI更准确地理解用户的语音和文字请求，提供更个性化的服务。

6. 推动端侧AI发展

端侧AI是指运行在设备端的人工智能模型，具有高效、安全、个性化等特点。群体智能在端侧AI中的应用主要体现在通过多个智能体的协作，提升设备的智能化水平。例如，在无人机、机器人等领域，群体智能可以帮助设备实现更复杂的任务执行和自主决策能力。

2.5.6 万物互联与群体智能的结合

万物互联和群体智能是当今科技发展的两大趋势。万物互联指的是通过各种信息传感设备，将任何物体与互联网相连接，实现信息的交互和通信，如图2-11所示。而群体智能则侧重于多个智能体之间的协作与互动，共同完成任务或解决问题。当这两者相结合时，便催生出一种全新的智能生态，为各个领域带来前所未有的变革。

1. 万物互联与群体智能的结合点

（1）数据共享与协同处理：在万物互联的环境下，设备间可以实现数据的实时共享。群体智能技术则能够对这些数据进行高效协同处

图2-11 万物互联与群体智能

理，从而加快决策速度并提高准确性。例如，在智能交通系统中，通过车辆间的数据共享和协同处理，可以实时优化交通流，减少拥堵。

（2）分布式计算与优化：万物互联带来了海量的数据，而群体智能的分布式计算特性使得这些数据能够得到并行处理。这种结合大幅提升了计算效率，为处理大规模复杂问题提供了可能。例如，在工业自动化领域，通过分布式计算可以实现对生产线的实时监控和优化。

（3）自适应与自我学习：群体智能系统具有强大的自适应和自我学习能力。在万物互联的背景下，这种能力使得系统能够持续学习和进化，以更好地适应不断变化的环境。例如，在智能家居系统中，通过不断学习用户的使用习惯，系统可以自动调整设置，提供更加个性化的服务。

2. 应用领域

（1）智能家居：通过万物互联和群体智能的结合，智能家居系统能够更精准地满足用户需求。例如，根据用户的习惯和需求，自动调整室内温度、湿度和光照等环境参数。

（2）智慧交通：在智能交通系统中，万物互联和群体智能的结合可以实现交通流量的实时监测和优化，提高道路利用率和交通效率，减少拥堵和交通事故的发生。

（3）工业自动化：在工业领域，这种结合能够实现生产过程的自动化和智能化。通过实时监测生产数据，群体智能可以优化生产流程，提高生产效率和产品质量。

2.5.7 万物互联与群体智能在AI领域中的重要性

（1）数据基础的扩大：万物互联意味着更多的设备、传感器等被连接到互联网上，这将产生海量的数据。这些数据为AI模型提供了丰富的训练材料，使得AI的决策更加精准和智能化。

（2）计算能力的提升：群体智能通过多个智能体的协作，可以实现分布式计算，大幅提高计算能力和效率。在AI领域，这意味着可以更快地处理和分析数据，加速模型的训练和优化过程。

（3）决策优化与自适应性：群体智能的自适应和自学习特性有助于AI系统更好地适应环境变化，实现实时决策优化。在复杂多变的现实环境中，这一点尤为重要。

单元 6　混合增强智能服务平台

混合增强智能作为人工智能领域的一个重要分支，不仅有助于突破人工智能的发展瓶颈，还能提升决策准确性和效率、优化用户体验和服务质量，以及推动产业升级和社会进步。随着技术的不断进步和应用场景的拓展，混合增强智能将在未来发挥更加重要的作用。

2.6.1 混合增强智能概述

1. 混合增强智能的定义

混合增强智能（hybrid enhanced intelligence），是一种将人的作用或人的认知模型引入人工智能系统，形成"混合增强智能"的形态。这种智能形态结合了人类的认知能力和机器的智能特性，通过人机协同工作，实现更高效、更准确、更全面的智能决策和处理。简言之，混合增强智能是人工智能与人的深度融合，旨在提升智能系统的性能并拓展其应用领域，如图2-12所示为混合增强智能。

2. 混合增强智能的基本原理

1）人机融合

混合增强智能的核心在于将人的作用或人的认知模型与人工智能系统相结合。这种融合不是简单的叠加，而是在系统设计和运行过程中，充分考虑和利用人类的认知特点、决策能力以及经验知识，使人与机器能够共同协作，互相补充。

图2-12　混合增强智能

2）认知增强

通过引入人类的认知模型，混合增强智能能够提升系统的认知能力。这包括直觉感知、因果推断、知识学习等方面，使系统在面对复杂问题时能够更准确地识别关键因素，作出更合理的推断和决策。

3）人机协同决策

在混合增强智能系统中，人机协同决策是一个重要环节。当机器面临不确定或复杂情境时，可以借助人类的判断和经验来优化决策过程。同时，人类也可以在机器的辅助下，处理更大量的信息，作出更快速、更准确的决策。

4）动态交互与反馈

混合增强智能强调人机之间的动态交互和反馈。系统能够实时感知人类的状态和需求，并根据这些信息调整自身的运行策略。同时，人类也可以对系统的输出进行实时评估和反馈，帮助系统不断优化和改进。

5）关键技术支撑

混合增强智能的实现离不开一系列关键技术的支撑。这包括深度学习、自然语言处理、知识图谱等人工智能技术，以及脑机接口、人机交互等跨领域技术。这些技术的综合应用，使得混合增强智能能够在多个领域发挥重要作用。

3. 混合增强智能在人工智能领域的重要性

1）突破人工智能的发展瓶颈

当前，人工智能在某些领域已取得显著进展，但仍面临数据稀缺、模型泛化能力不足等挑战。混合增强智能通过引入人类的作用，能够有效利用人类的知识和经验，弥补机器学习的不足，从而突破这些发展瓶颈。

2）提升决策准确性和效率

混合增强智能结合了人类的直觉感知、因果推断能力与机器的数据处理能力。这种结合使得智能系统在处理复杂问题时能够更准确地识别关键因素，并作出更高效的决策。例如，在医疗诊断领域，混合增强智能可以辅助医生进行更精准的诊断，提高治疗效果。

3）优化用户体验和服务质量

混合增强智能强调人机协同工作，这意味着智能系统能够更好地理解用户需求，并提供更个性化的服务。在教育领域，混合增强智能可以根据学生的学习进度和兴趣定制个性化的学习计划，从而提高学习效果和用户体验。

4）推动产业升级和社会进步

混合增强智能的广泛应用将带动相关产业的升级和发展。例如，在智能制造领域，混合增强智能可以提高生产线的自动化水平和生产效率；在智慧城市领域，混合增强智能可以优化城市管理和公共服务，提高城市居民的生活质量。

2.6.2 混合增强智能服务平台全维解析

混合增强智能服务平台是一种集成了人工智能与人类智慧的新型服务平台，它通过人机协作的方式，旨在提供更加高效、精准和个性化的服务。服务平台结合了机器的计算能力、数据存储能力与人类的认知能力、决策能力。这种平台允许机器和人类在各自擅长的领域发挥作用，实现优势互补。

混合增强智能服务平台架构致力于实现人工智能与人类智能的深度融合，通过构建一套完善的系统框架，将人的认知模型、决策能力与机器的智能算法、数据处理能力相结合，从而提供更加智能、高效、个性化的服务。

1. 关键技术

（1）人机交互技术：实现人与机器之间的自然、流畅交互，是混合增强智能服务平台的基础。这包括语音识别、自然语言处理、手势识别等技术，使机器能够准确理解人类的需求和意图，并作出相应响应。

（2）认知计算技术：通过模仿人类的认知过程，构建认知计算模型，使机器具备类似人类的感知、推理和决策能力。这涉及深度学习、知识图谱、语义理解等领域的技术，有助于机器更深入地理解复杂问题，并作出更合理的推断。

（3）混合智能决策技术：在人机协同决策过程中，混合智能决策技术发挥着关键作用。它能够将人类的经验和判断与机器的数据分析能力相结合，共同应对复杂决策问题。这包括决策支持系统、优化算法、风险评估模型等，有助于提高决策的准确性和效率。

（4）智能学习与优化技术：混合增强智能服务平台需要不断学习和优化，以适应不断变化的环境和需求。这包括机器学习、强化学习、在线学习等技术，使平台能够持续从数据中汲取知识，不断完善自身的功能和性能。

（5）安全与隐私保护技术：在混合增强智能服务平台中，数据安全和隐私保护至关重要。这包括数据加密、访问控制、匿名化处理等技术手段，确保用户数据的安全性和隐私性得到充分保障。

2. 架构特点

（1）模块化设计：混合增强智能服务平台采用模块化设计思想，将各个功能模块进行独立设计和开发。这有助于降低系统的复杂性，提高可维护性和可扩展性。

（2）灵活性与可定制性：平台提供灵活的配置选项和定制服务，以满足不同用户的需求和场景。用户可以根据自身实际情况，选择合适的功能模块和服务方式。

（3）开放性与兼容性：混合增强智能服务平台支持与其他系统的集成和对接，具备良好的开放性和兼容性。这有助于实现跨平台、跨领域的数据共享和业务协同。

混合增强智能服务平台架构通过整合人机交互、认知计算、混合智能决策、智能学习与优化以及安全与隐私保护等关键技术，构建了一个高效、智能、安全的服务平台，为各类应用场景提供强有力的智能支持。

3. 混合增强智能服务平台的应用场景

混合增强智能服务平台的应用场景广泛且多样化，涵盖了多个行业和领域。

1）金融行业

在金融科技日新月异的今天，智能理财、智能信贷以及风险评估与管理已成为推动金融行业创新与发展的重要力量。智能理财平台，作为金融科技的前沿应用，能够深度挖掘用户的个性化需求。它们依据用户的风险偏好、资金状况以及长远的投资目标，巧妙地运用先进的人工智能算法，为用户量身打造合适的理财产品组合。这种个性化的投资组合管理，不仅提升了用户的投资体验，还有效地促进了用户财富的稳健增长。

与此同时，智能信贷也凭借其强大的大数据分析能力，在信贷领域崭露头角。通过深入挖掘和分析用户的信用记录、交易行为等多维度数据，智能信贷平台能够显著提升信贷审批的效率和准确性。这一创新模式不仅简化了信贷流程，还大大降低了信贷风险，为金融机构和用户双方都带来了极大的便利。

此外，在风险评估与管理方面，混合增强智能服务平台正发挥着越来越重要的作用。这些平台通过综合运用人工智能和专家系统的优势，能够辅助金融机构进行更为细致、复杂的风险评估。这种智能化的风险评估方式，不仅提高了风险管理的精准度和响应速度，还为金融机构的稳健运营提供了有力的保障。

2）医疗健康领域

在医疗领域，智能技术的融合应用为传统医疗服务带来了革新性的变化，特别是在辅助诊断、个性化治疗以及智能问诊与健康咨询方面展现出了巨大的潜力。

智能诊断系统作为医疗辅助工具的重要一环，能够高效地分析患者的影像资料、病历信息等关键数据。通过先进的算法处理，这些系统能够为医生提供精准的疾病诊断建议，从而显著提高诊断的准确性和效率。这不仅有助于医生更快速地制定治疗方案，还能减少误诊和漏诊的风险，为患者带来更好的医疗体验。

在个性化治疗方面，智能平台能够根据患者的具体情况，如病情、年龄、身体状况等，推荐个性化的诊疗方案。这种定制化的治疗方式能够更精准地满足患者的需求，提升治疗效果，促进患者的康复。

此外，智能问诊机器人作为医疗资源的有效补充，能够与患者进行交互，提供初步的诊断和健康咨询服务。这不仅缓解了医疗资源紧张的问题，还为患者提供了更加便捷、高效的就医渠道。患者可以通过智能问诊机器人获取专业的医疗建议，及时了解自己的健康状况，从而做出合理的医疗决策。

3）教育领域

在当今教育信息化的浪潮中，个性化教学、智能辅导与答疑以及在线教育与管理成为推动教育改革与创新的关键力量。个性化教学平台，作为教育技术的前沿应用，能够精准捕捉学生的学习情况和进度，通过深度分析学生的学习数据，为每位学生定制出合适的学习计划。这种因材施教的教学模式，不仅尊重了学生的个体差异，还有效提升了教学效果，促进了学生的全面发展。

同时，智能辅导机器人作为学生的学习伙伴，能够为学生提供实时的解答和指导。无论是课后作业中的疑难问题，还是学习过程中的困惑，智能辅导机器人都能迅速响应，为学生提供精准的帮助。这种智能化的辅导方式，不仅提高了学生的学习效率，还培养了学生的自主学习能力。

此外，混合增强智能服务平台为在线教育与管理提供了全新的解决方案。通过该平台，教师可以轻松实现线上教学、智能课程推荐以及学生管理等功能。这种便捷、高效的教育教学模式，不仅打破了时间和空间的限制，还为学生提供了更加丰富、多样的学习资源。同时，智能化的学生管理功能，也帮助教师更好地了解学生的学习情况，为教学决策提供有力的支持。

4）家居领域

随着人工智能技术的飞速发展，智能家居管理已成为现代家庭生活的重要组成部分，极大地提升了居民的生活品质与便利性。智能家居管理平台，作为连接家庭各类智能设备的桥梁，通过集成先进的人工智能技术，实现了对家庭设备的全面智能化管理。用户不仅可以通过远程控制功能，随时随地操控家中的智能设备，如调整空调温度、开关灯光等，还可以通过语音交互技术，与智能设备进行自然的对话交流，从而享受到更加便捷、智能的生活体验。

智能家电作为智能家居的重要组成部分，通过平台提供的语音识别、人脸识别等先进技术，为用户带来了前所未有的操作便捷性。用户只需简单的语音指令或面部识别，即可轻松完成家电的开关、模式切换等操作，真正实现了人与家电之间的无缝互动。

此外，混合增强智能服务平台还赋予了智能家居强大的安全与监控功能。通过集成智能门锁、监控摄像头等设备，平台能够实时监控家庭的安全状况，一旦发现异常情况，便会立即触发报警机制，及时通知用户并采取相应的防范措施。这种智能化的家居安全与监控系统，为用户的家庭安全提供了有力的保障。

5）其他行业

智能制造作为工业4.0的核心组成部分，通过应用先进的平台技术，实现了自动化生产线的高效运行、产品质量的精准控制以及库存管理的智能化优化。这些创新应用不仅显著提高了生产效率，还大幅度提升了产品的质量和市场竞争力，为制造业的转型升级奠定了坚实的基础。

在智慧交通方面，平台技术发挥着举足轻重的作用。通过实时监测交通流量、精准预测拥堵情况以及智能控制信号灯等手段，平台能够协助交通管理部门有效优化城市交通运行，减少拥堵和交通事故的发生，从而提升城市交通的整体运行效率，为市民提供更加便捷、舒适的出行体验。

此外，在客户服务与营销领域，智能聊天机器人的应用日益广泛。这些机器人能够高效处理日常事务性咨询，减轻人类客服的工作负担，同时将更复杂、更具挑战性的问题转交给人类客服处理，确保客户问题得到妥善解决。与此同时，平台还利用大数据技术进行精准营销和个性化推荐，为企业提供更加精准、高效的营销策略，助力企业实现业绩的持续增长。

单元 7　无人自主系统平台

随着科技的飞速发展，人工智能已经渗透到我们生活的方方面面。在这个浪潮中，无人自主系统平台以其独特的自主性和智能性，成为引领未来科技发展的重要力量。通过学习本单元，学生将能够更好地理解无人自主系统平台在推动社会进步和科技发展中的重要作用，并为未来的学习和实践打下坚实的基础。

2.7.1　无人自主系统平台的概念

无人自主系统平台是一种集成了感知、决策、执行等多种功能的智能化系统，主要由嵌入式系统、导航子系统、控制子系统、规划子系统等组成，如图2-13所示。它能够在没有人为干预的情况下，独立完成特定任务。组成要素如下：

（1）感知能力：无人自主系统通过各种传感器（如摄像头、雷达等）获取环境信息；

（2）决策与规划：系统根据感知到的信息，结合任务需求，制定行动策略和路径规划；

（3）执行能力：通过控制系统，无人自主系统能够精确执行任务，如移动、操作等。

无人自主系统的核心特征是其自主性，即能够自我决策、自我调整以完成任务，这种自主性体现在系统能够持续监视自身状态，并根据内外部环境变化自动调整行为以满足预定目标。

无人自主系统利用人工智能技术实现智能决策、推理和学习，不断提高任务执行的效率和准确性。智能化水平的高低直接影响到无人自主系统的性能和适用范围，无人自主系统如图2-13所示。

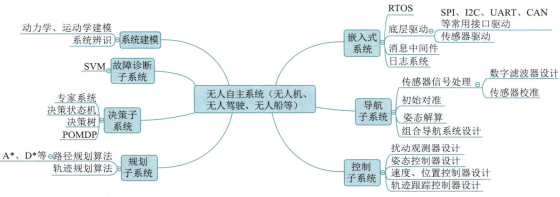

图2-13　无人自主系统

2.7.2　无人自主系统平台的发展历程

1. 起步阶段

无人自主系统的概念在早期主要起源于军事需求，用于执行高风险或人类难以直接参与的任务。随着技术的进步，无人机、无人车等初步形式的无人自主系统开始出现，并在特定场景下进行测试和应用。

2. 技术积累与突破阶段

传感器技术的发展为无人自主系统提供了更丰富的环境感知能力，如激光雷达、摄像头等高精度传感器的应用，如图2-14所示。人工智能和机器学习技术的突破使得无人自主系统能够更高效地处理感知数据，做出智能决策。计算能力的提升，特别是GPU的广泛应用，加速了无人自主系统的实时运算和复杂任务处理能力。

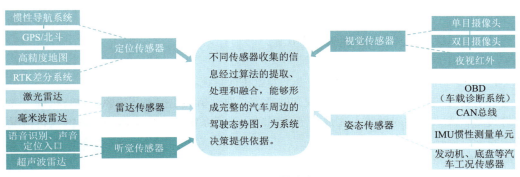

图2-14　传感器技术

3. 多样化应用阶段

无人自主系统开始在多个领域展现应用价值,如物流配送、农业植保、应急救援等。无人机成为空中拍摄、环境监测等领域的重要工具,而无人车则在自动驾驶、智能交通等领域取得进展。海洋无人系统也在海洋资源勘探、水下作业等方面发挥作用。

4. 智能化与协同化发展阶段

无人自主系统越来越注重智能化水平的提升,如增强自主性、提高决策精度和效率。多无人自主系统之间的协同作业成为新的研究方向,以实现更复杂的任务执行和更高的工作效率。人机协同技术也得到发展,旨在将人的意图与无人自主系统的智能决策相结合,提升整体作战或工作效率。

2.7.3 无人自主系统平台的基本构成和工作原理

1. 基本构成

无人自主系统平台通常由以下核心部分组成。

(1)感知系统:负责获取外部环境信息,主要通过各种传感器实现,如摄像头、雷达、激光雷达(LiDAR)、超声波传感器等。

(2)决策系统:对感知系统收集的信息进行处理和分析,并根据预设的任务目标或算法做出决策。这通常依赖于高性能的计算单元和先进的软件算法。

(3)执行系统:根据决策系统的指令,通过控制算法驱动执行机构(如电机、舵机等)完成任务。

(4)通信系统:负责与其他系统或操作员进行数据传输和通信,以实现远程控制或信息交换。

(5)能源系统:为无人自主系统提供动力,如电池、燃料电池等。

2. 工作原理

1)感知环境信息

(1)传感器感知:无人自主系统通过其搭载的传感器感知周围环境。例如,摄像头可以捕捉视觉信息,雷达和激光雷达则能够探测物体的距离和速度。

(2)数据预处理:感知系统对原始数据进行预处理,如滤波、去噪、数据融合等,以提高数据质量和准确性。

2)数据处理与决策制定

(1)数据处理:决策系统对预处理后的数据进行进一步处理,如特征提取、目标识别、轨迹预测等。

(2)决策制定:基于处理后的数据和预设的任务目标,决策系统通过算法(如机器学习算法、路径规划算法等)制定出最优的决策方案。

3)驱动执行机构

(1)指令下发:决策系统将决策指令下发给执行系统。

(2)执行控制:执行系统根据接收到的指令,通过精确地控制算法驱动执行机构(如无人机的螺旋桨、无人车的轮胎等)完成任务。同时,执行系统还会实时监控任务的执行情况,并根据需要进行调整。

4)通信与协同

在需要时,无人自主系统通过通信系统与其他系统或操作员进行信息交换,以实现远程控制、状态监测或协同作业。

5）安全与保障

无人自主系统通常还配备有安全保障机制，如故障检测与恢复系统、应急处理程序等，以确保在异常情况下能够安全地停止任务或进行自救。

无人自主系统平台通过感知、决策、执行等关键环节的紧密配合和高效运作，能够实现对复杂任务的自主完成。其高度智能化的工作原理使得无人自主系统在多个领域具有广泛的应用前景。

2.7.4 无人自主系统的关键技术

无人自主系统是一个集成了多种先进技术的复杂体系，其关键技术主要包括以下几个方面。

1. 感知技术

（1）机器视觉：利用摄像头和其他视觉传感器捕捉环境图像，通过图像处理和计算机视觉算法进行目标检测、跟踪和识别。

（2）激光雷达（LiDAR）：提供高精度的三维环境感知，用于构建环境地图、检测障碍物和定位。

其他传感器。如超声波传感器、红外线传感器等，用于近距离避障和环境感知。

2. 定位与导航技术

（1）全球导航卫星系统（GNSS）：如北斗、GPS等，提供全局定位信息。

（2）惯性导航系统（INS）：利用加速度计和陀螺仪等传感器，提供连续的姿态和速度信息。

（3）视觉导航：利用机器视觉技术进行环境感知和定位，特别适用于GPS信号不佳的环境。

（4）同时定位与地图构建（SLAM）：在没有先验地图的情况下，同时实现定位和地图构建。

3. 决策与规划技术

（1）路径规划：根据任务需求和环境信息，规划出最优或可行的路径。

（2）行为决策：根据感知到的环境和任务要求，做出合适的决策，如避障、加速、减速、转向等。

（3）任务规划：根据高层次的任务目标，分解为一系列可执行的子任务和动作。

4. 控制技术

（1）飞行控制：实现无人机的稳定飞行，包括姿态控制、速度控制和高度控制。

（2）运动控制：对于地面无人系统，如无人车、机器人等，实现精确的运动控制。

（3）力控制：对于需要与环境进行物理交互的无人系统，如无人机抓取物体、机器人操作工具等，需要实现精确的力控制。

5. 通信技术

（1）远距离通信：实现无人系统与远程控制中心之间的数据传输和控制指令的发送。

（2）短距离通信：如Wi-Fi、蓝牙等，用于无人系统之间的协同作业或数据交换。

（3）网络通信：对于多无人系统组成的网络，需要实现高效的网络通信和协议。

6. 能源与动力技术

（1）电动动力系统：对于小型无人系统，如无人机、小型机器人等，通常采用电动动力系统。

（2）油动动力系统：对于需要长时间作业或大功率输出的无人系统，可能采用燃油发动机或混合动力系统。

（3）能源管理系统：监控无人系统的能源消耗，优化能源使用策略，延长作业时间。

7. 人工智能技术

（1）机器学习：用于无人系统的自主学习、模式识别和决策优化。

（2）深度学习：在复杂环境下实现高精度的目标检测和识别。

（3）强化学习：通过与环境交互学习最优策略，特别适用于动态和不确定环境。

这些关键技术的综合应用，使得无人自主系统能够在各种复杂环境下实现自主作业和协同作业，广泛应用于军事、民用、商业等多个领域。

2.7.5 无人自主系统平台典型应用

无人自主系统平台凭借其高效、灵活和自主的特点，在众多领域得到了广泛应用，下面介绍几个典型应用。

1. 军事领域

在军事领域，无人自主系统平台主要用于侦察、监视、打击等任务。例如，军事无人机能够在高危区域进行长时间巡航，实时传送战场图像和情报数据，为指挥官提供重要决策支持，如图2-15所示为军用彩虹无人机。此外，无人地面车辆也可以执行物资运输、人员搜救等任务，有效减少人员伤亡和提高作战效率。

2. 物流领域

在物流领域，无人自主系统平台主要应用于快递配送、货物运输等环节。例如，亚马逊的Prime Air无人机项目旨在提供更快速、更高效的物流服务。通过无人机在短时间内将小包裹送达客户手中，显著提升了配送效率。此外，无人驾驶货车也在物流运输中发挥着越来越重要的作用，能够降低运输成本和提高运输安全性。2024年6月，我国自主研制的HH-100商用无人运输机成功完成首次飞行试验，如图2-16所示。

图2-15　彩虹无人机

图2-16　国产商用无人运输机

3. 农业领域

在农业领域，无人自主系统平台主要用于作物监控、精准施肥、农药喷洒等任务。例如，农业无人机配备高分辨率相机和多光谱传感器，可以实时监测作物健康状况，帮助农民优化农业管理策略。通过精准施肥和农药喷洒，不仅可以提高农业生产效率，还可以减少化肥和农药的使用量，降低对环境的污染。如图2-17所示为大疆无人机助力智慧农业发展。

4. 环保领域

在环保领域，无人自主系统平台主要应用于空气质量监测、水质监测、野生动物保护等方面。例如，无人机可以搭载传感器对特定区域进行空气质量或水质监测，及时发现污染源并采取相应的治理措施。此外，无人机还可以用于野生动物保护区的巡航和监测，通过实时传送图像和数据，帮助保护人员更好地了解野生动物的生活习性和栖息地状况。如图2-18所示为无人机助力野生动物保护。

图2-17　大疆无人机助力智慧农业发展

图2-18　无人机助力野生动物保护

5. 应急救援领域

在应急救援领域，无人自主系统平台可以迅速到达灾区进行评估、传送救援物资、执行搜索和救援任务等。例如，在地震、洪水等自然灾害发生后，无人机可以快速对灾区进行航拍和评估，为救援人员提供准确的灾区信息和救援建议。同时，无人机还可以搭载救援物资直接投送到受灾区域，为受灾群众提供及时的救援帮助。

无人自主系统平台在军事、物流、农业、环保和应急救援等多个领域都发挥着重要作用。随着技术的不断进步和应用场景的拓展，无人自主系统将会在未来发挥更加广泛和深入的作用。

2.7.6　无人自主系统平台的挑战与发展趋势

1. 无人自主系统平台面临的挑战

（1）自主能力限制：当前无人自主系统的自主决策和感知能力仍有待提高，特别是在复杂环境下。系统需要更强的机器推理、多传感器数据融合等技术以实现更高级别的自主性。

（2）互操作性与信息共享：由于不同无人机标准体系不统一，导致互操作与信息共享存在困难。需要构建开放式架构系统，并建立通用的信息交互标准。

（3）法规与伦理问题：随着无人自主系统的发展，相关的法规制定和伦理审查也变得愈发重要。如何确保这些系统在遵守法律的同时，也能在道德层面得到认可，是一个亟待解决的问题。

（4）安全与隐私问题：无人自主系统在收集和处理数据时可能涉及个人隐私，如何保障数据的安全性和隐私性是一大挑战。

（5）公众接受度：由于无人自主系统可能带来的安全风险、隐私问题等，公众对其接受度有限。需要通过科普教育、政策引导等方式提高公众的认知和接受度。

2. 无人自主系统平台发展趋势

（1）技术融合与创新：未来无人自主系统将更加注重技术的融合与创新，包括人工智能、机器学习、传感器技术等，以提升系统的自主感知、决策和执行能力。

（2）标准化与互操作性提升：随着技术的不断发展，无人自主系统将逐渐实现标准化，提高不同系统之间的互操作性，从而实现更高效的信息共享和协同作战。

（3）法规完善与伦理审查：相关法规将逐渐完善，以适应无人自主系统的发展需求。同时，伦理审查也将成为系统开发过程中不可或缺的一环。

（4）安全保障机制加强：针对安全与隐私问题，未来无人自主系统将加强安全保障机制的设计，包括数据加密、访问控制等措施，以确保数据的安全性和隐私性。

（5）**应用领域拓展**：随着技术的成熟和公众接受度的提高，无人自主系统将在更多领域得到应用，如智能交通、智慧家居、智能制造等。

无人自主系统平台在面临诸多挑战的同时，也展现出广阔的发展前景。通过不断的技术创新和政策引导，相信未来无人自主系统将在各个领域发挥重要作用。

单元 8　智能数据与安全平台

随着人工智能技术的迅猛发展和广泛应用，智能数据与安全平台在当下社会中的重要性日益凸显。

智能数据平台作为人工智能的基石，能够高效地收集、处理和分析海量数据，挖掘出隐藏其中的信息和知识，为各行业的智能化转型提供有力支撑。然而，数据的快速增长和流动也带来了前所未有的安全挑战。如何确保数据在传输、存储和使用过程中的安全性，防止数据泄露和滥用，已成为亟待解决的问题。

安全平台则是保障智能数据平台安全稳定运行的关键。它通过采用先进的安全技术和策略，为智能数据平台提供全方位的保护，确保数据的机密性、完整性和可用性。同时，安全平台还具备强大的监控和应急响应能力，能够及时发现并应对各种安全威胁，为智能数据平台的安全运行提供坚实保障。

通过学习本单元内容，能够更好地理解智能数据与安全平台在人工智能领域中的重要地位，为后续深入学习和实践奠定坚实基础。同时，也希望读者能够意识到数据安全的重要性，培养起良好的数据安全意识和实践能力。

2.8.1　智能数据平台基础

在人工智能时代，数据被誉为"新时代的石油"，是驱动智能化应用和发展的核心资源。智能数据平台作为支撑这一时代变革的重要基础设施，集成了数据的采集、存储、处理、分析和应用等一系列功能，为各类智能化应用提供了强大的数据支撑。

1. 智能数据平台的定义

智能数据平台是指通过运用大数据、云计算、人工智能等技术，实现数据的高效采集、存储、处理、分析和应用，从而挖掘数据价值，助力企业和社会实现数字化转型和智能化升级的平台。它是连接物理世界与数字世界的桥梁，也是推动人工智能技术发展的重要基石。

2. 智能数据平台的核心功能

（1）**数据采集与整合**：智能数据平台能够实现对多源、异构数据的统一采集和整合，包括结构化数据、非结构化数据以及流数据等，为后续的数据处理和分析提供丰富的数据基础。

（2）**数据存储与管理**：平台提供高性能、可扩展的分布式存储系统，支持海量数据的存储和管理。同时，通过数据备份、容灾等技术手段，确保数据的安全性和可靠性。

（3）**数据处理与分析**：利用大数据处理技术和机器学习算法，对采集到的数据进行清洗、转换、聚合等操作，挖掘数据中的关联关系和潜在价值，为业务决策和智能化应用提供有力支持。

（4）**数据可视化与交互**：通过数据可视化技术，将复杂的数据以直观、易懂的方式呈现出来，帮助用户更好地理解数据和分析结果。同时，提供丰富的交互功能，支持用户对数据进行探索式分析和自定义操作。

3. 智能数据平台的应用场景

智能数据平台广泛应用于各个行业和领域,如智能制造、智慧金融、智慧城市、智慧医疗等。在智能制造领域,智能数据平台可实现生产数据的实时采集、分析和优化,提高生产效率和产品质量;在智慧金融领域,平台可通过分析客户数据和市场动态,为金融机构提供精准的风险评估和投资建议;在智慧城市领域,平台可助力城市管理者实现交通拥堵缓解、环境污染治理等目标;在智慧医疗领域,平台则可通过挖掘医疗数据中的潜在关联,为疾病诊断和治疗提供新的思路和方法。

2.8.2 安全平台的必要性

随着数据的快速增长和流动,数据安全问题也日益凸显。如何确保数据在传输、存储和使用过程中的安全性、完整性和可用性,已成为当前亟待解决的问题。安全平台作为保障数据安全的重要设施,其必要性不言而喻。

1. 数据安全面临的挑战

(1) 数据泄露风险:由于网络攻击、内部泄露等原因,敏感数据可能面临被非法获取和滥用的风险。这不仅会损害个人隐私,还可能对国家安全和社会稳定造成重大影响。

(2) 数据篡改与伪造:恶意攻击者可能对数据进行篡改或伪造,导致数据的真实性和可信度受到质疑。这将严重影响基于数据的决策和智能化应用的准确性。

(3) 非法访问与操作:未经授权的访问和操作可能导致数据的误用和滥用,进而引发一系列安全问题。例如,攻击者可能利用非法获取的数据进行诈骗、身份冒用等犯罪行为。

2. 安全平台的核心功能

(1) 数据加密与解密:通过采用先进的加密算法和技术手段,对数据进行加密处理,确保数据在传输和存储过程中的机密性。同时,提供高效的解密机制,以满足合法用户对数据的访问和使用需求。

(2) 身份认证与访问控制:建立完善的身份认证体系,确保只有经过授权的用户才能访问和操作敏感数据。通过细粒度的访问控制策略,实现对不同用户和数据资源的精确管理。

(3) 安全审计与监控:对数据的访问、操作和使用行为进行实时监控和记录,以便及时发现并应对安全威胁。通过定期的安全审计和风险评估,确保数据安全策略的有效性和合规性。

(4) 应急响应与恢复:建立完善的应急响应机制,一旦发生数据安全问题,能够迅速启动应急预案,及时处置安全事件并恢复数据的完整性和可用性。

2.8.3 智能数据与安全平台的融合

智能数据与安全平台的融合发展是未来的必然趋势。通过将两者紧密结合,可以充分发挥各自的优势,实现数据的高效利用和安全保障。

1. 融合发展的优势

(1) 提高数据处理效率:智能数据与安全平台的融合可以实现数据的高效采集、存储和处理,同时确保数据的安全性。这将大大提高数据处理的效率和质量,为各类智能化应用提供更为准确和及时的数据支持。

(2) 降低数据安全风险:通过安全平台提供的加密、认证、监控等功能,可以有效降低智能数据面临的数据泄露、篡改和非法访问等安全风险。这将为数据的合法使用和共享提供更为稳固的保障。

（3）促进技术创新与应用：智能数据与安全平台的融合发展将推动相关技术的不断创新和应用。例如，基于人工智能的安全防护技术、隐私保护计算等将在这一融合过程中得到更为广泛的应用和发展。

2. 融合发展的应用场景

（1）智能制造领域：在智能制造领域，智能数据与安全平台的融合可以实现生产数据的实时采集、安全传输和高效分析。这将有助于企业及时发现生产过程中的问题并进行优化调整，提高生产效率和产品质量的同时确保数据安全。

（2）智慧金融领域：在金融领域，融合平台可以实现金融数据的统一管理和安全保障。通过数据分析和挖掘，金融机构可以更为精准地评估风险并制定投资策略，同时确保客户数据的安全性和隐私性。

（3）智慧城市领域：在智慧城市建设中，融合平台可以助力城市管理者实现各类城市数据的整合和安全共享。这将有助于提升城市管理的智能化水平并改善市民的生活质量，同时保障城市数据的安全性和可靠性。

2.8.4　智能数据与安全平台的关键技术

智能数据与安全平台的建设离不开一系列关键技术的支撑。这些技术涵盖了数据采集、存储、处理、分析和安全等多个方面，共同构成了智能数据与安全平台的技术体系。

1. 数据采集与整合技术

（1）数据爬取与ETL技术：通过网络爬虫技术实现对多源数据的自动采集；利用ETL（extract transform load）工具对数据进行清洗、转换和加载，确保数据的准确性和一致性。

（2）数据虚拟化技术：通过数据虚拟化技术，实现不同数据源之间的无缝连接和统一访问，为用户提供一致的数据视图。

2. 数据存储与管理技术

（1）分布式存储系统：采用如Hadoop HDFS、Ceph等分布式存储系统，实现海量数据的高效存储和可扩展性。

（2）数据备份与容灾技术：通过数据备份、远程容灾等手段，确保数据的安全性和业务连续性。

3. 数据处理与分析技术

（1）大数据处理框架：利用如Spark、Flink等大数据处理框架，实现对海量数据的快速处理和实时分析。

（2）机器学习算法：应用各类机器学习算法，如分类、聚类、回归等，挖掘数据中的潜在价值和关联关系。

4. 数据安全与隐私保护技术

（1）数据加密技术：采用对称加密、非对称加密等算法，确保数据的机密性和完整性。

（2）匿名化与脱敏技术：通过数据匿名化和脱敏处理，保护用户隐私的同时满足数据分析需求。

（3）访问控制与身份认证技术：利用角色访问控制（RBAC）、基于属性的访问控制（ABAC）等手段，实现细粒度的数据访问控制；通过多因素身份认证技术，确保用户身份的真实性和合法性。

2.8.5 智能数据与安全平台的实施与运维

智能数据与安全平台的实施与运维是确保平台稳定运行和持续优化的关键环节。这涉及平台规划、部署、监控、优化等多个方面。

1. 平台规划与部署

（1）需求分析与架构设计：明确业务需求和数据安全要求，设计合理的平台架构和技术方案。

（2）软硬件资源准备：根据平台规模和性能需求，准备相应的服务器、存储设备、网络设施等硬件资源，以及操作系统、数据库、中间件等软件资源。

（3）平台部署与配置：按照架构设计和技术方案，进行平台的部署和配置工作，包括安装软件、配置网络、设置安全策略等。

2. 平台监控与优化

（1）性能监控与调优：通过监控工具对平台的各项性能指标进行实时监控，及时发现性能瓶颈并进行调优处理，确保平台的稳定运行和高性能输出。

（2）安全审计与风险评估：定期对平台进行安全审计和风险评估，检查安全策略的有效性、漏洞修复情况等，提升平台的安全防护能力。

（3）日志分析与故障排查：收集并分析平台产生的日志信息，帮助运维人员快速定位并解决故障问题，提高平台的可用性和可靠性。

（4）数据备份与恢复策略：制定完善的数据备份和恢复策略，确保在发生意外情况时能够及时恢复数据并保障业务的连续性。

3. 平台运维最佳实践

（1）自动化运维：采用自动化运维工具和技术手段，提高运维效率和质量，降低人为错误的风险。

（2）持续改进与优化：根据业务发展和技术变革的需求，持续对平台进行改进和优化，提升平台的性能和安全性。

（3）知识积累与传承：建立运维知识库和经验分享机制，促进运维团队的知识积累和传承，提高整个团队的运维能力和水平。

2.8.6 智能数据与安全平台的未来展望与挑战

随着技术的不断进步和应用场景的日益丰富，智能数据与安全平台将迎来更为广阔的发展空间和挑战。

1. 发展趋势

1）数据智能技术融合加速

随着数据技术和人工智能技术的不断融合，智能数据与安全平台将实现更高效的数据处理、更精准的数据分析和更强大的安全防护。数据智能技术的融合将推动平台向更加智能化、自动化的方向发展。

2）云化服务成为主流

云计算技术的普及和发展为智能数据与安全平台提供了强大的基础支撑。未来，云化服务将成为智能数据与安全平台的主流趋势，为用户提供更加便捷、灵活的服务方式。

3）隐私保护技术不断创新

随着用户对隐私保护需求的日益增长，隐私保护技术将成为智能数据与安全平台的重要发展方向。平台将不断探索和创新隐私保护技术，以保障用户数据的安全和隐私。

2. 面临的挑战

1）数据安全与隐私保护难题

在智能数据与安全平台的发展过程中，数据安全与隐私保护是首要面临的挑战。平台需要采取有效的技术手段和管理措施，确保用户数据的安全性和隐私性，防止数据泄露和滥用。

2）技术更新迭代速度快

智能数据与安全平台所涉及的技术领域广泛且更新迭代速度快。平台需要不断跟进技术发展趋势，及时更新和优化技术架构和功能模块，以满足用户不断变化的需求。

3）法规与监管要求日益严格

随着数据安全和隐私保护问题的日益突出，各国政府纷纷出台相关法规和政策进行监管。智能数据与安全平台需要严格遵守相关法规和政策要求，确保合规运营和用户权益保障。

实 训 任 务

实训 2.1　人工智能芯片基础认知

【实训目标】

（1）掌握人工智能芯片的基本概念及作用。

（2）了解不同类型的人工智能芯片及其特点。

（3）熟悉人工智能芯片在各个领域的应用场景。

（4）探讨人工智能芯片的未来发展趋势与挑战。

【实训步骤】

（1）理论学习：通过阅读教材、参考文章和在线课程等途径，掌握人工智能芯片的基本概念、种类和特点。

（2）案例分析：选取典型的人工智能芯片应用案例进行深入剖析，了解其应用场景和实际效果。

（3）实训操作：在实验室环境下，使用相关工具和设备进行人工智能芯片的性能测试和分析。

（4）小组讨论：组织学员进行分组讨论，分享学习心得和实践经验，加深对人工智能芯片的理解。

（5）项目报告：撰写实训项目报告，总结实训成果和收获，提出改进建议和未来展望。

【注意事项】

（1）在操作硬件设备时，应遵守安全规范，避免触电、短路等安全事故；使用软件工具时，注意保护个人计算机安全，避免病毒或恶意软件的入侵。

（2）在进行芯片性能测试或数据分析时，应确保数据的准确性和完整性；对于实验结果的异常值或不合理现象，应进行深入分析并找出原因。

（3）在实训过程中，应及时记录实验步骤、数据结果和心得体会；实训结束后，应对所学内容进行总结归纳，形成个人学习笔记或报告。

实训 2.2　数据采集与预处理

【实训目标】

（1）理解数据采集的基本概念、方法和工具。

（2）掌握数据预处理的基本流程，包括数据清洗、数据转换和数据标准化等。

（3）能够运用所学知识，独立完成一个实际项目的数据采集与预处理工作。

【实训步骤】

（1）**理论学习**：通过阅读教材、参考文章和在线课程等途径，掌握数据采集与预处理的基本理论和方法。

（2）**实践操作**：选择一个实际项目或案例，运用所学知识进行数据采集与预处理工作。可以使用Python等编程语言和相关工具库进行实践。

（3）**小组讨论**：组织学员进行分组讨论，分享实践经验和遇到的问题，共同寻求解决方案。

（4）**项目报告**：撰写实训项目报告，总结实训过程中的经验教训和收获，展示数据采集与预处理的成果。

【注意事项】

（1）在数据采集过程中，要严格按照实验设计的要求和流程进行，避免随意性干扰数据的准确性，确保采集到的数据真实可靠。

（2）在采集数据时，要确保数据的完整性，避免因遗漏或重复导致的数据误差。

（3）数据预处理是数据采集后的重要步骤，包括数据清洗、数据转换等。

在实训过程中，要详细记录数据采集与预处理的步骤、方法以及遇到的问题和解决方案。

实训 2.3　云平台基础认知

【实训目标】

（1）了解云平台的基础知识。

（2）掌握云平台的基本操作。

【实训步骤】

（1）**理论学习**：通过教材阅读、在线课程学习等方式，掌握云平台的基本概念和技术架构。

（2）**实操演练**：在真实的云平台环境中进行实践操作，包括账户管理、资源创建、应用部署等。

（3）**案例分析**：结合企业实际案例，分析云平台在实际应用中的价值和挑战。

（4）**小组讨论与分享**：组织学员进行分组讨论，分享学习心得和实践经验，共同解决问题。

【注意事项】

（1）在使用云平台时，要遵守云平台的规范和使用条款，避免因违规操作导致的账号被封禁或数据丢失等问题。

（2）注意保护个人和企业的数据安全与隐私，不要将敏感数据上传到云平台中。同时，要了解云平台的数据备份和恢复机制，确保数据的安全性和可靠性。

（3）根据实训需求，合理利用云平台的资源，如计算资源、存储资源等。避免浪费资源或过度使用导致费用增加。

（4）在实训过程中，要详细记录云平台的使用步骤、遇到的问题和解决方案。同时，要监控云平台的性能和资源使用情况，及时发现并处理异常情况。

实训 2.4　边缘设备部署与配置

【实训目标】

（1）了解边缘设备基础知识。

（2）掌握边缘设备的部署与配置技能。

【实训步骤】

（1）理论学习：通过阅读教材、观看视频等方式学习边缘设备的基础知识。

（2）实验室实践：在实验室环境中进行边缘设备的部署和配置操作。

（3）案例分析：结合实际案例，分析边缘设备部署与配置中的问题和解决方案。

（4）小组讨论与分享：组织学员进行分组讨论，分享学习心得和实践经验。

【注意事项】

（1）在部署和配置边缘设备时，要确保设备的安全，遵守安全操作规程，避免设备受到物理损坏或数据泄露。

（2）根据实训场景和需求，合理规划边缘设备的布局和布线，确保设备的稳定运行和易于维护。

（3）根据实训要求，正确配置边缘设备的参数，如网络设置、数据处理规则等。

（4）在部署和配置过程中，要实时监控边缘设备的运行状态和性能指标，及时发现并处理问题。

实训 2.5　无人系统基础认知

【实训目标】

（1）理解无人系统基本概念。

（2）掌握无人系统关键技术。

（3）了解无人系统应用领域。

（4）培养创新思维与实践能力。

【实训步骤】

（1）理论学习：通过讲座、视频等形式，学习无人系统相关知识。

（2）实训操作：分组进行无人系统组装、调试、飞行等实际操作，培养动手能力。

（3）项目总结：撰写实训报告，总结实训收获与心得体会。

【注意事项】

（1）实训前确保所有设备处于安全状态，检查无人机的电池、电机、螺旋桨等部件是否完好。

（2）在进行无人系统性能测试或数据采集时，确保数据的准确性和完整性。

（3）在使用无人系统时，确保无人系统的合法使用，避免在禁飞区或敏感区域使用无人系统。

自 我 测 评

一、选择题

1. 以下选项中，（　　）类型的人工智能芯片特别适用于深度学习应用。

　　A．CPU　　　　　　B．GPU　　　　　　C．FPGA　　　　　　D．ASIC

2. 在大数据分析中，（　　）技术用于处理和分析海量数据集。
   A. 数据挖掘　　　　B. 数据清洗　　　　C. 数据存储　　　　D. 数据可视化
3. 下列选项中，（　　）是云计算服务平台提供的核心服务之一。
   A. 数据存储　　　　B. 实体服务器销售　C. 软件开发　　　　D. 硬件维修
4. 边缘计算主要解决的问题是（　　）。
   A. 数据中心过热　　　　　　　　　　B. 网络延迟和数据带宽压力
   C. 云计算成本过高　　　　　　　　　D. 数据安全问题
5. 万物互联的核心是实现（　　）的互联。
   A. 人与人　　　　　B. 物与物　　　　　C. 人与物　　　　　D. 以上都是
6. 混合增强智能结合了（　　）两种智能。
   A. 人工和机器　　　B. 虚拟和现实　　　C. 软件和硬件　　　D. 本地和云端
7. 无人自主系统主要依赖（　　）技术实现自主操作。
   A. 人工智能　　　　B. 传统编程　　　　C. 手动控制　　　　D. 预设路径
8. 智能数据平台的主要目标是（　　）。
   A. 数据收集　　　　B. 数据安全　　　　C. 数据分析　　　　D. 数据存储

二、填空题

1. 人工智能芯片通常具有高效的_____和_____能力。
2. 大数据分析中，_____技术用于从海量数据中提取有用信息。
3. 云计算服务平台提供的_____服务允许用户按需使用虚拟化的计算资源。
4. 边缘计算将数据处理和分析的需求从_____移至_____。
5. 万物互联通过_____技术实现物体之间的互联。
6. 混合增强智能结合了人类智能和_____智能。
7. 无人自主系统能够自主执行任务，减少了对_____的依赖。
8. 智能数据平台利用_____技术来提高数据分析的效率和准确性。

三、判断题

1. 人工智能芯片只能用于深度学习任务。（　　）
2. 大数据分析只能处理结构化数据。（　　）
3. 云计算服务平台可以提供无限的计算资源。（　　）
4. 边缘计算有助于减少网络延迟和带宽压力。（　　）
5. 万物互联只涉及物理物体的互联。（　　）
6. 混合增强智能可以完全替代人类智能。（　　）
7. 无人自主系统可以完全自主操作，无须人为干预。（　　）
8. 智能数据平台只能提供数据分析服务，不能保障数据安全。（　　）

四、简答题

1. 请简述人工智能芯片相较于传统芯片的主要优势，并举例说明其应用场景。
2. 云计算服务平台：请描述云计算服务平台的三种主要服务模型（IaaS、PaaS、SaaS），并举例说明它们的应用场景。
3. 请解释边缘计算的概念，并说明它与云计算的关系以及它在物联网中的应用。
4. 请描述智能数据平台的主要功能，并解释它在保障数据安全方面的作用。

模块 3
人工智能关键技术

学习目标
1. 了解人工智能的基本概念和发展历程。
2. 理解人工智能的基本概念和原理。
3. 了解人工智能的关键技术。
4. 培养具有人工智能思维解决实际问题的能力。

学习重点
1. 自然语言处理的含义及常见应用。
2. 机器学习、深度学习之间的关系。
3. 机器视觉与机器听觉的原理和应用场景。
4. 跨媒体（模态）技术应用。
5. 虚拟现实技术与增强现实技术的区别及应用。

单元 1　自然语言处理技术

如今，在日常生活中，人们可以使用天猫精灵等语音助手，实现智能家居控制、音乐播放等功能。但是，知道机器是如何听懂并理解这些指令的呢？本节将介绍自然语言处理的概念、过程及典型应用，揭示机器如何通过自然语言处理技术来进行机器翻译、与人聊天对话、语音交互等任务。来一起探索这个令人着迷的领域，看看自然语言处理如何让机器读懂人类的语言。

3.1.1　什么是自然语言处理

自然语言处理（NLP）是将人类交流沟通所用的语言经过处理转化，成为机器所能理解的机器语言（人类交流沟通所用的语言-桥梁-机器语言），是一种研究语言能力的模型和算法框架，是语言学和计算机科学的交叉学科。其研究可分为自然语言理解（让机器读懂我们日常的表达）和自然语言生成（让机器生成我们所能懂的话）。

随着人工智能技术的发展，机器学习乃至深度学习也以提升自然语言处理效果的方法加入其中。传统机器学习应用于自然语言处理步骤：首先是对语料的预处理，包括对中英文的语料清理、分词、词性标注和去停用词等；然后是特征的选择和提取，主要是挑选出一些最有代表性、有较好分类性能的特征，有助于较好地表达不同语句之间的相似关系。最后是在分类器中进行文本分类，例如，文章自动分类、邮件自动分类、垃圾邮件识别、用户情感分类等，自然语言处理架构如图3-1所示。

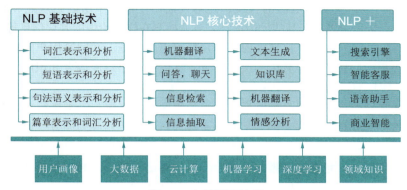

图3-1　自然语言处理

使用深度学习方法进行自然语言的处理：第一步也是对语料的预处理，之后是对模型的设计和不断训练以达到理想效果。在深度学习的加持下，自然语言处理系统能够处理数据量超大的真实文本，让信息更加高效地处理完成。

3.1.2　自然语言处理的典型应用

自然语言处理正在人们的日常生活中扮演着越来越重要的角色，以下为几种常见应用。

机器翻译是指利用计算机将一种自然语言转换为另一种自然语言的过程，是自然语言处理的一个分支。随着科技的进步，机器翻译的水平也在迅速迭代升级，其效率高、成本低，满足了全球各国多语言信息快速翻译的需求——让世界变成真正意义上的地球村。谷歌、百度等公司都提供了基于海量网络数据的机器翻译和辅助翻译工具。

百度智能翻译是百度公司推出的一款科技产品，依托互联网数据资源和自然语言处理技术优势，致力于帮助用户跨越语言鸿沟，方便快捷地获取信息和服务。它支持全球200多个语言互译，覆盖4万多个翻译方向，通过开放平台支持超过50万企业和个人开发者。百度智能翻译拥有网页、App、百度小程序等多种产品形态，此外还针对开发者提供开放云接口服务。除文本、网页翻译外，还推出了文档翻译、图片翻译、拍照翻译、语音翻译等多模态的翻译功能，以及海量例句、权威词典等丰富的外语资源。实用口语、英语跟读、英语短视频、AI背单词等外语学习功能，满足用户多样性的翻译需求和学习需求，百度智能翻译界面如图3-2所示。

图3-2　百度智能翻译

"情感分析"作为一种常见的自然语言处理方法的应用，能够从大量数据中识别和吸收相关信息，而且还可以理解更深层次的含义，能够判断出一段文字所表达观点和态度的正负面性。例如，企业分析消费者对产品的反馈信息，或者检测在线评论中的差评信息等。

"智能问答"能够利用计算机自动回答用户所提出的问题。在回答用户问题时，首先要正确理解用户所提出的问题，抽取其中的关键信息，在已有的语料库或者知识库中进行检索、匹配，将获取的答案反馈给用户，常用于智能语音客服等。

聊天机器人是一个用来模拟人类对话或聊天的程序，它能够与人类进行对话和交流。聊天机器人利用自然语言处理技术来理解人类的语言输入，并生成相应的回复。聊天机器人一般应用于客户服务、个人助手、社交娱乐、教育培训、信息查询等场景。聊天机器人的实现需要深入的自然语言处理技术，包括语义理解、情感分析、对话管理等。通过不断地学习和优化，聊天机器人可以逐渐提升其对话能力和智能水平，为用户提供更加精准和个性化的服务。

豆包聊天机器人（见图3-3）是由字节跳动公司基于云雀模型开发的AI工具，它提供了聊天机器人、写作助手、英语学习助手等多种功能，旨在帮助用户获取信息并支持多种平台，包括网页平台、iOS以及安卓平台。豆包的设计强调了用户体验，支持在线语音功能，特别适合内容创作者和市场营销人员，并且完全免费。此外，豆包还支持多场景应用，用户可以创建属于自己的AI智能体，适用于市场分析、教育、医疗等多个领域。豆包的语音功能可以与用户进行一对一的闲聊，通过这种方式消除人们对AI的固有偏见，以更友好的方式融入用户的生活。豆包的互动设计不仅限于机械的回答，而是力求传达温暖与理解，通过情感上的连接来增强用户体验。此外，豆包还提供了多种声音类型供用户选择，满足个性化需求，增加了用户沉浸感和互动乐趣。在智能助手市场上，豆包的语音交流形式受到了越来越多的青睐，成为抖音旗下最受欢迎的AI聊天机器人之一。

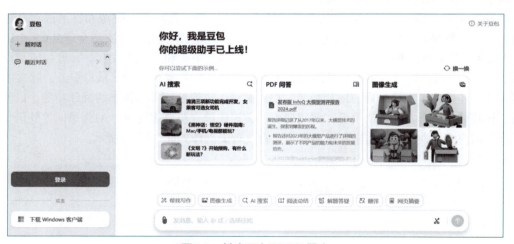

图3-3　抖音豆包聊天机器人

个性化推荐可以依据大数据和历史行为记录，分析出用户的兴趣爱好，实现对用户意图的精准理解，实现精准匹配。例如，在新闻服务领域的今日头条，通过用户阅读的内容、时长、评论等偏好，以及社交网络甚至是所使用的移动设备型号等，综合分析用户所关注的信息源及核心词汇，进行专业的细化分析，从而进行新闻推送，实现新闻的个人定制服务，最终提升用户黏性。

文本分类用于打击垃圾邮件。自然语言处理通过分析邮件中的文本内容，能够相对准确地判断邮件是否为垃圾邮件。它通过学习大量的垃圾邮件和非垃圾邮件收集邮件中的特征词生成垃圾词库和非垃圾词库，然后根据这些词库的统计频数计算邮件属于垃圾邮件的概率，以此来进行判定。

语音识别是自然语言处理的一个重要应用领域，它主要用于将人类的语音输入转换为文本形式。语音识别技术可以帮助人们实现语音交互，例如，语音助手、语音搜索和语音命令等。它可以识别不同的语音特征和语音模式，将语音信号转化为可理解的文本内容。语音识别在智能手机、智能音箱、智能车载系统等设备中得到广泛应用，为用户提供便捷的语音操作和交流方式。同时，语音识别也在语音转写、语音翻译、语音分析等领域发挥着重要的作用，为语音数据的处理和应用提供支持。通过不断地研究和创新，语音识别技术正逐渐提升其准确性和稳定性，为人们的语音交互提供更加高效和智能的体验。

3.1.3 自然语言处理的发展趋势

自然语言处理技术的快速进步和应用扩展，预示着它在未来将继续发挥重要作用。从更强大的预训练模型到普及的个性化应用，NLP正在成为推动智能化和自动化发展的关键技术之一。自然语言处理的发展趋势有以下几个方面。

1. 更强大的预训练模型

预训练模型，如BERT、GPT-4等，已经在多个NLP任务中展现了强大的性能。未来，这些模型将进一步发展，变得更加复杂和高效，能够处理更大规模的数据并提供更准确的语言理解和生成能力。

2. 多模态学习

多模态学习融合了文本、图像、语音等多种数据源，提供更全面和直观的理解能力。未来的NLP系统将能够更好地整合这些不同的数据源，实现跨模态的自然语言处理。

3. 实时和高效的自然语言处理

随着计算资源的提升和算法的优化，NLP技术将变得更加实时和高效，能够在低延迟的情况下处理大规模数据。这对于实时翻译、即时聊天机器人等应用尤为重要。

4. 个人化和情境感知

未来的NLP系统将更加注重个人化和情境感知，根据用户的历史数据和当前情境提供更精准和个性化的服务。这将在虚拟助理、推荐系统等应用中发挥重要作用。

5. 普及和民主化

NLP技术的普及和民主化将使得更多的个人和小型企业能够利用这些技术，推动更多创新应用的诞生。开源工具和云服务将进一步降低NLP技术的门槛。

自然语言处理技术可能的技术突破有以下几个方面。

1）更智能的对话系统

未来的对话系统将能够更好地理解和生成自然语言，处理复杂的多轮对话，提供更加自然和智能的互动体验。这包括理解用户的情感、意图和背景，实现真正的"人机对话"。

2）零样本学习和少样本学习

零样本学习和少样本学习技术将使NLP模型能够在缺乏大量训练数据的情况下，仍然表现出色。这将极大地扩展NLP的应用范围，尤其是在低资源语言和专业领域。

3）可解释性和透明性

提高NLP模型的可解释性和透明性，将使得这些模型在实际应用中更具可信度。用户和开发者能够理解模型的决策过程，从而更好地调试和优化模型，减少偏见和错误。

4）自主学习和自适应系统

未来的NLP系统将能够自主学习和自适应，根据环境和需求的变化不断优化自身。这包括在线学习和动态调整模型参数，以适应新的语言模式和用户需求。

自然语言处理技术在未来生活中的潜在影响有以下几个方面。

1）智能助理的广泛应用

智能助理将变得更加智能和人性化，能够帮助用户管理日常事务、提供信息查询、进行语言翻译、进行健康管理等。这些助理将成为日常生活中不可或缺的伙伴。

2）教育和培训

自然语言处理技术将革新教育和培训方式，通过智能辅导系统、自动评分系统和个性化学习推荐等，提供更加高效和个性化的教育体验，帮助学生和员工快速掌握新知识和技能。

3）医疗健康

在医疗健康领域，自然语言处理技术将助力电子健康记录处理、医学文献分析、患者互动和健康管理等，提升医疗服务的质量和效率，改善患者的健康管理体验。

4）无障碍沟通

自然语言处理技术将打破语言和沟通障碍，实现不同语言之间的无缝交流。这将促进全球化进程中的跨文化交流和合作，提升国家间的理解和互信。

5）信息获取和知识管理

自然语言处理技术将极大地提升信息获取和知识管理的效率。智能搜索引擎、自动摘要和信息提取系统将帮助用户快速获取所需信息，提高工作效率和决策能力。

6）情感计算和心理健康

自然语言处理技术将被用于情感计算和心理健康管理，通过分析用户的语言和情感，提供情感支持、心理健康评估和干预措施，提升用户的心理健康和幸福感。

总的来说，自然语言处理技术的发展将带来深远的社会影响，从个人生活到行业应用，都将因为NLP的进步而发生显著的变化。随着技术的不断突破和应用的普及，NLP将成为推动社会进步的重要力量。

单元2　机器学习技术

机器学习是人工智能领域的一个重要组成部分。其基本想法是利用数据进行学习，而不是人工定义一些概念或结构。简而言之，机器学习就是训练机器去学习，而不需要明确编程。机器学习作为AI的一个子集，以其最基本的形式使用算法来解析数据、学习数据，然后对现实世界中的某些内容做出预测或判断。

换句话说，机器学习使用算法从输入到机器学习平台的数据中自动创建模型。典型的程序化或基于规则的系统获取程序化规则中的专家知识，但当数据发生变化时，这些规则可能会变得难以更新和维护。机器学习的优势在于，它能够从越来越多输入算法的数据中学习，并且可以给出数据驱动的概率预测。这种在当今大数据应用中快速有效地利用和应用高度复杂算法的能力是一种相对较新的发展。

几乎任何可以用数据定义的模式或一组规则来完成的离散任务都可以通过自动化方式进行，因此使用机器学习可以大大提高效率。这使得公司可以改变以前只有人工才能完成的流程,包括客户服务电话路由以及履历审查等等。

机器学习系统的性能取决于一些算法将数据集转换为模型的能力。不同算法适用于不同问题和任务,而这些问题的解决和任务的完成也取决于输入数据的质量以及计算资源的能力。

机器学习采用两种主要技术,将算法的使用划分为不同类型:监督式、无监督式,以及这两种技术的组合。监督式学习算法使用已标记数据,无监督式学习算法在未标记数据中找规律。半监督式学习混合使用已标记和未标记数据。增强学习训练算法,基于反馈更大限度地利用奖励。

3.2.1 监督学习的流程和框架

首先学习机器学习中的核心框架,即监督学习(supervised learning)。监督学习的应用非常广泛,目前也有很好的解决方案。监督学习是机器学习中的一种训练方式/学习方式:需要有明确的目标,很清楚自己想要什么结果,如按照"既定规则"来分类、预测某个具体的值。

监督学习并不是指人站在机器旁边看机器做得对不对,而是包含以下流程:选择一个适合目标任务的数学模型、先把一部分已知的"问题和答案"(训练集)给机器去学习、机器总结出了自己的"方法论"、人类把"新的问题"(测试集)给机器,让它去解答,如图3-4所示。

图3-4 监督学习的4个流程

假如想要完成文章分类的任务,则使用下面的方式:选择一个合适的数学模型,把一堆已经分好类的文章和他们的分类给机器,机器学会了分类的"方法论",机器学会后,再丢给他一些新的文章(不分类),让机器预测这些文章的分类。

监督学习本质是一种模仿学习,其框架可以表示如下:

$$\text{Data}(X) \xrightarrow{f(x)} \text{Label}(Y)$$

在这个框架里,输入为X,输出为Y。我们的目标是学习一个目标函数f,使$f(X) \approx Y$,注意这里使用约等号,因为有时候精确的等式是很难获得的。而且有的时候输出Y也不一定总是对的,所以能够在绝大部分情况下做到两者近似相等便十分不错。X、Y、f这三个元素构成了监督学习的核心框架。

在此框架中,输入X和输出Y可以是任何内容,如图片、数字、声音、文字等。但对于具体问题而言,X和Y的格式通常是固定的。

3.2.2 监督学习的案例

近年来,随着计算机技术的飞速发展,机器学习和人工智能领域取得了令人瞩目的成就。其中,手写数字识别技术作为一种重要的人工智能技术,已经广泛应用于图像处理、语音识别、自然语言处理等领域。而MNIST手写数字识别是机器学习和深度学习领域中的一个经典问题,也是机器学习和人工智能领域的入门级问题之一。我们可以初步了解下最经典的基于MNIST标准数据集的手写数字识别问题,MNIST标准数据集部分图片如图3-5所示。

7 test_0_7.jpg	2 test_1_2.jpg	1 test_2_1.jpg	0 test_3_0.jpg
5 test_8_5.jpg	9 test_9_9.jpg	0 test_10_0.jpg	6 test_11_6.jpg
9 test_16_9.jpg	7 test_17_7.jpg	3 test_18_3.jpg	4 test_19_4.jpg
4 test_24_4.jpg	0 test_25_0.jpg	7 test_26_7.jpg	4 test_27_4.jpg
3 test_32_3.jpg	4 test_33_4.jpg	7 test_34_7.jpg	2 test_35_2.jpg
1 test_40_1.jpg	7 test_41_7.jpg	4 test_42_4.jpg	2 test_43_2.jpg
4 test_48_4.jpg	4 test_49_4.jpg	6 test_50_6.jpg	3 test_51_3.jpg
4 test_56_4.jpg	1 test_57_1.jpg	9 test_58_9.jpg	5 test_59_5.jpg

图3-5　MNIST标准数据集部分图片

MNIST标准数据集是一个广泛用于机器学习和深度学习领域的手写数字识别数据集。它包含大量的手写数字图片，由60 000个训练样本和10 000个测试样本构成。每个样本都是一个手写数字的图片，图片中的数字为0～9。每个图片都是28×28像素的灰度图，其中一部分用于训练，另一部分用于测试。这个数据集由来自250个不同人的手写数字构成，这些人包括高中生和工作人员等，确保了数据集的多样性和实用性。MNIST数据集的下载和使用非常方便，可以直接从其官方网站下载，或者在一些学习框架中直接加载，如TensorFlow和PyTorch。

灰度图像是一种单通道图像，每个像素的值代表该点的亮度，范围通常在0～255，其中0表示黑色，255表示白色。灰度处理常用于减少彩色图像的信息量，使其更适合进一步的图像分析，如直方图分析、增强、分割等。转换方法包括加权平均法（常用权重0.299R + 0.587G + 0.114B）、算术平均法、几何平均法、调和平均法以及取最大值或最小值等不同策略。灰度直方图则展示了图像中各灰度级的像素数量分布，是理解图像亮度分布的关键统计工具。

放大后的单张图片（28×28）如图3-6所示。

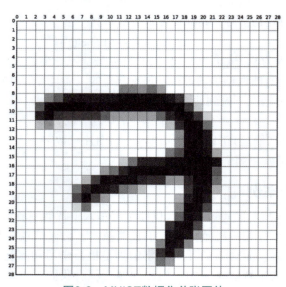

图3-6　MNIST数据集单张图片

Y是$\{0,1,\cdots,9\}$中的某个数字，表示这个图片里面包含的数字是什么。而f是一个将读入图片中数字进行识别的函数。在理想情况下，f应当如下表示：

$f(2)=2$；$f(5)=5$

f的输入是由像素组成的图片，属于$R^{28\times28}$，而输出的是一个数字，属于$\{0,1,\cdots,9\}$。

要怎么识别图片中的信息呢？怎么知道它到底是什么呢？用肉眼看到的是一个形状，但计算机看到的却是一些像素的亮度数据。别看这些图片很模糊，每一个图片的像素数据都不少。

一张图片包含28×28个像素，我们把这一个数组展开成一个向量，长度是28×28=784。如果把数据用矩阵表示，可以把MNIST训练数据变成一个形状为[60 000，784]的矩阵第一个维度数字用来索引图片，第二个维度数字用来索引每张图片中的像素点。图片里的某个像素的强度值介于0~1之间。第一个图片"1"的像素如图3-7所示。

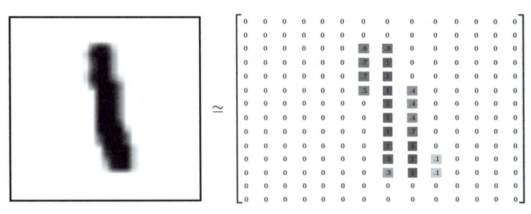

图3-7 手写数字1对应的矩阵

3.2.3 数据集与损失函数

一般来说，在面对机器学习问题的时候，会假设有一组标注好的数据，称为训练数据集（training set）。一个训练数据集通常包含大量的数据点，有时候是几十万、上百万甚至上亿。将数据点的个数记为N，并将数据点记为(x_1,y_1)、(x_2,y_2)、$\cdots$、(x_N,y_N)。其中$X=(x_1,x_2,\cdots,x_N)$称为输入数据（input data），$Y=(y_1,y_2,\ldots,y_N)$称为输出数据（output data），它们一起构成了训练数据集(X,Y)。在图片识别里Y也被称为标签（label）。通常监督学习的任务是通过数据集学出目标函数f。不过，如何判断所学的目标函数好还是不好呢?要回答这个问题，首先需要制定一个评价机制。简单来说，根据数据给出的x_i，y_i的组合，希望所学的函数f尽可能满足$f(x_i)=y_i$，或者至少$f(x_i)\approx y_i$。根据这一原则，我们可以定义一个距离函数，用以表示$f(x_i)$和y_i的距离有多远。在机器学习领域，这样的距离函数称为损失函数（loss function）。

根据问题的不同，距离函数可以有多种定义。对于分类问题，即y_i表示某种类别，如"猫、狗、猪、鸡"，或者"正面、负面"，又或者"0,1,2,$\cdots$,9"等，一个比较直观的距离函数可以进行如下定义：

假如$f(x_i)\neq y_i$，则$l(f,x_i,y_i)=1$

假如$f(x_i)=y_i$，则$l(f,x_i,y_i)=0$

这里的1和0都是相对的数值，具体大小并不重要。重要的是我们对判断目标函数的正确与否给出了明确的判定准则。

3.2.4 无监督学习的主要任务

在传统的有监督学习中，机器学习的任务是根据已知的输入和输出来训练模型。举个例子，假如你想教一台机器识别不同的水果，你会给它一组已标注的训练数据，如一张苹果的图片下面写着"苹果"，一张香蕉的图片下面写着"香蕉"。机器通过学习这些标注数据，掌握如何区分不同的水果。这种带有明确答案的学习方式就是有监督学习。

无监督学习则不同。这里的数据没有预先标注，换句话说，机器不知道哪些数据代表什么。它的任务是通过分析这些没有标签的数据，自己去发现其中的模式、结构或关系。

这里可以把无监督学习比作一个侦探的任务。想象你是一个侦探，被放在一个陌生的城市，没有任何提示。你要通过观察这座城市的建筑、街道、居民活动等，去自己发现这座城市的规则和结构。你可能会发现城市的不同区域有着不同风格的建筑，人们的衣着也有所不同，或者某些特定区域在特定时间会变得特别繁忙。这些发现都是基于你自己对环境的观察，而没有人告诉你哪里是商业区，哪里是住宅区。

在无监督学习中，机器同样扮演着这样一个侦探的角色。它要从一大堆杂乱无章的数据中，找出潜在的模式或规律。

无监督学习通常有两大主要任务：聚类和降维。

1. 聚类

聚类（clustering）是无监督学习中最常见的任务之一。它的目标是将一组数据根据某些相似性分成不同的组。这些组称为"簇"（clusters）。在这个过程中，机器会根据数据的特征自动将相似的数据点分为一组，而不同簇之间的数据差异较大。

举个简单的例子，假设有一堆照片，里面有猫、狗和兔子。可是没有告诉机器哪些是猫，哪些是狗，哪些是兔子。但机器可以通过分析这些照片，自动把外形相似的图片归类。它可能把所有长着耳朵并且毛茸茸的照片分成一组（可能是猫和兔子），然后再进一步细分，把长耳朵的分到一组（兔子），短耳朵的分到另一组（猫）。而有着四肢粗壮和更大身躯的照片会被分到第三组（狗）。

这种方法在很多领域非常有用。例如，在电商平台上，无监督学习可以根据用户的浏览和购买行为，将具有相似购买习惯的用户归为一类，从而实现更加精准的商品推荐。

2. 降维

降维（dimensionality reduction）是无监督学习中的另一个常见任务。它的目标是减少数据的复杂性，同时尽可能保留数据的关键信息。可以将其理解为从高维空间中提取出对模型最重要的几个维度或特征。

举个简单的例子，假设有一张非常复杂的地图，地图上有无数的道路、建筑物和地标。如果只是想要快速了解城市的主要道路和景点，可以简化这张地图，只保留主要的干道和著名的地标。这就是降维：在不丢失太多重要信息的前提下，简化数据。

在实际应用中，降维可以帮助我们处理大量的复杂数据。例如，在图像处理中，一张图片可能包含数以千计的像素，每个像素都是一个特征。通过降维，可以减少这些特征的数量，只保留那些对图片内容最有意义的部分，这样可以加快模型的训练速度，并降低存储和计算成本。

尽管无监督学习的概念听起来抽象，但它在现实生活中有着广泛的应用。下面是几个常见的例子。

（1）**市场细分**：在市场营销中，商家通常需要根据消费者的不同需求，针对性地提供服务。无监督学习可以通过分析消费者的购买行为、浏览记录等，自动将具有相似行为的用户分组，从而帮助商家更好地定位市场。例如，某些用户可能更喜欢购买时尚产品，而另一些用户可能更注重家居用品。无监督学习通过分析数据，可以将这些用户自动分为不同的群体，商家则可以对每个群体实施个性化的营销策略。

（2）**图像处理**：在医学影像分析中，医生需要通过扫描大量的医学图像（如X射线检查或CT扫描）来诊断疾病。无监督学习可以帮助自动识别图像中的异常模式，例如，发现肿瘤或其他病变区域。这种技术大大提高了医生的诊断效率，同时减少了人工判断的错误风险。

（3）**异常检测**：无监督学习在异常检测中也非常有用。它可以帮助识别出那些与正常数据不同的数据点，即"异常值"。这种技术在金融、网络安全等领域中非常有价值。

举个例子，在网络安全中，无监督学习可以帮助识别出异常的网络流量，从而检测潜在的黑客攻击。在金融领域，银行可以利用无监督学习监测信用卡交易行为，如果系统检测到某些交易模式与用户的正常行为不符，它可以自动标记这些交易为可疑，进一步进行调查。

虽然无监督学习有很多优势，但它也面临一些挑战。

首先，因为没有明确的标签数据，机器只能根据数据本身来寻找模式，这使得无监督学习的结果有时不太直观或难以解释。例如，聚类算法可能会生成一些分类，但这些分类是否符合现实中的类别仍需人工验证。

其次，无监督学习的模型对数据质量非常敏感。如果数据中存在噪声或错误，模型可能会得出不准确的结论。为了提高模型的效果，通常需要对数据进行预处理，例如，去除异常值、归一化数据等。

最后，由于无监督学习没有明确的目标变量，评价模型效果也是一个难题。很难像有监督学习那样，通过精度、召回率等指标来衡量模型的好坏。因此，在无监督学习的应用中，常常需要结合具体的业务需求和专家知识来验证结果的合理性。

无监督学习是一种重要的机器学习方法，它允许在没有标签数据的情况下，从大量数据中发现模式、结构和规律。通过聚类、降维等技术，无监督学习可以帮助在各种应用场景中提取有用的信息，如市场细分、图像处理和异常检测等。

单元 3　深度学习技术

3.3.1　深度学习的发展历程

深度学习使用多层人工神经网络精准完成物体检测、语音识别、语言翻译等任务。深度学习的发展历程如图3-8所示。

深度学习是一种机器学习方法，它是机器学习领域中的一个重要分支，旨在让机器能够像人一样思考和行动。深度学习的核心在于使用多层人工神经网络（由算法建模而成，能够像人的大脑一样工作）来模拟人脑的学习过程，通过学习大量数据中的内在规律和表示层次，从而实现对图像、语音、文本等复杂数据的处理和分析。这种技术不需要人工明确指定特征，而是通过训练自动提取和利用数据中的特征，以达到更高的预测准确性和处理复杂性。

人工智能通识教育

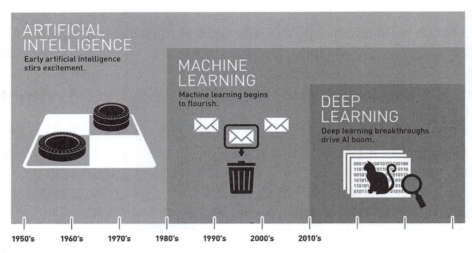

图3-8 深度学习的发展历程

深度学习由神经网络层驱动。神经网络由一系列算法按照人类大脑的工作方式松散建模而成，而使用大量数据进行训练，即对神经网络的神经进行配置。经过训练后，深度学习模型可以处理新数据，能够摄取并实时分析多个来源的数据，无须人为干预。在深度学习中，图形处理单元（GPU）可以同时处理多个计算，以优化方式训练深度学习模型。

在现实中，深度学习助力众多人工智能技术改善自动化和分析任务。绝大多数人每天都会接触到深度学习，例如，在浏览互联网或使用手机时。深度学习可为视频生成摘要；在手机和智能音箱上执行语音识别；针对图片开展人脸识别；驱动无人驾驶汽车。随着数据科学家和研究人员不断运用深度学习框架来处理日益复杂的深度学习项目，深度学习将逐步成为我们日常生活的一部分。

3.3.2 深度学习的工作原理

深度学习使用多层人工神经网络，这是由输入和输出之间节点的几个"隐藏层"组成的网络，多层人工神经网络如图3-9所示。

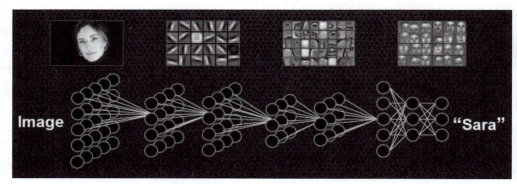

图3-9 多层人工神经网络

人工神经网络通过将非线性函数应用于输入值的加权求和，以此转换输入数据。该转换称为神经层，该函数则称为神经元。

层的中间输出称为特征，会用作下一层的输入。神经网络会通过重复转换来学习多层非线性特征（如边缘和形状），之后会在最后一层汇总这些特征以生成（对更复杂物体的）预测。神经网络的输入各项权重及输出如图3-10所示。

在一个称为梯度下降的过程中，通过反向传播，错误会再次通过网络发送回来，并调整权重，从而改进模型。神经网络的学习方式是，改变网络的权重或参数以便将神经网络的预测值与期望值之差降至最

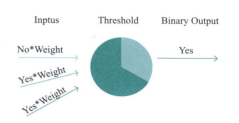

图3-10 输入各项权重及输出

低。此过程会重复数千次，根据生成的错误调整模型的权重，直到错误不能再减少。人工神经网络从数据中学习的这一阶段称为训练。在此过程中，层会学习模型的优化特征，而该模型的优势是特征不需要预先确定。

因此深度学习的基本原理包括：

（1）神经网络：深度学习的核心是神经网络，它由多个神经元组成，每个神经元接收输入信号，通过加权和激活函数处理后输出信号。这些神经元通过层叠的方式组织成多层网络，每层负责提取输入数据的不同特征。

（2）特征提取：深度学习能够自动从原始数据中提取有用的特征，这些特征对于分类或预测任务至关重要。与传统机器学习需要人工设计特征不同，深度学习可以自动学习数据的内在表示。

（3）训练过程：通过大量的训练数据，深度学习模型不断调整其内部参数（权重），以最小化预测结果与实际结果之间的差异。这个过程称为训练，通过反向传播算法和梯度下降法不断优化模型参数，直到达到一定的性能标准。

3.3.3 深度学习的关键——GPU

在架构方面，中央处理器（central processing unit, CPU）仅由几个具有大缓存内存的核心组成，一次只可以处理几个软件线程。英特尔i7-13700K外观和内部结构如图3-11所示。

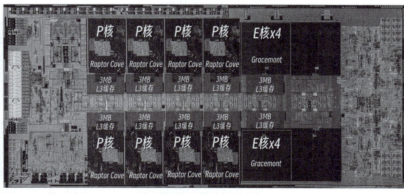

图3-11 英特尔i7-13700K外观和内部结构示意图

相比之下，GPU 由数百个甚至上万个核心组成，可以同时处理数千个线程。英伟达发布的RTX 4090显卡具有760亿个晶体管、16 384个CUDA核心和24GB高速GDDR6X 显存，在4K分辨率的游戏中持续以超过100 FPS 运行，其详细信息如图3-12所示。

图3-12　RTX4090显卡信息

先进的深度学习神经网络可能有数百万乃至十亿以上的参数需要通过反向传播进行调整。此外，它们需要大量的训练数据才能实现较高的准确度，这意味着成千上万乃至数百万的输入样本必须同时进行向前和向后传输。由于神经网络由大量相同的神经元构建而成，因此本质上具有高度并行性。这种并行性自然而然地映射到了 GPU 上，与只用 CPU 的训练相比，计算速度大大提升，使其成为训练大型复杂神经网络系统的首选平台。推理运算的并行性质也使其十分宜于在 GPU 上执行。

3.3.4　深度学习的案例

深度学习算法有许多不同的变体，常用的有以下几种。

只将信息从一层向前馈送至下一层的人工神经网络称为前馈人工神经网络。多层感知器（MLP）是一种前馈 ANN，由至少三层节点组成：输入层、隐藏层和输出层。MLP 擅长使用已标记的输入进行分类预测。它们是可应用于各种场景的灵活网络。

卷积神经网络是识别物体的图像处理器。在某些情况下，CNN图像识别表现优于人类，包括识别猫、血液中的癌症迹象以及MRI扫描影像中的肿瘤。CNN已成为当今自动驾驶汽车、石油勘探和聚变能源研究领域的点睛之笔。在医疗健康方面，它们可以加快医学成像发现疾病的速度，并且更快速地挽救生命。

时间递归神经网络是解析语言模式和序列数据的数学工具。这些网络正在推动一场基于语音的计算革命,并为企业提供能够实现听力和语音的自然语言处理的大脑。它们还为信息搜索公司的自动完成功能提供了预见性魔力,可以自行填写搜索查询中的行。

RNN应用程序不仅限于自然语言处理和语音识别。其还可用于语言翻译、股票预测和程序化交易。

单元4　机器视觉与机器听觉

3.4.1　机器视觉

计算机视觉是一个研究领域,旨在助力计算机使用复杂算法(可以是传统算法,也可以是基于深度学习的算法等)来理解数字图像和视频并提取有用的信息。作为人工智能技术应用最广泛的领域,视觉智能的核心是用"机器眼"来代替人眼,过去的计算机视觉还主要停留在图像信息表达和物体识别阶段,而现在进入人工智能阶段更强调推理、决策和应用。

图像识别是人工智能行业应用的一个重要方向,也是机器学习最热门的领域之一。图像识别的发展经历了文字识别、数字图像处理与识别、物体识别三个阶段。其目的是让计算机代替人类去处理大量的物理信息,解决人类无法识别或者识别率特别低的问题。

当看到一张图片时,人类的大脑会迅速搜索,根据存储记忆查看是否见过此图片或与其相似的图片,从而进行识别。其实这就是在"看到"与"感应到"的中间经历了一个迅速识别过程。

机器的图像识别技术也是如此,通过分类并提取重要特征,同时排除多余的信息来识别图像。图像内容通常用图像特征进行描述,包括颜色特征、纹理特征、形状特征及局部特征点等。机器识别的速度和准确率很大程度上取决于这些提取出的特征。

计算机视觉的主要目标是,先理解视频和静止图像的内容,然后从中收集有用的信息,以便解决越来越多的问题。作为人工智能和深度学习的子领域,计算机视觉可训练卷积神经网络,以便针对各种应用场合开发仿人类视觉功能。计算机视觉包括对CNN进行特定训练,以便利用图像和视频进行数据分割、分类和检测,CNN应用于图像识别如图3-13所示。

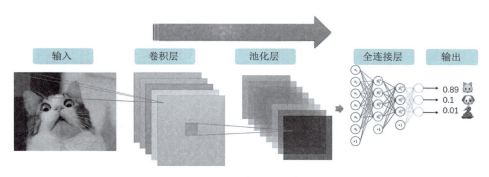

图3-13　CNN应用于图像识别

由于深度学习技术的发展、计算能力的提升和视觉数据的增长,视觉智能在不少应用中都取得了令人瞩目的成绩,在体育、汽车、农业、零售、银行、施工和保险等行业,计算机视觉应用非常广泛。得益于目前机器用于识别物体的图像处理器—卷积神经网络,各种由AI驱动的机器纷纷开始采用仿人眼技术来获得更多助力。CNN已成为当今自动驾驶汽车、石油勘探和聚变能源研究领域的"眼睛"。它们还有助于在医学成像领域快速发现疾病并挽救生命。

数十年来，传统的计算机视觉和图像处理技术已经应用于众多应用和研究工作。然而，现代AI技术采用人工神经网络，能够实现更高的性能准确性；高性能计算依托GPU取得长足进步，实现超人的准确性，从而在运输、零售、制造、医疗健康和金融服务等行业广泛应用。

在将图像和视频分类为精细离散的类别和分类方面，如同医学计算机轴向断层扫描或CAT扫描中随时间推移而产生的微小变化，传统或基于AI的计算机视觉系统远胜于人类。在这个意义上，计算机视觉将人类有可能完成的任务自动化，但其准确性和速度要高得多。不同场景下采用计算机视觉技术的重要性分类如图3-14所示。

微小	中等	重要	关键
商用车	远程通讯系统	可穿戴设备	ADAS
自动售货机	交互式白板	监控摄像头	机器人
查询机	视频监控服务器	数字展示屏	国防航空
智能储物柜	手机，平板及PC	智能零售银行及ATM机	增强现实
数字电视	玩具	电子游戏	虚拟现实
家庭健康监测	物流管理	游戏控制器	数字门铃
病患监测	工业手持设备及PC	半导体设备	智能镜子
POS机解决方案	移动POS机方案	数字摄像头	医疗影像
视频监控DVR/NVR	行业自动化	辅助驾驶中央控制系统	机器视觉自动化
视频监控编码器/转码器	数字信息亭	交通网关	自助结账

图3-14 不同场景下采用计算机视觉技术的重要性

3.4.2 机器视觉的原理

机器视觉是一种让计算机"看见"并理解物体和环境的技术，其目的是通过图像处理技术和模式识别算法来模拟人类的视觉功能。通俗地讲，机器视觉就像是计算机的"眼睛"和"大脑"协同工作，以从图像或视频中提取有用的信息，来做出某种决定或操作。它的应用领域非常广泛，包括工业自动化、智能家居、机器人导航、医疗影像处理等。要理解机器视觉的原理，我们可以从几个关键步骤入手：图像获取、图像处理、特征提取、模式识别等，最后是执行相应的动作。

（1）**图像获取**：机器视觉的第一步是获取图像。图像获取就像我们用相机拍照一样，系统会使用摄像头、传感器或其他光学设备捕捉一幅图像。这幅图像是由大量的像素点组成的，每个像素点代表了该图像的一部分颜色或灰度值。这个步骤类似于人类用眼睛观察到外界物体。根据应用场景不同，图像获取的方式也有所差别。例如，在工业自动化中，通常会用到高速摄像头来拍摄流水线上快速移动的产品。而在医学领域，可能会用X射线、CT或MRI等设备来获取人体内部的影像。光线、分辨率和角度等因素都会影响图像的质量，因此在图像获取的过程中，需要确保获取的图像足够清晰，能够满足后续的处理需求。

（2）**图像处理**：这个阶段主要是对图像进行预处理，以便让后续的算法更容易理解图像中的内容。图像处理的过程类似于人类在观察物体时，对物体的形状、颜色、大小等进行初步感知和判断。在图像处理的过程中，常见的操作包括：

① 灰度化：将彩色图像转换为灰度图像，因为很多情况下，颜色信息对目标识别的影响不

大，灰度化可以简化计算。

②二值化：将图像中的每个像素点转换为黑或白的二值图像，这有助于在某些场景下突出目标物体。

③去噪处理：通过滤波等技术去除图像中的噪点，使图像更加清晰。

④边缘检测：用算法检测出图像中物体的边缘，帮助识别物体的轮廓和形状。这些图像处理技术可以增强图像的特定特征，让接下来的特征提取和识别更加精确。

（3）特征提取：特征提取是机器视觉系统能否成功"识别"物体的关键步骤。不同的物体具有不同的特征，例如，形状、颜色、纹理、大小等。机器视觉系统通过提取这些特征来判断物体的类型和性质。

①形状特征：通过分析物体的轮廓或边界来确定其形状。例如，在自动化生产线中，机器可以通过检测产品的外形来判断是否符合规格。

②颜色特征：颜色可以帮助系统区分不同的物体。例如，在图像中识别水果时，红色的苹果和黄色的香蕉可以通过颜色特征轻松区分开。

③纹理特征：纹理是物体表面的细微结构。例如，在识别布料类型时，机器可以通过分析布料的纹理特征来判断其材质。特征提取的效果直接影响到机器视觉系统的识别准确性。为了提高特征提取的准确性，机器视觉系统通常会采用各种算法和技术，如傅里叶变换、小波变换等。

（4）模式识别：在特征提取之后，机器需要根据这些特征来识别物体的类别或状态。这个过程被称为模式识别。模式识别的核心是建立一个模型，使得输入的特征与已知的物体或场景进行匹配。

①监督学习：在有标签的数据集上训练模型，使得模型能够识别特定的物体。例如，如果系统要识别不同的动物，训练数据集可能会包含大量不同动物的图像，每个图像都有标注（如"猫"或"狗"）。

②无监督学习：当没有标签时，系统会通过某种方式自行发现图像中的模式。例如，机器可以通过分析图像中的共同特征将物体分成不同的组。

③深度学习：近年来，深度学习在机器视觉中的应用越来越广泛。深度学习模型通过多层神经网络来自动提取图像中的特征。

卷积神经网络是计算机视觉分析图像常用的方式，在图像识别领域的应用可谓是一次技术革命。它通过模拟人类大脑的视觉处理方式，能够从图像中提取特征并进行分类、识别和预测。CNN的强大之处在于其能够处理大规模的图像数据，自动学习图像的特征，并极大地提升图像识别的准确性。CNN是一类人工神经网络，使用卷积层从输入中筛选出有用信息。卷积运算需要综合使用输入数据（特征图）与卷积内核（滤波器），以便生成转换后的特征图。卷积层滤波器可根据学习参数进行修改，以便为特定任务提取最有用的信息。卷积网络可根据任务自动调整，寻找最重要的特征。在执行一般的物体识别任务时，CNN会过滤物体的形状信息，但在进行识别鸟的任务时，CNN则会提取鸟的颜色信息。这是由于CNN认为，不同类的物体会具有不同的形状，而对于不同类型的鸟而言，其颜色可能要比形状的差异性更大。

CNN是一种专门处理图像数据的深度学习模型，它主要由三种核心层组成：卷积层（convolutional layer）、池化层（pooling layer）和全连接层（fully connected layer）。

（1）卷积层：卷积层是CNN的核心部分，其目的是从图像中提取局部特征。简单来说，卷积层会应用一个小窗口（即卷积核）在图像上进行滑动操作，逐步对每个局部区域进行加权运算，并生成一个新的特征图（feature map）。这个过程类似于用放大镜查看图像的局部细节，通过不断移动放大镜，卷积层可以获取图像中边缘、颜色变化等基本特征。卷积层的优点是能够提取图像中的局部信息，同时减少计算复杂度。更重要的是，随着网络的加深，CNN能够通过多个卷积层逐渐提取到更抽象和高级的特征。例如，前几层可能检测到边缘、角点等基本特征，而后几层则可能识别出更复杂的形状、物体的轮廓甚至是完整的对象。

（2）池化层：池化层通常在卷积层之后，用于对特征图进行下采样（又称降维），以减少数据量和计算量。池化的主要方法包括最大池化（max pooling）和平均池化（average pooling）。最大池化会从一个区域中取出最大的值，而平均池化则是取该区域内所有值的平均值。池化层的作用不仅在于降低计算成本，还能提高模型对图像变换的鲁棒性。通过池化，CNN能够忽略图像的一些微小变动，如物体在图像中的位置变化、旋转或缩放，从而使模型更具泛化能力。

（3）全连接层：全连接层位于CNN的最后部分，它的主要作用是将前面提取的特征图展开为一维向量，并输入到分类器中进行最终的分类预测。全连接层的结构类似于传统的神经网络，每个节点都与前一层的所有节点相连。通过全连接层，CNN可以将前面提取到的特征进行综合，从而实现对图像内容的分类和识别，图像识别的步骤如图3-15所示。

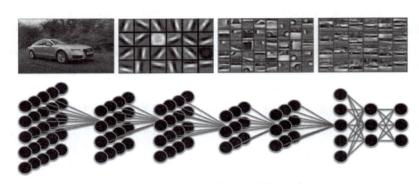

图3-15　图像识别步骤

3.4.3　机器听觉

语言是人与人之间交流的工具，也是人与机器之间交流的阻碍。那么能否让人工智能充当人与人之间的翻译，甚至让人与机器流畅对话呢？答案是肯定的。语音识别，作为人机交互的第一入口，已让这一梦想成为现实：可以与人对话的智能音箱、听得懂指令的智能家居设备、能懂多国语言的智能翻译、电话客服机器人等都已走进了人们的生活，天猫精灵对话如图3-16所示。

如何让机器具备"听"的能力？语音识别技术，也被称为自动语音识别，其目标就是让机器听懂人类的语言。语音识别技术给计算机添上了"耳朵"，利用该技术，就可以让计算机按照语音命令做一些有趣的事情。

随着深度学习的兴起，语音识别技术的发展将更上一个台阶。融合语义理解、语音交互的智能语音系统将不断成熟，未来的机器不仅能听、会说，还能理解、会思考。

语音识别技术就是让机器通过识别和理解把语音信号转变为相应的文本或命令的技术。根据识别对象的不同，语音识别任务大体可分为孤立词识别、连续语音识别和关键词识别三类。孤立词识别，如"开机""关机"等；连续语音识别，如识别一个句子或一段话；关键词识别，针对的是连续语音，检测已知的关键词在何处出现，如在一段话中检测"人工智能""深度学习"这两个词，机器听觉及对话处理技术的原理如图3-17所示。

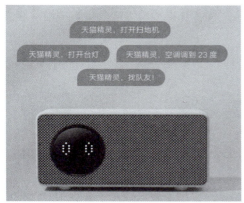
图3-16 天猫精灵对话

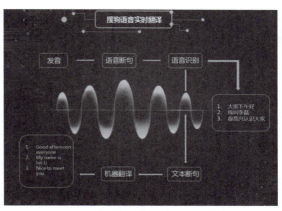
图3-17 机器听觉及对话处理技术

语音信号具有得天独厚的优势,虽然表现形态简单,但是形简意丰。语音信号包含语义内容信息,语种(语言、方言)信息,说话人身份(唯一身份证明)、性别信息,情感信息(高兴、悲伤、恐惧、焦虑……)等,如图3-18所示。声纹结合内容和情感等信息是进行语音识别与分辨的最佳工具。

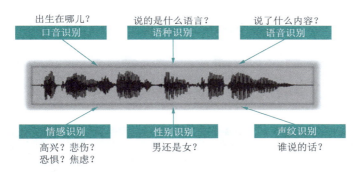
图3-18 形简意丰的语音信号

语音识别技术主要包括特征提取技术、模式匹配准则及模型训练技术三方面。其识别流程如下。

(1)**信号处理**:声音信号是连续的模拟信号,为了保证音频不失真,要进行降噪和过滤处理,保证计算机识别的是过滤后的语音信息。

(2)**信号表征提取**:对语音的内容信息根据声学特征进行提取,并尽量对数据进行压缩,提取完成之后,就进入了特征识别、字符生成环节。

(3)**模式识别**:从每一帧中找出当前的音素,由多个音素组成单词,再由单词组成文本句子。通过声学模型识别音素,通过语言模型和词汇模型识别单词和句子。

这样,只要模型中涵盖足够的语料,即语音的大数据集,就能解决各种语音识别问题。经过这个流程,就能将语音识别成文本了,如图3-19所示。

深度学习的应用,极大地促进了语音识别技术的发展,弥补了数据统计模型和算法不足,大大提高了语音识别系统的识别率。未来语音识别技术的发展还将大力提升识别系统中的语言模型,增加词汇

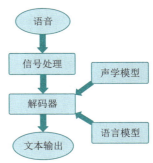
图3-19 语音识别流程

量，同时使连续语音识别更精准，真正实现人机交互，智能音识别系统还有很长的路要走，这也是未来语音识别的发展方向，如图3-20所示。

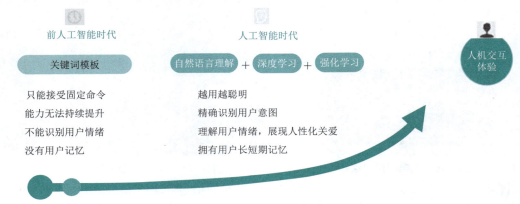

图3-20 人机对话演进过程

3.4.4 语音识别技术的应用

语音识别已成为人工智能应用的一个重点，并已深入应用到众多垂直行业领域中。概括起来，智能语音识别主要应用于以下三个领域，这也是语音识别商业化发展的主要方向。

（1）语音输入系统：将语音识别成文字，提升用户的效率，如微信语音转换文字（见图3-21）、讯飞输入法等。

（2）语音控制系统：通过语音控制设备进行相关操作，彻底解放双手，如智能音箱智能汽车系统（见图3-22）等。

图3-21 微信语音转文字

图3-22 汽车语音控制

（3）语音对话系统：与语音输入系统和语音控制系统相比，语音对话系统更为复杂代表着语音识别的未来方向。它将会根据用户的语音实现交流与对话，保证回答的内容准确，对语义理解要求较高。在家庭机器服务员、宾馆服务、订票系统和银行服务等方面都将会起到非常重要的作用。

在日常的工作生活中，语音识别已得到广泛应用，如医疗智能语音录入系统、智能车载、可穿戴设备、智能家居等。

3.4.5 声纹识别

如果说语音识别的目的是提升效率,那么声纹识别的目的则是进行身份确认与审查。智能语音系统可以大大提升人们的工作效率和生活质量,但是有一个问题却始终存在:任何人都可以启动这些人工智能设备,隐私保护较差,并不是用户的"专属语音管家"。所以,声纹识别成为未来智能语音识别领域的重点方向。

与语音识别相比,声纹识别的最大特点在于智能系统不仅会捕捉语音内容,还会根据声波特点、说话人的生理特征等参数,自动识别说话人的身份。因为每个人发出的声纹图谱会与其他人不同,声纹识别正是通过比对说话人在相同音素上的发声来判断是否为同一个人,从而实现"闻声识人"的功能。声音波形与声音语谱分别如图3-23和图3-24所示。

图3-23 声音波形

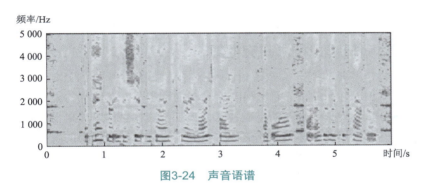

图3-24 声音语谱

声纹识别作为最前沿的生物识别技术,将会随着技术的成熟在越来越多的应用场景中落地。未来,声纹识别与其他生物识别技术结合形成的多模态认证将在人们的科技生活中扮演越来越重要的角色。

单元 5 跨媒体分析与推理技术

3.5.1 跨媒体分析与推理技术概述

当前,以网络数据为代表的跨媒体数据呈现爆炸式增长的趋势,呈现出了跨模态、跨数据源的复杂关联及动态演化特性,跨媒体分析与推理技术针对多模态信息理解、交互、内容管理等需求,通过构建跨模态、跨平台的语义贯通与统一表征机制,进一步实现分析和推理以及对复杂认知目标的不断接近,建立语义层级的逻辑推理机制,最终实现跨媒体类人工智能推理。

随着互联网及媒体技术的不断普及,以网络内容为代表的媒体内容数据逐渐呈现跨模态、跨数据源的复杂关联与协同动态演化特性。不同平台、不同来源的文本、图像、视频、音频等信息共同刻画相同或相关的主题内容,呈现复杂、多层级的语义关联关系。在物理空间中,信息技术与传统行业的不断融合也促成了不同模态、不同来源但具有复杂相关性的多源异构数据和信息的爆炸式增长。例如,在城市环境下,各种各样的摄像头及环境传感器,对物理世界中同一个体或场景进行协同感知和记录。网络空间与物理空间的不同来源、不同模态的数据,从多个角度共同刻画了相同或相关的主题和事件,形成了"跨媒体"信息。

与传统多媒体数据相比,跨媒体信息呈现出了截然不同的特点。首先,包含不同模态的多媒体数据之间呈现出内蕴同步的语义关联,而跨媒体的不同来源、不同模态的信息呈现动态、复杂、多层次的时空、语义关联。其次,跨媒体形式异构、内容多样、分布复杂,传统的分析处理方法大多基于独立同分布等假设,难以对海量复杂的跨媒体信息进行有效利用和模型学习。最后,跨媒体涉及的应用场景比多媒体更加广泛,如有害网络内容监测与管理、跨媒体内容搜索、推荐、问答等。跨媒体呈现的上述特点对跨媒体分析与推理技术提出了迫切的需求。

借助强大的脑功能,人类对不同模态的信息进行符号化转换和统一表征,进而在符号表示的基础上实现推理与决策,具有天然的跨媒体综合处理能力。类似于人类大脑,实现海量、复杂、异构的跨媒体语义贯通与统一表征是人工智能系统能够有效处理跨媒体信息的先决条件。首先,不同媒体信息的统一表征与关联度量,是实现跨媒体分析与推理的基础。在统一表征与度量的基础上,实现跨媒体内容的理解与转换,是提升跨媒体语义贯通水平的重要方式。其次,在跨媒体内容理解的基础上实现跨媒体推理与决策,是跨媒体类人智能发展必须解决的关键技术问题。跨媒体分析推理技术的发展,对实际应用中的问题也提供了更多的关键技术支撑。

3.5.2 跨媒体分析推理技术研究框架

跨媒体信息包含不同的模态(modality)信息,如图像、视频、文本、语音等。多模态深度学习(modality deep learning)通过深度学习实现对多个模态信息的统一表征、转换及深层理解,是跨媒体分析推理任务涉及的基础技术。人工智能的目的是让机器实现类人智能,因此让机器具有像人一样处理跨媒体信息的能力,是人工智能领域中重要的发展方向之一。其中,涉及图像、视频和文本的图文理解任务是跨媒体分析领域主要的研究方向,旨在用文字辅助对视觉内容的理解,或以视觉内容刻画文字所表达的语义。多模态跨媒体分析推理任务层次分析如图3-25所示。

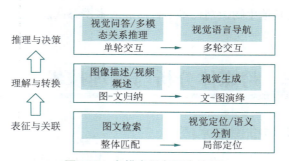

图3-25 多模态任务层次分析

跨媒体分析与推理包含表征、理解与推理三个科学问题。表征即对相互关联但存在语义鸿沟的多模态信息进行统一(可度量)表征,可分为整体匹配与局部定位,对应的任务有图文检索、视觉定位、语义分割等;理解指在统一表征的基础上,对具有互补性的多个模态信息进行高层次相互转换,实现跨模态信息的融合与理解,代表性技术包括图像/视频描述、文本-图像/视频生成等;在理解的基础上,进一步完成跨媒体推理与决策,代表性研究任务与技术包括视觉问答、视觉语言导航等。

跨媒体统一表征任务的信息由两个及以上模态组成，旨在将多模态信息表示为计算机可以处理的数值向量或更高维的特征向量，利用多模态信息间的语义一致性，剔除模态间的冗余信息，通过跨模态相互转化来实现多模态融合的统一表征，以学习更全面的特征表示。使用该特征表示可解决不同模态间的语义鸿沟问题，为完成跨模态检索、图像语义分割等任务奠定基础。具体地，跨模态检索任务指将一种模态的数据作为查询去检索另一模态对应数据，主流的方法有实值表示学习和二值表示学习。实值表示学习直接学习不同模态之间的信息，二值表示学习将多模态信息映射到汉明二值空间后再拟合。图像分割也是一个典型的多模态信息表征任务，其将文本分配给图像中某个区域的局部定位任务。最典型的版本是语义分割，即每个像素都被分类到唯一语义实体。相应地，可以将文本中提到的多个语义实例分类到一起，对场景中最重要的对象进行分割定位，如显著性检测、文本视觉定位等。

跨媒体统一表征任务主要解决的问题是模态异构性，主要包含两大研究方向，即联合表征和协同表征，如图3-26所示。联合表征的主要思想是将多模态信息分别嵌入公共空间后，

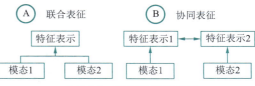

图3-26　跨媒体表示学习

计算任意一对样本距离；而协同表征的核心是分别对多模态信息做嵌入操作，学习特征之间的相似度度量。其中，特征表示具有多个基元层级，可根据尺度大小分为单词、短语及句子级别。图像中的物体类别、区域及对应属性可由单词进行描述，细粒度物体、视频中的行为可由词语描述，而视频中的某个具体事件或整幅图像的内容则需要用句子表征。

典型相关性分析（canonical correlation analysis, CCA）是联合表征的基本算法，分别学习图片表示和文字表示映射的子空间，通过最大化两种模态数据的投影相关性调节关联关系，以期学习同构空间。

3.5.3　图文转换

图文转换也可以称为图文映射，它负责将一个模态的信息转换至另一模态，常见的应用包括图像视频概述（基于输入图像或视频，输出描述该视觉内容的文本）、文本生成图像（基于文本内容生成对应语义的图像）等，如图3-27所示。图-文总结任务的主要框架为自注意力机制的编码器-解码器模型，其中编码器将变长输入序列转换为背景向量后输入到解码器中，解码器在不同时间步上，参考不同隐变量的自注意力权重，生成另一模态向量。文-图演绎任务的常用模型为对抗生成网络，由生成器和判别器组成，生成器生成合理样本，而判别器判断该样本是否合理。

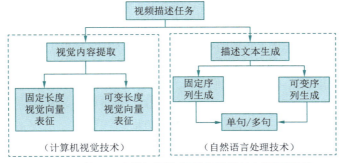

图3-27　基于深度神经网络的视频描述任务通用模型

模态转换主要有两大难点：

（1）未知结束位，如实时的机器翻译任务在翻译时的句尾信息未知性。

（2）主观评判性，即对于目前的模态转换任务，暂时没有客观且全面的评价标准，因此进行模型之间的性能比较具有较大困难。

传统的图像视频描述技术是基于人工设计的语言模板。其首先使用物体检测方法识别视觉物体和动作，然后对复杂词汇进行统计，确定与视觉内容对应的文本词汇后，将其填入预先设计好的语言模板中，生成自然语言文本。与此类方法相比，基于深度神经网络的视频描述任务通用模型可实现端到端学习。

根据文本生成图像是近几年的热门研究领域，该任务旨在生成与描述文本内容对应的图片，主流方法有变分自编码器（variational auto-encoder, VAE）、聚焦机制（deep recur rentattention writer, DRAW）、生成对抗网络（generative adversarial networks, GAN）等。在2016年以前，常用VAE和DRAW解决图像生成任务，VAE使用基于统计的方法对数据先验分布和隐变量表示进行建模；DRAW使用循环神经网络及自注意力机制，按序关注生成对象后叠加得到最终结果。

人工智能的参照样本始终没有离开过人类本身，而可解释的推理学习是人类最重要的能力之一。目前多模态分析研究仍处于表观特征提取与处理阶段，缺乏对复杂推理特征及高层次理解任务的建模，无法完成跨模态信息间的推理交互，因此需要更丰富的向量、复杂的网络来细化多模态信息关联和决策过程，以解决单轮甚至多轮的交互任务，包括抽象推理、视觉问答、视觉对话、视觉语言导航等。其中，视觉推理任务要求在理解文本的基础上结合图片信息进行推理，可分为两个子任务：{Q→A} 根据问题选择答案，{QA→R} 根据问题和答案进行推理。视觉问答任务在视觉推理的基础上，通过引入外部知识库增加回答准确率和泛化性。

视觉问答任务目前也有了拓展，视觉对话任务需要从视觉和文本上下文中提取隐藏信息，实现智能体与人类之间使用自然语言进行多轮有意义的对话交互。视觉语言导航任务通过与机器人领域的技术相结合，要求智能体按照自然语言文本在环境中进行导航。这不仅需要机器同时理解自然语言指令与视角中可见图像的信息，还需要在环境中完成状态评估与决策，通过一系列决策抵达指定位置。

3.5.4 应用举例

人类在信息获取、环境感知、知识学习与表达等方面都是采用多模态的输入、输出方式。例如，如果一个人要在一片草坪上找到一朵盛开的花朵，既可以用眼睛看，也可以用鼻子闻，还可以用手触摸。这种跨媒体（多模态）的输入、输出方式也是人类智慧的重要体现之一。而传统的深度学习算法则专注于从单一的数据源训练模型，例如，计算机视觉（CV）模型是在图像上训练，自然语言处理模型是在文本内容上训练，语音处理则涉及声学模型的创建、唤醒词检测和噪声消除。而多模态AI则将视觉、语言、听觉等多种信息进行融合，其优势在于它能够超越单模态数据的限制，并提供对复杂情况更全面的理解，为计算机提供更接近于人类感知的场景。

例如，一辆只有摄像头系统的自动驾驶汽车很难在弱光下识别行人，如果加上激光雷达、雷达和GPS就可以完美解决这一问题，它们可以为车辆提供更全面的周围环境图像，从而使驾驶更安全可靠。为了更透彻地理解复杂事件，融合多种感官至关重要，多模态AI的应用将大有可为。

目前多模态AI的创新应用主要体现在以下几个方面：

① 文本生成图片，文本生成视频。

② 跨模态的知识挖掘，如医药领域的应用。

③ 跨多模态语义的知识检索与数据提取。
④ 多模态广告、网页、小程序的自动生成。
⑤ 各类虚拟角色，如电商导购、虚拟讲师等。
⑥ 人工智能表情或肢体语言，人工智能虚拟情感人。
⑦ 增强多模态感知和决策能力的机器人技术、自动驾驶技术。
⑧ 虚拟现实和混合现实中的自动内容创建。

身处人工智能的新时代，我们不仅要拥抱变化，也要直视挑战。大规模训练与优化是人工智能走向通用人工智能的关键。相信在不久的未来，人工智能将在更多领域大放异彩。

下面以视觉语言导航任务为例进行详细讲解，视觉语言导航任务是一个典型的跨媒体分析任务，要求智能体感知环境，理解和落实文本内容，在视觉信息的辅助下到达自然语言指定的目标位置。视觉语言导航任务的基本流程如图3-28所示。

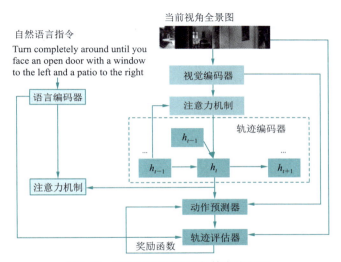

图3-28 视觉语言导航任务基本流程图

在深度学习出现之前，基于图的方法已经得到了广泛研究，这些方法将导航任务明确地分解为一系列子任务，如映射、定位和动作控制，主要从文本的句法、语义信息，图片的空间特征、实体关系推理等角度入手。虽然这些方法获得了一定程度的成功，但分布式设计决定了这类方法易受噪声影响，无论哪个部分被扰动，最终都会传递至控制器，影响整体结果，因此这类算法的鲁棒性较差。同时，这类算法还要求海量数据作为驱动，并且需要人工修正，这极大地限制了模型的泛化能力。

受到深度学习快速发展的影响，基于学习的方法被应用于视觉语言导航任务并取得了较大进展。该类方法自动将输入图片和文本映射为序列数据，不需要进行人工特征选取，在保证效果的前提下极大地提升了效率和泛化能力。目前基于深度学习的视觉语言导航模型可分为监督学习方法和强化学习方法两类。其中，使用监督学习方法的模型，通过最大化预测动作和真实轨迹之间的相似度进行训练；而使用强化学习方法的模型，则通过最大化累积目标奖励进行训练。基于监督学习的方法大多要求大量的训练数据，需要人工生成大量的最优轨迹，同时忽视了环境噪声的可控性影响，而基于强化学习的方法则不需要使用轨迹标签数据，但需要较长的训练时间。

对于跨媒体分析与推理任务，需要对多模态信息使用编码器将其映射至特征空间，使用自注意力机制计算不同时间步的跨媒体加权特征向量,而解码器模块在视觉语言导航中对应动作预测器,实现对前进方向的评估与预测。为保证决策动作与视觉和文本信息的一致性,可以使用强化学习训练轨迹评估器,为前进方向的决策过程提供上下文信息。其中,从状态到动作的映射过程可由基于模型的强化学习方法直接学习映射关系,也可通过基于模型的强化学习方法对环境进行建模。

3.5.5 跨模态检索

图文匹配和检索是多模态分析的基本任务,目标是学习一种多模态的相似性度量,对于给定的查询词,返回另一模态最相似的样本,该任务可分为全局匹配与局部检索两大类。跨模态检索任务的难点主要有不同模态特征具有异构性、底层内容和高层语义之间存在语义鸿沟、模态间信息不对称等。

目前常用的跨模态检索方法可分为三类:典型相关性分析、视觉语义嵌入和基于BERT(bidirectional encoder representation from transformers)的预训练模型。前两类方法是从多模态表示学习延伸出的解决方案,基本流程图如图3-29所示。第一类方法的基本思想是将不同模态的特征投影至同一个公共子空间,度量不同模态间的相似性,实现跨模态检索;第二类方法从底层抽取不同模态的有效表示,在高层建立语义关联。随着BERT在文本领域的广泛应用,基于BERT的预训练模型也被用于解决跨模态检索任务,该类方法包括单流和双流两种模型。

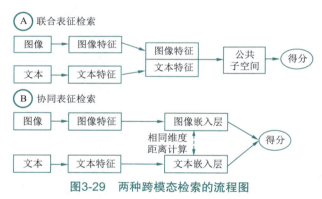

图3-29 两种跨模态检索的流程图

代表性的单流模型有Video BERT、Visual BERT、VL BERT。Video BERT将视频信息注入预训练语言模型进行训练,在视频动作分类、视频字幕等任务上都取得了较好结果;Visual BERT将输入文本中的单词与输入图像中的局部区域进行隐式对齐,实现局部匹配;VL BERT将图像中感兴趣区域和文本中单词的嵌入特征同时作为输入,可捕捉更细节的视觉线索。Video BERT也可作为双流网络模型,使用两个BERT流分别预处理视觉、文本输入,并在Transformer层中进行交互,实现特征的相互提取与优化。双流网络模型中较有代表性的是LXMERT,LXMERT使用关系对象编码器、语言编码器和多模态编码器进行多任务预训练。

注意力是一个常见但很容易被忽视的事实,人的视觉皮层在接受新的图像输入时,很自然地只关注重点区域而忽略无关信息,因此在多模态的信息匹配中,局部定位比全局匹配具有更广泛的应用范围。同时,人们常使用指示性表达,如"红色的车""桌子上的电脑"等,因此准确地理解指示性表达的内容定位技术对多模态分析的发展至关重要。内容定位技术旨在给定一张图像和一个细粒度文本描述,准确定位到图像中的对应对象或区域,实现局部匹配。

内容定位技术的基本流程图如图3-30所示。首先对于输入的搜索图像使用预训练的区域生成网络,从而获取一系列候选区域。其次,对于每一个图像区域,使用预训练的卷积神经网络获取视觉表观特征,同时,根据区域坐标计算区域位置特征,与视觉表观特征组合构成区域的视觉特征。通过预训练的词向量模型将输入的查询文本映射为向量表示。在训练阶段,使用双向长短期记忆网络对语言特征进行学习和高维特征表示,并将其映射至视觉特征空间以计算语义距离,最后使用特征匹配及排序算法获得搜索结果。

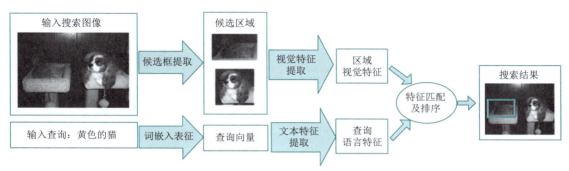

图3-30 内容定位技术的流程图

3.5.6 基于知识图谱的视觉问答系统

视觉问答系统是让计算机根据视觉信息回答用户所提出的问题,是跨媒体内容服务的一种高级形式。不同于现有的搜索引擎,问答系统返回的不再是基于关键词匹配的相关排序,而是精确的自然语言形式的答案信息。基于深度学习的视觉问答模型大多为多模态双线性框架,此类方法的主要处理过程有:提取图像特征、处理自然语言文本、融合两模态知识特征向量、使用分类网络得到最终答案。但这类方法不能准确地回答推理性问题,随着知识图谱的不断开放,基于知识图谱的视觉问答系统逐步发展起来。

知识图谱本质上是一种语义网络,由节点和边组成,其节点代表实体或概念,边代表实体之间的各种语义关系,是基于现有数据再加工的一种表示形式。多模态知识图谱利用知识库中已有的知识储备进行多模态信息融合及推理,可用于支撑下一代搜索、推荐和在线广告业务。

大规模知识图谱数据中存储着大量多模态、多层次语义内涵的知识信息。对于非结构化输入(如图像特征),神经网络模型通过多模态表示学习进行概念的结构化构建,将知识图谱中的实体、类别及关系等内容嵌入为数值向量。对于自然语言文本输入,神经网络模型将文本解析映射为相应的低维向量,与知识图谱中的实体、概念、关系等对应连接,使用向量间的相似度计算生成知识图谱中节点和边构成的事实。通过知识嵌入向量和概念元组组合的形式完成跨媒体知识图谱构建,一方面可对单一模态的信息进行准确表征,另一方面实现了多模态相同语义信息的统一嵌入表征。另外,由于用户问题的复杂性,以及跨媒体知识图谱内容的丰富性,在推理过程中可能出现调用多个知识库的情况,此时可使用异构知识关联与对齐技术来解决。

同时,通过问答系统不断产生人机协同交互,模仿人类的自然学习模式,经过自主生成问题—交互获得答案—推理补全关系的方式不断互动,可实现对知识关系的推理补全,从而实现增量式的基于知识图谱的视觉问答人机交互系统,如图3-31所示。

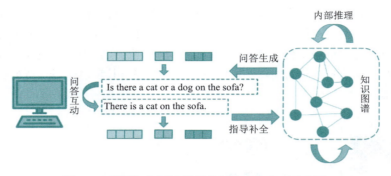

图3-31 基于知识图谱的视觉问答人机交互示意图

3.5.7 挑战与展望

1. 主要挑战

虽然跨媒体分析推理目前已经取得了一定的进展,但仍存在一定的局限性:

(1)**模型的处理准确率较低**:虽然计算机视觉、自然语言处理和语音识别等领域的发展促进了跨媒体分析任务准确率的不断提高,但距离实现高水平人工智能还有很大差距。

(2)**模型的推理能力较弱**:现有模型实现了多模态信息在同一语义空间的映射,但缺乏高层逻辑推理能力,无法实现对未知信息的预测。

(3)**深度学习具有不可解释性**:尽管深度学习被广泛应用,但其内在机理的难以解释是亟待解决的难题,这一不足也限制了下游任务的鲁棒性、可信度与性能提升。

2. 未来展望

基于深度学习的跨媒体分析与推理技术虽然取得了一定的进展,但还未达到人类的预期水平,在未来还可从以下几个方面对该任务进行深入探索:

(1)**获取跨媒体信息更全面的高维序列表征**:对声音、文本、图像特征使用更合理的融合方式进行表征。

(2)**进行模型与技术的创新**:解决现有方法固有的局限性,尝试添加或替换模块。

(3)**对于描述生成任务**:重点提升文本信息的语义准确性和视觉一致性,尤其是长视频中多事件的顺序、联系,以进行更详尽的表述。可参考自然语言处理领域的前沿方法,来提升文本质量,从而提升跨媒体分析与推理任务的性能。

单元6 虚拟现实与增强现实技术

3.6.1 VR与AR的定义

虚拟现实(virtual reality, VR)技术是一种利用计算机技术模拟生成三维空间虚拟环境,并为用户提供多种逼真的感官体验(包括视觉、听觉、触觉等)的真实感模拟技术。虚拟现实技术作为仿真技术的一个重要分支,综合了多种现代科学技术,包括计算机图形学、互联网技术、人机接口技术、多媒体技术等,是一门具有挑战性的交叉科学技术。虚拟现实环境能够为用户提供与真实环境高度相似的体验,仿佛身临其境一般。除此之外,用户借助于头戴式设备、触觉手套等外部设备,可以与虚拟现实环境进行实时交互,动态改变虚拟现实场景,实时接收虚拟现实环境提供的多种类型的反馈，从而更进一步地提高用户在虚拟现实环境中的体验。

虚拟现实需要具备的三个特征包括：沉浸感（immersion）、交互性（interactivity）和想象力（imagination），也称为虚拟现实的3I特征（I为描述3个特征的英文词汇的首字母）。

（1）沉浸感：沉浸感主要描述的是用户在虚拟现实环境下的真实感程度。理想的虚拟现实环境应当具有高度的沉浸感，让用户无法分清楚虚拟环境与真实环境，使其在虚拟环境中的感受与在真实环境中的感受一致，使得用户能够全身心地在虚拟现实环境中进行操作。

（2）交互性：交互性是指用户能够在虚拟环境中对物体进行操作，并且得到操作反馈。交互性涉及虚拟环境中的对象在真实环境中物理现象的模拟，用户对物体的操作必须符合现实世界的物理规律，否则会给用户造成对周围环境理解的困扰。除此之外，实时性是衡量交互性好坏的主要指标之一。实时性越高，在与虚拟场景进行交互时感受的延迟越小，用户体验就越好，反之亦然。

（3）想象力：想象力指的是用户在虚拟现实环境中应当具备高度灵活、可扩展的想象空间。虚拟现实除了对真实环境的模拟之外，还允许用户在虚拟现实环境中进行想象，构造一些现实环境下不存在的场景，能够让用户从想象的环境中获取现实环境下无法获得的知识，从而提高人类对现实环境的认知。

增强现实（augmented reality, AR）技术是一种实时地计算摄像机的位置及姿态并在摄像机捕捉到的真实场景的画面上叠加相应虚拟信息的技术。它将虚拟信息（包括计算机生成的图形、文字、声音、动画等）实时地叠加到由相机捕捉到的现实画面之上，以达到对真实世界进行增强的目的。如图3-32所示，一个虚拟花盆被叠加渲染到一幅图像之上，该图像是由相机拍摄得到的真实世界图像，通过调整虚拟花盆的渲染位姿和尺度，可以在视觉上给人一种"虚拟花盆存在于真实世界中"的逼真体验，达到虚实融合效果。

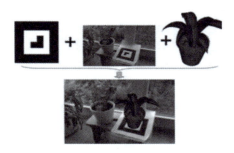

图3-32　AR实例

3.6.2　VR与AR的发展简史

虚拟现实技术的发展经历四个阶段。

（1）探索阶段：虚拟现实的雏形出现在20世纪60年代，当时的技术远不如今天如此先进。这个阶段的虚拟现实多为学术研究和军事应用的实验性项目，技术尚未成熟，硬件也处于非常初级的状态。1962年，美国计算机科学家伊凡·苏泽兰推出了世界上第一款虚拟现实头盔"头戴显示器"（HMD），这标志着VR技术的诞生。尽管它的显示效果非常粗糙，仅限于简单的图形和2D图像，但它为后来的发展奠定了基础。

（2）萌芽阶段：1987年，美国公司VPL Research开发了第一款商业化的VR设备，虽然限于硬件水平，用户体验并不理想，但是"虚拟现实"开始广为人知，成为计算机领域主要的研究方向之一。

（3）发展阶段：21世纪90年代，随着计算机技术的不断进步，虚拟现实逐渐从实验室走向应用市场。在这一时期，许多科技公司开始投入到VR技术的研究和产品开发中，多个消费级虚拟现实设备相继问世。尤其是随着英伟达公司在1999年8月发布了 NVIDIA GeForce 256 第一款现代意义上的显卡，以图形处理单元（graphics rocessing unit, GPU）为基础的绘制技术使得虚拟现实场景在真实感绘制方面有了更进一步的提升。

尽管这一阶段的技术仍存在许多局限性，如显示分辨率低、沉浸感差等问题，但它为虚拟现实在娱乐、教育、军事等领域的应用提供了初步的验证。

（4）成熟阶段：在进入21世纪之后，随着计算机技术的飞速发展，虚拟现实技术在软件和硬件方面都得到了较快提升，使得基于大型数据的声音和图像实时动画制作成为可能，极大地推动了虚拟现实技术在各行各业的应用。此外，多种新型实用的输入输出设备不断地出现，也为虚拟现实技术的生态构造补上了重要的一环。

在软件方面，以计算机图形学为基础的现代计算机绘制技术极大地提升了用户在虚拟现实环境中的真实感体验。这些技术包括光线追踪（ray tracing）、光线投射（ray casting）、抗锯齿（anti-aliasing）、环境遮罩（ambient occlusion）、光子映射（photon mapping）等。

同时，虚拟现实开始与其他技术如增强现实、人工智能等深度融合，不局限于游戏行业，更逐渐扩展到了教育、医疗、娱乐、社交等多个领域。

增强现实起步稍晚，自2000年以来取得了显著的发展，尤其在过去二十多年的时间里，从早期的概念验证到如今的广泛应用，呈现出加速发展的趋势。按照时间节点，可以将其发展过程分为以下几个阶段：

（1）2000年前后：增强现实的基本理论和概念在20世纪末逐渐成形。尽管当时的技术限制使得AR的应用还停留在实验室和研究机构，但这一时期奠定了AR未来发展的基础。一些早期的AR设备，如头戴式显示器，开始用于科研和军事训练。

（2）2010年前后：智能手机推动AR的发展。随着智能手机的普及，特别是苹果iPhone（2007年推出）和Android手机的崛起，增强现实技术迎来了新的发展机会。手机上的摄像头、GPS、加速计等硬件组件为AR提供了基础支持。2010年，Layar等应用程序开始在手机上实现基础的增强现实体验，通过摄像头叠加虚拟信息。

（3）2012—2015年：Google Glass与初代AR眼镜。2012年，谷歌推出了Google Glass，这是第一款面向大众市场的AR眼镜，虽然该设备在市场上并不成功，但它为AR设备的发展打开了新的方向。此外，微软在2015年推出了HoloLens，这款混合现实（MR）设备也开始将增强现实带入了企业和研究应用中。

（4）2016至今：AR应用的爆发式增长。2016年是AR技术发展的一个关键年份，任天堂发布的《Pokémon GO》成为AR领域的现象级应用。借助智能手机，玩家可以在现实世界中通过AR捕捉虚拟的宝可梦，这种游戏方式让全球数百万人体验到了AR技术的潜力。同时，AR在电商、教育、医疗等领域也逐渐开始探索应用。2017年，苹果发布了ARKit开发工具包，随后，谷歌推出了ARCore，为开发者提供了创建AR应用的平台，大大降低了AR应用的开发门槛。随着AR技术在移动端的广泛应用，AR硬件产品、行业应用等生态系统逐步成熟，呈现出无限的发展潜力。

3.6.3 VR与AR的研究现状

虚拟现实技术仍然是目前的研究热点，国内外高校和公司都在关注虚拟现实技术的发展。总体来说，美国、德国、日本等国家在虚拟现实技术方面发展较早，而我国在虚拟现实技术方面起步较晚，但发展很快，在某些领域，大有后来居上之势，研究单位主要以北京航空航天大学、浙江大学、清华大学等院校为主。

1. 美国的研究现状

虚拟现实技术发明于美国，同其他高新技术一样，美国首先将虚拟现实技术用于军事训

模块 3 人工智能关键技术

练、航空航天培训（宇航员、飞行员和相关维修人员培训等）的各种模拟训练系统的研发。

20世纪80年代，以美国国防部和美国宇航局为首推动了虚拟现实技术在军事和航天方面的快速发展，取得了显著成就。美国宇航局Ames实验室对虚拟现实技术的发展起到了重要的作用。1984年启动了虚拟视觉环境显示（virtual visual environment display, VIVED）项目，1986年开发了虚拟界面环境工作站（virtual interactive environment workstation, VIEW）。此外，Ames实验室还改造了HMD以及数据手套，使得这些设备能够进入工程化应用阶段。该实验室已经逐步建成了航空航天VR训练和维修系统。目前Ames正在开发一款模拟地外行星的VR系统——虚拟行星探索（virtual planetary exploration, VPE），用户可以通过浏览器，足不出户地访问不同的行星系统。

进入20世纪90年代以后，美国将虚拟现实技术转向民用技术的发展，许多高校和研究机构开始了虚拟现实相关的研究，并且催生了大量虚拟现实公司。北卡罗来纳大学计算机系是虚拟现实研究领域比较著名的团队之一，主要在航空模拟驾驶、建筑仿真优化和外科手术仿真治疗等方面进行了深入研究。罗马琳达大学的医学中心将虚拟现实技术用于神经疾病方面的研究，将数据手套作为手部颤动测量工具，并将手部运动实时地显示在计算机上，进而进行诊断分析。斯坦福研究院（Stanford Research Institute, SRI）主要从事虚拟现实硬件的研究，包括定位设备、视觉显示器、光学设备、触觉和力反馈设备、三维输入输出设备等。SRI还利用虚拟现实技术进行军用飞机和车辆的驾驶训练，通过虚拟仿真降低事故率。乔治·梅森大学研制了一套动态虚拟环境中的流体实时仿真系统。施乐公司将虚拟现实和增强现实技术用于未来办公室项目，设计了一套虚拟现实窗口辅助办公系统。

近年来，以谷歌、苹果为首的科技公司在虚拟现实领域展开了激烈的市场竞争，发布了多款虚拟现实设备，将虚拟现实技术应用于手机、平板计算机等移动设备，使得虚拟现实技术能够走进千家万户，为用户带来前所未有的体验。

美国波音公司通过虚拟现实技术为波音737Max10探索更好的加工工艺，在虚拟现实环境下，能够为飞机的装配工艺提供更好的指导。

2. 我国的研究现状

虚拟现实技术的研究在我国起步较晚，但是随着计算机技术以及互联网技术在我国的快速发展，越来越多的高校开展了虚拟现实技术研究，同时也涌现出了大量虚拟现实企业。国家非常重视对虚拟现实与增强现实这项新技术的研究和应用推广，从国家层面制定了虚拟现实研究计划，科技部、国家自然基金委、工信部等部门都把虚拟现实技术列入其设立的各类科技计划。

北京航空航天大学是国内最早从事虚拟现实研究和应用的高校之一，从最开始的理论研究，到现在的成果转换，北京航空航天大学将虚拟现实应用到了国防军事、航空航天、医疗手术、装备制造等各个方面。2007年，北京航空航天大学虚拟现实技术与系统国家重点实验室被批准建设，实验室总体定位于虚拟现实的应用基础与核心技术研究，这是我国在VR/AR领域第一个也是唯一一个国家级重点实验室。实验室在赵沁平院士的带领下开发了我国第一个基于广域专用计算机网络的虚拟现实环境——分布式虚拟环境（distributed virtual environment NETwork, DVENET），该系统支持异步分布式虚拟现实应用的开发，能够满足虚拟现实全周期、全过程的应用开发。此外，该实验室还研制了多款虚拟仿真器，包括直升机虚拟仿真器、坦克虚拟仿真器、虚拟战场环境观察器等，为我国的军事训练和航空航天训练提供多样化的虚拟仿真平台。实验室在原始创新的基础之上，发挥多学科交叉与军民融合优势，为虚拟现实技术在我国军用和民用的发展作出了引领性的贡献。

浙江大学计算机辅助设计与图形学国家重点实验室在虚拟环境真实感知和虚实环境融合等

方面开展了深入探索，该实验室还研究了多种虚拟现实关键技术，包括虚拟环境漫游技术、实时绘制技术、人机交互技术等，开发了虚拟现实平台，并应用在文化娱乐、国防安全、装备制造等领域。该实验室还研究了多种高效算法来提高虚拟绘制的实时性，包括虚拟环境中的快速漫游算法和递进网格的快速生成算法等，开发了虚拟建筑实时漫游系统，为用户提供交互手段用于提高用户在虚拟环境漫游过程中的真实感受。

清华大学虚拟现实与人机界面实验室在虚拟现实人机交互和系统设计方面进行了深入的系统研究。同时也致力于研究和开发一些适用于大学和科研机构教学与研究使用的虚拟现实系统，提供整套解决方案，包括整套系统集成、重要人机交互设备以及仿真分析软件。研究成果包括：运用数据手套和位置跟踪器实现虚拟零件装配，通过虚拟现实进行手术仿真，开发了虚拟驾驶模拟系统和基于运动跟踪和多通道拼接大屏幕投影系统的虚拟操控场景仿真等。清华大学国家光盘工程研究中心通过QuickTime技术实现了足不出户地欣赏布达拉宫全景。北京大学汪国平教授团队自主研发了超大规模分布式虚拟仿真支撑平台，用于飞行模拟的视景仿真系统等，取得了很好的效果。

北京理工大学长期致力于虚拟现实技术在国防系统的应用，为中国航天员科研训练中心成功研制了VR眼镜，能够有效地缓解航天员在太空的心理压力，帮助我国航天员顺利完成长达一个月的在轨驻留任务。

北方工业大学增强现实与互动娱乐团队在虚拟现实理论算法和应用开发方面开展了大量卓有成效的研究。他们通过硬件设备开发具有沉浸感的虚拟现实技术，成功研发了"北方工业大学虚拟校园"。此外，他们通过数字头盔、数据手套立体投影、动感座椅等硬件设备制作了3D短片，通过120°环幕立体投影系统播放，有较强的立体效果，并正研发具有动感的4D短片；还建设了新媒体实验室，自主研制了虚拟驾驶系统、动作捕捉系统、虚拟幻象系统、赤影系统等。

北京科技大学人工智能与三维可视化团队在虚拟现实方面研究了基于物理的流体三维真实感模拟及可视化，提出可交互的非均质流体动画三维建模，面向多相流场景的交互现象模拟，基于数据驱动的流体模拟等方面的研究方法。北京科技大学还开发了一款实用的纯交互式汽车模拟驾驶培训系统。

此外，国内从事虚拟现实与增强现实研究的高校和机构还包括：国防科技大学、天津大学、中国科学院自动化研究所、北京邮电大学、深圳大学、山东大学等，这些单位都在虚拟现实与增强现实技术理论及其应用方面取得了突出成绩，为该技术在我国的推广普及做出了贡献。限于篇幅，在此不一一赘述。

3.6.4　VR与AR的联系与区别

虚拟现实与增强现实联系十分紧密，存在诸多相似之处。

（1）均需绘制虚拟信息：虚拟现实中的场景全部由计算机绘制的虚拟信息构成，用户完全沉浸在虚构的数字环境中；增强现实中的场景大部分是真实环境，同时叠加少量虚拟信息。因此，两者都需要计算机生成相应的虚拟信息。

（2）均需用户使用显示设备：虚拟现实和增强现实都需要使用显示设备将计算机生成的虚拟信息呈现给用户。

（3）均需进行实时交互：虚拟现实和增强现实作为两种虚实交互手段，与用户的实时交互是必不可少的。

虽然二者有着不可分割的联系，但是虚拟现实与增强现实之间的区别也很明显。

（1）对于沉浸感的要求不同：虚拟现实强调用户在虚拟环境中的完全沉浸，将用户感官与现实世界隔离，使其完全沉浸在虚拟数字环境中，通常采用沉浸式的显示方式，如头盔显示器、CAVE系统等；但增强现实不仅不与现实环境隔离，反而强调用户在现实世界的存在，通常采用透视式头盔显示器。

（2）对系统算力和资源的需求不同：虚拟现实系统由于需要实时渲染绘制全局场景，对系统算力和资源需求很高，需要大型专业投影设备；而在增强现实系统中，计算机不需要构建整个场景，只需要对叠加的虚拟物体进行渲染处理，因此计算量大大降低。

（3）侧重的应用领域不同：虚拟现实系统强调用户在虚拟环境中的感官完全沉浸，重点应用于对高成本、高风险的真实环境进行预先模拟或过程仿真；增强现实系统侧重于增强用户对真实世界的认知，重点应用于对高复杂度、高难度的真实环境提供更直观、生动的辅助理解。

3.6.5 VR系统组成

一个典型的VR系统主要由计算机、输入输出设备、应用软件和数据库等部分组成，如图3-33所示。

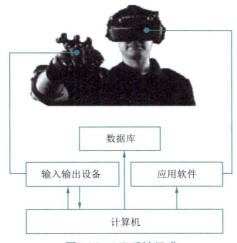

图3-33　VR系统组成

1. 计算机

在虚拟现实系统中，计算机起着至关重要的作用，可以称为虚拟现实世界的"心脏"。它负责整个虚拟世界的实时渲染计算、用户和虚拟世界的实时交互计算等功能。计算机生成的虚拟世界具有高度复杂性，尤其针对大规模复杂场景的绘制，虚拟环境的绘制所需的计算量级是巨大的，因此虚拟现实系统对计算机的配置有着非常高的要求。

2. 输入输出设备

虚拟现实系统要求用户采用自然的方式与虚拟世界进行交互，传统的鼠标和键盘是无法实现这个目标的，这就需要采用特殊的交互设备，用来识别用户各种形式的输入，并实时生成反馈信息，将反馈信息输入虚拟环境中。目前，常用的交互设备包括用于手势输入的数据手套、用于语音交互的三维声音系统、用于立体视觉输出的头盔显示等。

3. 应用软件

为了实现虚拟现实系统，需要多种辅助软件协同工作。这些辅助软件被广泛用于构建虚拟世界所需的素材。例如，采用AutoCAD 和Photoshop 对前期采集的数据和图片进行整理；采用3ds Max、MAYA 等三维设计软件对模型进行纹理贴图等操作；采用 Audition、Premiere 等软件准备音频素材。

为了有效组织各种媒体素材，形成完整的具有交互功能的虚拟世界，需要专业虚拟现实引擎来完成虚拟现实系统中的模型组装、场景绘制、动画脚本控制、声音显示等工作。另外，它还要为虚拟世界和后台数据库、虚拟世界和交互硬件建立起必要的接口联系。成熟的虚拟现实引擎一般提供可扩展插件技术，允许用户针对不同的功能需求自主研发一些插件，实现虚拟现实场景的定制化。

4. 数据库

虚拟现实系统中，数据库主要用于存储虚拟现实系统需要的各种数据，包括地形数据、场景模型、模型动画等各方面信息。对于所有在虚拟现实系统中出现的物体，在数据库中都需要有相应的模型。

如今市面上的虚拟现实眼镜、虚拟现实头盔均为基于头盔显示器的典型虚拟现实系统。它由计算机、头盔显示器、数据手套、力反馈装置、话筒、耳机等设备组成。该系统通过计算机生成一个虚拟世界，然后借助头盔显示器输出一个立体现实景象。用户可以通过头的转动、手的移动、自然语言等与虚拟世界进行交互。计算机能根据用户输入的各种信息实时进行计算，及时对交互行为进行反馈，由头盔式显示器更新相应的场景显示，由耳机输出虚拟立体声音、由力反馈装置产生触觉（力觉）反馈。

虚拟现实系统中应用最多的交互设备是头盔显示器和数据手套。但是如果把使用这些设备作为虚拟显示系统的标志就显得不够准确。这是因为，虚拟现实技术是在计算机应用和人机交互方面开创的全新领域，当前这一领域的研究还处于快速发展阶段，头盔显示器和数据手套等设备只是当前已经研制实现的交互设备，未来人们还会研制出其他更具沉浸感的交互设备。

3.6.6 VR系统分类

VR系统按照不同标准分为三类。

1. 桌面式虚拟现实系统

桌面式虚拟现实系统（desktop virtual reality system）是利用台式计算机或者入门级工作站实现虚拟仿真，借助于计算机的显示屏幕为用户提供一个可观察的虚拟现实窗口，通过外部设备（如键盘、鼠标、手柄等）对虚拟现实场景进行操作。桌面式虚拟现实系统性价比高，开发成本较低，实用性较强，能够快速地开发虚拟现实应用。目前主要用于桌面游戏、计算机辅助仿真、建筑设计、医疗培训、科学数据可视化等方面。该系统通过计算机屏幕提供虚拟现实窗口，用户无法真正地进入虚拟现实世界，因此，桌面式虚拟现实系统的沉浸感体验较差。

2. 沉浸式虚拟现实系统

沉浸式虚拟现实系统（immersive virtual reality system）为用户提供一种完全沉浸式的虚拟现实环境体验，通过外部设备，将用户的各种感官封闭在虚拟现实环境中，利用3D声音、位置跟踪设备等缩小虚拟现实环境与真实环境之间的差异，进而提高用户的沉浸式体验。沉浸式虚拟现实系统是目前虚拟现实领域的主流技术，也是未来虚拟现实发展的主要方向之一。

常见的沉浸式虚拟现实系统包括可穿戴式头盔、大型环幕系统、CAVE系统。一般用于娱乐或者验证某一猜想假设、训练、模拟、预演、检验、体验等方面。沉浸式虚拟现实系统具备以下几个特征：

（1）沉浸感：沉浸感是沉浸式虚拟现实系统首先具备的特征，也是与其他虚拟现实设备的主要区别之一。高度的沉浸感能够为用户创建一个几乎真实的虚拟环境，让用户在虚拟现实环境中的体验与在真实环境中的体验无差别。往往通过创造一个高度封闭的空间来实现高度的沉浸感。

（2）实时性：由于用户处于沉浸式环境中，为了提高用户体验，减少用户感官误差，用户与外界环境的感知必须保持一致，这就要求沉浸式虚拟现实系统必须具备高度实时性。虚拟场景的绘制应当具备高度实时性，用户在虚拟现实环境中漫游时，保证虚拟现实环境的平滑变换，此外，用户在虚拟现实环境下的操作应当实时地反映到虚拟对象上。

（3）集成性：沉浸式虚拟现实系统是一套复杂的系统，需要多种设备协同工作。因此，沉浸式虚拟现实系统需要具备一定的系统集成性，满足多种软硬件设备的高效集成。

（4）并行能力：由于沉浸式虚拟现实系统的集成性，为了多种设备之间的协同工作，为了让用户产生全方位的沉浸感体验，系统需要具备多设备并行工作的能力。

（5）开放性：开放性能够让更多新的设备接入沉浸式虚拟现实系统，通过不断迭代优化提高沉浸式虚拟现实系统的体验。

3. 分布式虚拟现实系统

分布式虚拟现实系统（distributed virtual reality system）是一个集成虚拟现实环境，由分布在不同物理空间的多个子虚拟现实环境通过网络连接而成。用户可以通过子虚拟现实环境与不同物理空间的用户交互，共享信息。该方法避免了物理上的限制，能够让身处不同物理空间的用户在同一个虚拟环境中进行交互，以达到协同工作的目的。

分布式虚拟现实系统需要网络支持，随着5G时代的到来，网速已经不再是限制分布式系统开发的主要因素，低延迟、高速率的网络将会为分布式虚拟现实系统提供更好的平台，有助于搭建更加实用的虚拟现实系统平台。

3.6.7 VR系统硬件设备

VR系统的硬件设备是VR系统的重要组成部分。普通计算机难以满足虚拟现实高度沉浸感的要求，需要专业的VR系统生成设备。此外，传统的键盘、鼠标显示器等输入输出设备同样无法满足VR系统的交互式需求，因此，必须使用特殊的输入和输出设备，才能让用户在沉浸式虚拟环境中更自然地进行交互。

下面从VR系统的生成设备、输入设备和输出设备三个方面对VR系统硬件设备进行介绍。

1. VR系统的生成设备

虚拟现实系统的生成设备主要是用于创建虚拟环境的计算机，计算机设备的性能决定了虚拟现实系统的性能。虚拟现实系统需要计算机具备高速的中央处理器（central processing unit, CPU）和图形处理单元（graphics processing unit, GPU）处理能力，CPU对于计算机运算能力的提升有着直接的影响，GPU主要用于图形的绘制，决定了绘制效果好坏。此外，内存的速度和容量决定了系统处理图形的性能，虚拟现实系统往往需要大量内存的支持；系统输入/输出（I/O）同样重要，影响着各个模块之间的数据传输速率。下面根据计算机性能的优劣对虚拟现实系统的生成设备进行介绍。

（1）高性能个人计算机：随着计算机技术的飞速发展，高性能个人计算机的出现能够在一定程度上满足虚拟现实系统的开发，它一般具有多个处理器，高性能个人计算机主要应用于家庭生活娱乐方面，能够足不出户地利用虚拟现实技术体验沉浸式的游戏和观看全景视频，满足个人用户对虚拟现实技术的好奇和探索。

（2）**高性能图形工作站**：高性能图形工作站是一种专业从事图形图像处理的高档次专用计算机的统称。与普通计算机相比，具有更强的计算能力，更大的磁盘空间，更快的数据交换速率。图形工作站在大型虚拟系统开发方面具有一定优势。

（3）**高度并行计算机**：高度并行计算机又称为超级计算机，是能够执行一般个人计算机无法处理的大量数据与高速运算的计算机。超级计算机和普通计算机的构成组件基本相同但在性能和规模方面却有差异。

2009年，我国成为继美国之后第二个可以独立研制千万亿次超级计算机的国家。尤其在2016年"神威•太湖之光"的出现，标志着我国已经在超级计算机领域处于世界领先地位。我国上榜超级计算机排名的"神威•太湖之光"和"天河二号"（TH-2）都是高科技的代表，如图3-34所示。"神威•太湖之光"全部使用国产CPU，我国成为继美国、日本之后全球第三个采用自主CPU建设千万亿次超级计算机的国家。"天河二号"的硬件系统由计算阵列、服务阵列、存储子系统、互联通信子系统、监控诊断子系统等五大部分组成。超级计算机在大规模复杂产品的仿真模拟方面有着巨大的优势。国产大飞机C919原本需要两年的气全机空气动力学验证在"天河二号"上6天就能够完成，节省了大量时间和成本。

图3-34　神威•太湖之光和天河二号

2．VR系统的输入设备

虚拟现实系统的输入设备指的是用来输入用户发出的动作，使得用户能够操作虚拟场景的设备。大多数输入设备具有传感器，可以采集用户行为，然后转换为计算机信号来驱动场景中的模型，从而实现人与虚拟现实系统之间的交互。

（1）**位置跟踪设备**：位置跟踪设备是实现虚拟现实系统中最常用的输入设备，通过及时准确地获取人的动作信息、位置信息等，将获得的信息转换为计算机可接收的信号，然后传递至虚拟现实系统中。位置跟踪设备通过采用六自由度来描述对象在三维空间中的位置和方向，三维空间的六自由度分别为沿着x轴、y轴和z轴的3个平移运动，以及分别绕着x轴、y轴和z轴的3个旋转运动，如图3-35所示。

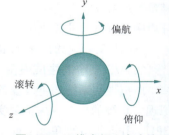

图3-35　三维空间六自由度

位置跟踪设备的种类包括以下几种。

① 机械式跟踪设备是采用机械装置来跟踪和测量运动轨迹，一般由多个关节组成串行或者并行的运动结构，每一个关节可以带有一个高精度传感器。测量原理是通过传感器测得每一个关节角度的变化，然后根据关节之间的连接关系计算得到末端点在空间的位置和运动轨迹，进而得到跟踪对象的位置。

② 电磁波跟踪设备是一种非接触式空间跟踪设备，一般由电磁波发射器、接收传感器和数据处理单元组成。电磁波跟踪设备是利用电磁波的强度进行位置姿态跟踪。首先由电磁波发射

器发射电磁波，跟踪对象身上佩戴若干个接收器，在接收到电磁波之后，将电磁波信号转换为计算机可接收的信号，然后处理器经过计算之后得到每一个接收器在三维空间中的位置姿态。

② 超声波跟踪设备同样是一种非接触式位置测量设备，其原理是通过发射器发射高频超声波脉冲来确定接收对象的三维空间位置。超声波设备一般采用20 kHz以上的频率，人耳无法听到这个频段的超声波，对人产生的干扰很小。超声波跟踪设备一般由3个超声波发射器、3个超声波接收器和同步信号控制器组成。发射器一般安装在场景上方，接收器安装在被测物体上。③ 光学式跟踪设备也是一种非接触式位置测量设备，通过光学感知来确定对象的实时位置和方向。光学式跟踪设备由发射器（光源）、接收器（感光设备）和信号处理控制器组成。它的测量原理也是基于三角测量。

（2）**数据手套**：在现阶段虚拟现实系统开发过程中，常用到的跟踪设备是数据手套。数据手套通过传感器能够理想地感知人手在三维空间的位置和姿态，也能够感知每一根手指的运动，从而为用户提供虚拟现实环境下更加自然的交互方式。数据手套的出现，为虚拟现实提供了一种更为接近人类感知习惯的交互工具，不仅更加符合人类对于细微虚拟现实场景中的操作习惯，同时也更好地适应了人类较为敏感的手部神经，以获得更好的体验感和交互性，是一种能够获得接近真实体验的三维交互手段。数据手套主要由弯曲传感器组成，弯曲传感器由柔性电路板、力敏元件、弹性封装材料组成，通过导线连接至信号处理电路。数据手套为用户提供了一种更加直观和通用的交互方式，能够有效地增强用户沉浸感体验。常用数据手套有 5DT数据手套、CyberGlove 数据手套、WiseGlove 数据手套等。

（3）**动作捕捉设备**：动作捕捉设备是位置跟踪设备的一个特殊应用。动作捕捉设备通过在运动物体的关键部位设置跟踪器，然后进行多个位置的采集，最后经过计算机处理后得到三维空间坐标的数据。动作捕捉设备能够为虚拟现实中的对象提供更加真实的动作仿真。动作捕捉设备根据跟踪设备的种类，可以划分为机械式、电磁式、光学式声学式和惯性式。技术原理与前面介绍的跟踪设备一样，在此不再赘述。

最常用的动作捕捉设备是数据衣，数据衣通过在不同的关节位置安装大量的传感器，来获取人体不同关节位置的运动，最后由软件计算得到完整的三维运动数据，从而得到人体的运动信息。数据衣可以对人体大约50个关节进行测量，包括膝盖、手臂、躯干和脚。数据衣的缺点是分辨率低，有一定的采样延迟、使用不方便等。

（4）**快速建模设备**：快速建模设备是一种能够快速建立3D模型的辅助设备，是虚拟现实系统模型的主要来源之一，主要包含3D扫描仪和3D摄像机，如图3-36所示。

图3-36　3D扫描仪和3D摄像机

3. VR系统的输出设备

为了能够在虚拟现实系统中获得与真实世界一样的效果，虚拟现实系统需要通过输出设备将虚拟环境中的各种信号转换为人能接收的不同类型的信号。因此，一般将虚拟现实系统输出设备分为视觉感知设备、听觉感知设备、触觉和力反馈设备、其他输出设备。

（1）视觉感知设备：据统计，人类对客观世界的感知信息有75%～80%来自视觉，因此视觉感知设备是虚拟现实系统中最重要的感知设备之一。人之所以能够感受三维空间的信息是因为两只眼睛在观察场景时，观察的位置和角度存在一定的差异，称为双眼视差。人的大脑能够通过这种图像差异来判断物体在三维空间的位置，从而使人产生三维立体视觉。常用的虚拟现实视觉感知设备有立体眼镜系统、头盔显示器、CAVE系统、墙式投影、吊杆式显示器。

（2）听觉感知设备：听觉也是人类感知外部世界的主要方式之一，是除了视觉之外的第二大感官通过在虚拟现实环境中增加三维立体声音，能够极大地增强用户在虚拟现实环境中的沉浸感体验。三维立体声音具备方位感、分布感，能够提高信息的清晰度和可感知度，提高周围环境的层次感。三维立体声音是对真实世界声源的真实模拟，声源不仅具有位置信息、方向信息，还包含了声音传播的衰减信息。通过三维立体声音，用户能够在虚拟现实环境下感受到声音从周围的任意空间传播到耳朵，并且能够比较准确地感受到声源相对用户的距离和方向等信息。三维立体声音在虚拟训练中有着非常重要的作用，例如，在军事训练中，通过三维立体声，能够快速地判断敌人的位置，从而做出快速响应。

（3）触觉和力反馈设备：触觉同样是人体重要的感觉之一，通过皮肤表面散布的触点感受来自外部的温度、压力等。虚拟现实环境中常用的触觉和力反馈设备包括接触反馈设备和力反馈设备。接触反馈设备用来感受接触表面的几何结构、硬度、湿度、温度等非力学信息。这类设备一般分为充气式接触手套和震动式接触手套。

3.6.8　AR系统组成

一个完整的AR系统是由一组硬件设备与相关的软件系统共同实现的，除了上述VR系统的各部分组成外，AR系统还需要环境感知设备，例如，摄像头、IMU传感器、GPS传感器等。

AR系统根据硬件结构的不同，AR系统分为三类。

1. 头盔显示式AR系统

头盔显示式AR系统由三部分组成：真实环境显示通道、虚拟环境显示通道及图像融合显示通道。虚拟环境显示通道和沉浸式头盔显示器的显示原理是一样的，而图像融合显示通道主要与用户交互和周围环境的表现形式有关。增强现实中的头盔显示器和虚拟现实中的头盔显示器不同：后者将现实世界隔离，只能看到虚拟世界中的信息；前者将现实世界和虚拟信息叠加后显示给用户。

2. 屏幕显示式AR系统

在基于屏幕显示器的AR系统中，相机采集到的真实场景图像被输入计算机中，计算机生成对应的虚拟信息并叠加到图像上，将融合结果输出到屏幕显示器上，用户从屏幕显示器上看到最终的融合场景。

3. 投影显示式AR系统

投影显示式AR系统将由计算机生成的虚拟信息直接投影到真实场景上进行增强。基于投影显示器的增强现实系统可以借助投影仪等硬件设备完成虚拟场景的融合，也可以采用图像折射原理，使用某些光学设备实现虚实场景的融合。

与AR系统分类相对应，AR系统的硬件设备可分为头盔显示设备、屏幕显示设备以及投影显示设备三种。

1）头盔显示设备

透视式头盔显示器分为两种：光学透视式头盔显示器与视频透视式头盔显示器。

光学透视式头盔显示器可以将虚拟和真实组合到一起。以往标准的封闭式头盔显示器让使用者不能直接地看到周围的任何真实物体。与之相反，透视式头盔显示器可以允许使用者直接看到周围的真实环境，再使用视觉或者视频技术将虚拟物体叠加在真实环境中。光学透视式头盔显示器通过在使用者眼睛前方放置光学合成器来工作。这个光学合成器是半透明材质的，使用者可以直接看到真实的环境景物。同时，它又具有一定的反射作用，可以将由头盔中的投影仪所产生的虚拟物体反射到使用者的眼睛里。

视频透视式头盔显示器。与光学透视式头盔显示器相反，视频透视式头盔显示器由一个封闭式的头盔和一或两个放置在头盔上的摄像机组成。由摄像机给使用者提供真实环境的像。虚拟物体的图像由场景生成设备产生，然后和由摄像机拍摄的图像合成起来合成后的视频则由封闭式头盔中放置在使用者眼睛前方的小型显示器显示给使用者。

2）屏幕显示设备

增强现实系统除了使用头盔式设备以外，还可以使用以屏幕显示器为基础的组成结构。如图3-37所示为以屏幕显示器为基础的系统构成。在这种结构中，由一或两台摄像机拍摄真实环境。既可以将摄像机固定，也可以使其处于运动状态例如，放置在一个运动中的机器人上，但是摄像机的位置必须能够被监测到。真实世界和虚拟图像的合成过程与视频透视式头盔基本一致，合成后的图像显示在使用者面前的显示器上。有时候，图像可以以立体的方式投影在显示器上，这时用户则必须佩戴立体眼镜才能看到立体的图像。

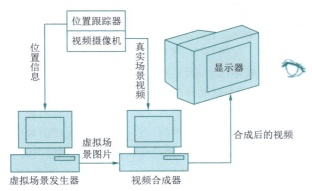

图3-37 屏幕显示器原理图

手持显示器也是一种屏幕显示器，它的最大特点是易于携带，常用于广告、教育和培训等。目前智能手机、平板计算机等移动设备为增强现实的发展提供了良好的平台。这些终端内置摄像头、GPS、陀螺仪等传感器，同时具有清晰度较高的显示屏，因此普及度很高，但沉浸感有待提高。

3）投影显示设备

投影显示设备将由计算机生成的虚拟信息通过投影仪直接投影到真实场景上进行增强，用户无须佩戴或手持任何设备，因此高亮度、高清晰度的投影仪为其主要的硬件设备。为了获得准确的投影位姿，设备配合摄像头进行位姿调整。

3.6.9 VR技术与AR技术的应用领域

1. VR技术的应用

虚拟现实技术能够为用户带来前所未有的体验，构造的沉浸式虚拟环境能够让人类足不出户地享受不同情境带来的超快感，此外也能够帮助专业人员进行上岗前的虚拟培训，能够极大地降低企业的培训成本。虚拟现实技术已经广泛地应用于人类生活的各个方面，主要的应用场景如下。

（1）教学科研：虚拟现实的沉浸式体验在教学和科研方面能够为学生带来生动形象的内容展示，不仅能够极大地提高学生的学习兴趣，还能够帮助学生加深对知识点的理解。在教学方面，虚拟现实技术能够构造虚拟的学习环境、虚拟的实验基地（见图3-38），配合虚拟现实软件，学生可以在虚拟环境中进行自主学习和实验，这不仅提高了学生的学习兴趣，也避免了填鸭式的被动教学在科研方面，虚拟现实技术能够帮助医学生在虚拟手术平台上进行手术学习和练习，帮助设计专业学生在虚拟环境下更好地观察和修改设计模型，其成为科研人员的有力工具之一。

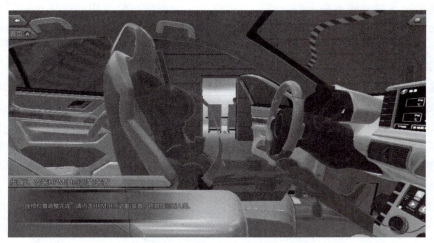

图3-38 虚拟仿真实验平台

（2）游戏体验：虚拟现实技术为游戏玩家带来了前所未有的体验，从而刺激了VR游戏的快速发展。随着虚拟现实设备性能的大幅提升和真实感绘制技术的应用，用户在沉浸式环境中的体验变得更好，同时，借助于网络环境或者云平台，可以实现处于不同地方的玩家同时在线，从而体验多人在线的虚拟现实游戏带来的乐趣。然而，目前在虚拟现实游戏中的交互方式相对简单，使得玩家对虚拟现实游戏的控制感体验较差，这是未来需要探索和解决的主要问题之一。

头戴式显示器是虚拟现实游戏的主要设备之一，头戴式显示器能够为玩家提供一个完全封闭的空间和沉浸式体验。头戴式显示器除了能够为玩家提供逼真的画面之外，还能够为玩家提供三维环绕立体声，以及通过陀螺仪和加速器等传感器实时捕捉玩家的头部运动，进行画面和声音的动态调整，从而提升玩家在虚拟现实环境中的沉浸感。目前主流的头戴式显示器均开发了大量VR游戏，包括Oculus Rift、HTC Vive、PlayStation VR、3DGlasses等。

（3）影视行业：在电影行业中，虚拟现实技术作为电影中的高科技技术，为观众提供了无限的遐想。从早期的《头脑风暴》（1983年）、《割草者》（1992年），到近期的《美国队长：内战》《头号玩家》，在电影中虚拟现实技术的应用给人们拓宽了科技视野，也为虚拟现实技术的发展提供了一定的借鉴。除此之外，虚拟现实技术也开始参与影视的制作中，可通过给观众佩戴虚拟现实设备，对其头、眼、手等部位信号进行捕捉，生成独特的电影影像，为观众带来新奇的体验。

（4）数字展馆和虚拟旅游：传统的展馆大多采用物品陈列、图片展示和影像的方式展示展品，传递给观众的信息不够立体，观众难以对展品进行全方位的了解。虚拟现实技术通过对展品进行数字化，采用虚拟现实技术来呈现，能够为用户带来展品全方位多样化的立体展示效果，让观众仿佛置身其中，享受更好的体验。除此之外，虚拟现实技术对于现有古文物的保护也有着很好的帮助作用,通过对古文物进行数字化采集和保存,借助于虚拟现实技术让后人能够身临其境地观察历史文物,使历史和文明得到很好的传承。

(5)旅游行业:虚拟现实技术还被应用于旅游行业,如图3-39所示,随着社会的发展,工作节奏越来越快,生活和工作压力也越来越大,人们需要适当放松心情,旅游便是最好的途径之一。然而,旅游消耗大量的时间和精力,往往处于"堵在路上"的状态。虚拟现实技术能够让用户足不出户地欣赏到全球各地美景,在家里同样可以达到放松心情的效果。

图3-39 VR旅游-信阳鸡公山

(6)医疗健康:虚拟现实技术在医疗健康行业的应用包括医学培训、康复训练和心理治疗。对于医学培训,虚拟现实技术能够创建逼真的医疗环境,借助于虚拟现实设备为医生带来沉浸式的手术体验,让医生仿佛处于真实的手术环境中,如图3-40所示;还能够为新上岗的医生进行医学培训,帮助医生提高业务能力;也可以为复杂手术提供预先练习环境,帮助医生熟悉手术过程,提高手术成功率。

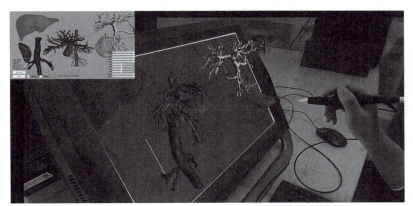

图3-40 通过虚拟三维进行医疗学习

2015年3月,Medical Realities公司推出了虚拟现实手术设备——"虚拟外科医生"(the virtual surgeon),能够让医生在虚拟现实环境下模拟外科手术。借此推广基于虚拟现实技术的医学培训模式,更加方便地培养外科手术人才。2016年4月14日,该公司通过虚拟现实技术直播了一场结肠肿瘤切除手术,用户能够通过OculusRift的应用程序实时观看手术,身临其境地体验手术的全过程。

2. AR技术的应用

自20世纪90年代开始，随着硬件设备和软件技术的飞速发展，增强现实技术的应用研究取得显著进展。由于增强现实技术能够将真实环境中不存在的虚拟信息提供给观察者，增强观察者对真实世界的感知和交互，这一特性使得增强现实技术在很多领域有着巨大的应用前景。

（1）医疗领域：在医疗领域中，医生可以在手术和模拟训练中借助虚拟的人体模型进行辅助操作。例如，根据人体的实时三维数据信息（通过磁共振成像或者CT扫描获得）建立虚拟的内脏模型并利用增强现实技术将模型叠加到真实患者身体上，帮助医生判断病区和进行手术操作。系统采用激光测距仪获得真实场景的深度值，以此获得正确的遮挡关系。通过增强现实手段，医生不需要切开伤口即可观察患者身体内部病区情况，可以实现手术的低创伤性。同时增强现实可以辅助医生执行手术过程，例如，可以辅助医生精确定位开刀口、钻孔或使用探针。增强现实技术还可以辅助实习医生进行技能训练，虚拟的器官模型可以辅助医生更直观地对器官进行辨识，虚拟的指导信息可以在实习医生操作的同时提供操作指示，避免频繁翻看操作手册。浙江大学的陈为对增强现实技术在医疗手术模拟及操作方面进行了应用研究。

（2）机器人领域：在机器人领域，增强现实技术可以辅助路径规划。例如，操作者远程操控机器人的方式不够直观且带有延迟，借助增强现实技术，操作者可实时操纵本地的虚拟机器人模型执行操作。虚拟机器人的操作姿态被直接投影到现实场景中，操作者对操作的可行性进行预览与确认后，真实的机器人再依据此操作姿态进行真实操作，既直观又提高了效率。基于立体视频图形叠加的增强现实（augmented reality through graphic overlays on stereo video，ARGOS）采用基于立体视觉的增强显示系统提高机器人路径规划的准确性。新加坡国立大学的Chong等人基于增强现实交互方式探讨了机器人无碰撞路径规划和编程方法。

（3）教育和娱乐领域：在教育、娱乐领域，增强现实技术在产品展示、电子游戏、多媒体课程等方面得到广泛应用。华盛顿大学HIT实验室的MagicBook增强现实系统使读者在阅读书内文字的同时能看到对应的三维虚拟场景模型。索尼（Sony）公司的游戏"审判之眼"在游戏卡片上叠加渲染出虚拟的怪兽角色模型，达到一种角色真实存在于环境中的效果。北京理工大学的王涌天团队对圆明园遗址进行虚拟重建，利用增强现实技术将重建后的模型融合到遗址上，通过佩戴立体眼镜在游览时能够观看到虚拟的圆明园原貌。

实 训 任 务

实训3.1 百度智能翻译

【实训目标】

熟悉百度智能翻译平台的基本功能与操作流程。掌握利用智能翻译工具进行高效文本翻译的技巧。分析并评估智能翻译结果的质量，学习如何进行人工修正以提升翻译准确性。理解跨文化翻译中的注意事项，培养跨文化交际能力。

【实训工具】

计算机或移动设备、网络连接、百度智能翻译账号（建议提前注册）、实训文本材料（包括日常对话、商务邮件、技术文档等不同类型）。

【实训步骤】

（1）平台注册与登录：学生自行注册百度智能翻译账号，并登录平台。

（2）平台功能探索：浏览百度智能翻译的界面布局，了解翻译、文档翻译、语音翻译等主要功能。尝试使用"例句""词典"等辅助功能，体会其对提高翻译效率的作用。

（3）文本翻译实践：分发实训文本材料，要求学生使用百度智能翻译进行翻译。鼓励学生尝试不同的翻译模式（如自动、专业版等），观察并分析翻译结果的变化。

（4）翻译质量评估与修正：小组内互相分享翻译结果，讨论翻译中的错误或不准确之处。引导学生识别机器翻译的局限性，如语义理解偏差、文化差异导致的误译等。指导学生进行人工修正，提升翻译质量。

（5）跨文化交流案例分析：提供包含文化特定表达或习语的文本，让学生尝试翻译并讨论可能的误解。分析不同文化背景下翻译策略的调整，强调尊重原文意图与适应目标文化的重要性。

（6）总结与反思：每位学生撰写实训报告，总结本次实训的收获、遇到的挑战及解决方案。小组讨论智能翻译技术的未来发展趋势，以及其在职业领域的应用前景。

【注意事项】

强调尊重版权，不得用于商业用途。注意保护个人隐私，不翻译涉及敏感信息的文本。

实训 3.2　抖音豆包聊天机器人

【实训目标】

了解聊天机器人的基本原理和分类。掌握抖音豆包聊天机器人的配置与使用方法。能够根据特定需求设计并实现简单的聊天机器人功能。分析聊天机器人的实际应用场景，培养解决问题的能力。

【实训工具】

计算机或移动设备、网络连接、抖音开发者账号（建议提前申请）、豆包聊天机器人平台账号（或类似聊天机器人平台）、实训指导手册/在线教程。

【实训步骤】

（1）聊天机器人基础知识学习：自行查阅相关资料，了解聊天机器人的定义、工作原理和常见类型。观看抖音豆包聊天机器人的官方教程或演示视频，熟悉其功能和特点。

（2）平台注册与登录：使用自己的抖音开发者账号登录豆包聊天机器人平台。完成平台的基本设置，如头像、昵称等。

（3）聊天机器人配置：在豆包聊天机器人平台中，配置机器人的基本信息，如欢迎语、自动回复等。学习并实践如何添加自定义关键词和回复，以满足特定需求。

（4）聊天机器人功能实现：根据实训要求，设计并实现一个简单的聊天机器人功能，如天气预报查询、新闻资讯推送等。编写或选择适当的脚本和逻辑，确保聊天机器人能够正确响应用户的请求。

（5）测试与优化：在不同的场景下测试聊天机器人的表现，记录其响应速度、准确性等方面的问题。根据测试结果，对聊天机器人进行优化和改进，提升用户体验。

（6）实际应用场景分析：分析抖音平台上聊天机器人的实际应用场景，如电商客服、娱乐互动等。讨论聊天机器人在不同场景下的优势和局限性，以及可能的改进方向。

（7）总结与反思：学生撰写实训报告，总结本次实训的收获、遇到的挑战及解决方案。小组讨论聊天机器人的未来发展趋势及其在职业领域的应用前景。

【注意事项】

强调尊重版权，不得使用未经授权的资源。在资料查询过程中，深入理解聊天机器人的基本原理和实际应用场景，为未来的职业生涯打下坚实基础。

实训 3.3 门禁人脸识别

【实训目标】

了解人脸识别技术的基本原理和门禁系统的基本构成。掌握门禁人脸识别系统的配置与调试方法。能够根据实际需求设计并实现简单的门禁人脸识别功能。分析门禁人脸识别系统的实际应用场景,培养解决问题的能力。

【实训工具】

计算机或移动设备、网络连接、门禁人脸识别系统设备(包括摄像头、门禁控制器、管理软件等)、实训指导手册/在线教程、测试用的人脸数据库(或现场采集)。

【实训步骤】

(1)人脸识别技术基础知识学习:自行查阅相关资料,了解人脸识别技术的基本原理、算法和流程。学习门禁系统的基本构成和工作原理,了解人脸识别在门禁系统中的应用。

(2)门禁人脸识别系统设备配置:根据实训指导手册,学生需要对门禁人脸识别系统设备进行连接和配置,包括摄像头、门禁控制器等。安装并配置门禁管理软件,确保系统能够正常运行。

(3)人脸识别功能实现:在门禁管理软件中,设置人脸识别参数,如识别阈值、人脸库管理等。导入或现场采集人脸数据,建立人脸库。测试人脸识别功能,确保系统能够准确识别并授权合法用户进入。

(4)系统调试与优化:在不同的光照、角度和遮挡条件下测试门禁人脸识别系统的表现,记录识别准确率和响应时间。根据测试结果,对系统进行调试和优化,提高识别准确率和稳定性。

(5)实际应用场景分析:分析门禁人脸识别系统的实际应用场景,如企业门禁、小区入口等。讨论门禁人脸识别系统的优势和局限性,以及可能的改进方向。

(6)总结与反思:每位学生撰写实训报告,总结本次实训的收获、遇到的挑战及解决方案。小组讨论门禁人脸识别技术的未来发展趋势及其在职业领域的应用前景。

【注意事项】

强调尊重隐私和数据安全,不泄露测试用的人脸数据。鼓励学生保持学习态度,勇于尝试与提问。注意设备的安全使用,避免损坏或误操作。

本实训旨在通过一系列实践活动,使学生不仅掌握门禁人脸识别系统的配置与调试方法,还能深入理解人脸识别技术和门禁系统的基本原理,为未来的职业生涯打下坚实基础。

实训 3.4 天猫精灵对话

【实训目标】

了解天猫精灵智能音箱的基本功能与对话交互原理。掌握天猫精灵的配置与使用方法,包括技能开发与绑定。能够根据实际需求设计并实现简单的对话交互场景。分析天猫精灵对话交互的实际应用场景,培养解决问题的能力。

【实训工具】

天猫精灵智能音箱、智能手机(用于配置与测试)、网络连接、天猫精灵开发者账号(建议提前申请)、实训指导手册/在线教程。

【实训步骤】

(1)天猫精灵基础知识学习:学生自行查阅相关资料,了解天猫精灵智能音箱的基本功能与特点。学习天猫精灵的对话交互原理,包括语音识别、自然语言处理和语音合成等。

（2）天猫精灵设备配置：使用智能手机下载并安装天猫精灵App，完成设备的连接与配置。熟悉天猫精灵App的界面布局与功能，如设备管理、技能市场等。

（3）天猫精灵技能开发与绑定：访问天猫精灵开发者平台，了解技能开发的基本流程与要求。根据实训要求，设计一个简单的技能，如天气查询、音乐播放等，并完成技能的开发与绑定。

（4）对话交互场景实现：根据设计并实现的对话交互场景，测试对话交互的流畅性与准确性，记录可能遇到的问题与改进方向。

（5）系统测试与优化：在不同的环境条件下测试天猫精灵的对话交互性能，如噪声干扰、距离变化等。根据测试结果，对系统进行优化与调整，提高对话交互的准确性与稳定性。

（6）实际应用场景分析：分析天猫精灵对话交互的实际应用场景，如智能家居控制、智能客服等。讨论天猫精灵对话交互技术的优势与局限性，以及可能的改进方向。

（7）总结与反思：撰写实训报告，总结本次实训的收获、遇到的挑战及解决方案。小组讨论天猫精灵对话交互技术的未来发展趋势及其在职业领域的应用前景。

【注意事项】

根据对话交互的流畅性与准确性测试，深入理解对话交互技术的原理与应用。

实训 3.5　虚拟现实实训

【实训目标】

了解虚拟现实技术的基本原理和分类。掌握网络公开平台上虚拟现实内容的浏览、体验与交互方法。能够根据实训要求，利用网络公开平台完成简单的虚拟现实项目。分析虚拟现实技术的实际应用场景，培养解决问题的能力。

【实训工具】

计算机或移动设备（支持VR浏览）、网络连接、虚拟现实头盔或眼镜（如条件允许）、网络公开虚拟现实平台账号（如VRChat、Unity Asset Store等）、实训指导手册/在线教程。

【实训步骤】

（1）虚拟现实技术基础知识学习：自行查阅相关资料，了解虚拟现实技术的基本原理、分类和应用领域。学习虚拟现实头盔或眼镜的使用方法，以及常见的虚拟现实平台。

（2）网络公开平台浏览与体验：登录网络公开虚拟现实平台，浏览并体验平台上的虚拟现实内容。熟悉平台的界面布局、功能设置和交互方式。

（3）虚拟现实项目实践：根据实训要求，选择一个简单的虚拟现实项目，如创建虚拟房间、设计虚拟角色等。利用平台提供的工具或资源，完成项目的设计与实施。测试项目的交互性和用户体验，记录可能遇到的问题与改进方向。

（4）虚拟现实技术应用场景分析：分析虚拟现实技术在教育、娱乐、医疗等领域的应用场景。讨论虚拟现实技术的优势和局限性，以及可能的改进方向。

（5）总结与反思：学生撰写实训报告，总结本次实训的收获、遇到的挑战及解决方案。小组讨论虚拟现实技术的未来发展趋势及其在职业领域的应用前景。

【注意事项】

注意设备的安全使用与保管，避免损坏或丢失。在使用虚拟现实头盔或眼镜时，注意保护眼睛和身体健康。

自 我 测 评

一、选择题

1. 以下选项不属于人工智能的关键技术的是（　　）。
   A. 机器学习　　　B. 机器视觉　　　C. 人机交互　　　D. 云计算技术
2. 机器感知研究的主要目的是（　　）。
   A. 如何用机器模拟人类的情感
   B. 如何用机器或计算机模拟、延伸和扩展人类的感知或认知能力
   C. 如何使机器具备自我意识
   D. 如何使机器具备创造力
3. 深度学习与传统的机器学习最主要的区别是（　　）。
   A. 特征处理　　　B. 硬件依赖　　　C. 数据依赖性　　　D. 问题解决方式
4. 自然语言处理（NLP）是人工智能领域的一个重要方向，它旨在使计算机能够理解和生成人类语言。以下选项中，（　　）不是自然语言处理的关键技术。
   A. 词法分析　　　B. 句法分析　　　C. 语义理解　　　D. 数据挖掘

二、填空题

1. 人工智能的关键技术包括机器学习、_____、_____、_____、_____等。
2. 自然语言处理的应用场景包括_____、_____、_____等。

三、判断题

1. 机器学习是人工智能的一个分支，它利用算法和统计模型来让计算机系统能够从数据中学习并改进其性能。（　　）
2. 深度学习是一种机器学习技术，它使用多层神经网络来处理和分析数据，能够自动提取特征，并在处理复杂任务时表现出色。（　　）
3. 自然语言处理主要用于将人类语言转换为机器可理解的格式，但它不能用于生成自然语言文本。（　　）
4. 计算机视觉技术已经足够成熟，可以在所有光照和角度条件下准确识别物体。（　　）
5. 智能语音技术（如语音识别）的准确率已经达到了100%，可以完全替代人类进行语音交互。（　　）
6. 在开发和应用人工智能技术时，无须考虑伦理和隐私问题。（　　）

四、简答题

1. 深度学习相比传统机器学习有何优势？请举例说明。
2. 请描述自然语言处理中的一个关键技术，并解释它在智能问答系统中的应用。
3. 计算机视觉在自动驾驶中的应用有哪些？
4. 在开发和应用人工智能技术时，应考虑哪些伦理问题？

模块 4
人工智能应用（一）

学习目标

1. 了解人工智能技术如何帮助制造业提高生产效率、降低成本、提升产品质量和创新能力。
2. 理解人工智能技术如何提升物流分拣的效率和精度学习智能算法在物流路径规划和货物配载方案中的应用；探讨无人驾驶物流车和无人机物流配送等新兴技术。
3. 了解人工智能在交通管理中的使用和存在的争议，熟悉城市中的人工智能管理系统。
4. 了解人工智能在建筑领域的作用以及在建筑行业与人类合作的可能性；熟悉建筑领域中的搬运机器人。
5. 理解人工智能如何助力农业现代化，提高农业生产效率和可持续性。

学习重点

1. 人工智能在制造业、交通管理、建筑行业、物流和农业等领域的具体应用场景。
2. 人工智能在相关应用场景中的挑战和解决方案，以及人工智能技术如何发挥关键作用。

单元 1　人工智能 + 制造

4.1.1　智能制造简介

1. 智能制造的概念

智能制造（intelligent manufacturing, IM）是一种由智能机器和人类专家共同组成的人机一体化智能系统，它在制造过程中能进行智能活动，诸如分析、推理、判断、构思和决策等。通过人类与智能机器之间的协作共事来拓展，延伸并部分替代人类专家制造时的脑力劳动等等。它使制造自动化在观念上不断更新，并向柔性化、智能化、高度集成化方向拓展。

智能制造起源于人工智能领域的深入研究，它通常被视为知识与智慧的综合体现，其中前者构成了智能的根基，而后者则代表了获取和应用知识解决问题的能力。智能制造不仅涵盖了智能制造技术和智能制造系统，而且在实际应用中能不断地丰富其知识库，还具备自我学习的能力，以及收集和理解环境和自身信息，进而进行分析、判断和规划自己的行为模式。

2. 智能制造核心主题

（1）智能生产（见图4-1）基于制造运营管理系统的生产网络，生产价值链中的供应商通过生产网络可以获得和交换生产信息，供应商提供的全部零部件可以通过智能物流系统，在正确的时间以正确的顺序到达生产线。利用数字孪生模型，为真实的物理世界中物料、产品、工厂等建立一个高度真实仿真的"孪生体"，以现场动态数据驱动，在虚拟空间里对定制信息、生产过程或生产流程进行仿真优化，给实际生产系统和设备发出优化的生产工序指令，指挥和控制设备、生产线或生产流程进行自主式自组织的生产执行，满足用户个性化定制需求。

图4-1　智能生产

（2）智能工厂（见图4-2）是实现智能制造的主要载体，重点研究智能化生产系统和过程，以及网络化分布式生产设施的实现。随着物联网、大数据、人工智能等信息技术的迅猛发展与广泛应用，越来越多的企业引入工业机器人、全自动生产线，建成数字工厂、网络化互联工厂、自动化工厂，以及智能工厂。

图4-2　智能工厂

数字工厂是工业化与信息化融合的应用体现。它借助于信息化和数字化技术，通过集成、仿真、分析、控制等手段为制造工厂的生产全过程提供全面管控的整体解决方案。它不限于虚拟工厂，更重要的是实际工厂的集成，包括产品工程、工厂设计与优化、车间装备建设及生产运作控制等。

网络化互联工厂是指将物联网技术全面应用于工厂运作的各个环节，实现工厂内部人、机、料、法、环、测的泛在感知和万物互联，互联的范围甚至可以延伸到供应链和客户环节。

智能工厂是制造工厂层面的信息化与工业化的深度融合，是数字化工厂、网络化互联工厂和自动化工厂的延伸和发展。它通过将人工智能技术应用于产品设计、工艺、生产等过程，使得制造工厂在其关键环节或过程中能够体现出一定的智能化特征，即自主性的感知、学习、分析、预测、决策、通信与协调控制能力，能动态地适应制造环境的变化，从而实现提质增效、节能降本的目标。

（3）智能物流和智能服务也分别是智能制造的主题之一。在一些场合下这两者也常被认为是构成智能工厂和进行智能生产的重要内容。

智能物流主要通过互联网、物联网和物流网等，整合物流资源，充分发挥现有物流资源供应方的效率，使需求方能够快速获得服务匹配和物流支持。智能服务是指能够自动辨识用户的显性和隐性需求，并且主动、高效、安全、绿色地满足其需求的服务。

在智能制造中，智能服务需要在集成现有多方面的信息技术及其应用的基础上，以用户需求为中心，进行服务模式和商业模式的创新。因此，智能服务的实现需要涉及跨平台、多元化的技术支撑。在智能工厂中，平台通过物联网（物品的互联网）和务联网（服务的互联网），将智能电网、智能移动、智能物流、智能建筑、智能产品等与智能工厂（智能车间和智能制造过程等）互相连接和集成，实现对供应链、制造资源、生产设施、生产系统及过程、营销及售后等的管控。

（4）对于不同的行业、不同的领域、或是不同的企业，具体实施智能制造会有各自不同的技术路线和解决方案。所以今天所探讨的如何实现智能制造也只是一个基本的逻辑和路线，不同的行业仍要根据实际情况改变。

① 需求分析：需求分析是指在系统设计前和设计开发过程中对用户实际需求所做的调查与分析，是系统设计、系统完善和系统维护的依据。涉及内容：发展趋势、已有基础、问题与差距、目标定位等。

② 网络基础设施建设：网络互联是网络化的基础，主要实现企业各种设备和系统之间的互联互通，包括工厂内网络、工厂外网络、工业设备和产品联网、网络设备、网络资源管理等涉及现场级、车间级、企业级设备和系统之间的互联，即企业内部纵向集成的网络化制造；还涉及企业信息系统、产品、用户与云平台之间的不同互联场景，即企业外部（不同企业间）的横向集成。

③ 数据可视化分析管理：以产品全生命周期数字化管理为基础，把产品全价值链的数字化、制造过程数据获取、产品及生产过程数据可视化作为智能化第一步，实现对数字化和数据可视化呈现。主要内容包括：产品全生命周期价值链的数字化、数据的互联共享、数据可视化及展示。能帮助制造企业在展示项目、科研投入比例、产品监控、人员构成等方面进行全面分析与展示，时刻掌控企业经营状况以及各项目花费情况，全方位监管各项目跟进情况；另外，对各条生产线的磨损率进行精准监控，及时排除故障隐患。为制造企业的运维管理提供了数据基础，辅助领导高效决策。

④ 虚实融合的智能生产：智能制造的高级阶段。这一阶段将在实现产品全生命周期价值链端到端数字化集成、企业内部纵向管控集成和网络化制造、企业外部网络化协同这三大集成的基础上，进一步建立与产品、制造装备及工艺过程、生产线、车间、工厂和企业等不同层级的物理对象映射融合的数字孪生，并构建以CPS为核心的智能工厂，全面实现动态感知、实时分析、自主决策和精准执行等功能，进行赛博物理融合的智能生产，实现高效、优质、低耗、绿色的制造和服务。

总之一份监测，多份输出，为更好地适应制造技术发展变迁与制造业新挑战的需求，智能制造是制造业发展的必由之路。智能制造是多方面、多层级、多效应的一套组合拳，需要软件、硬件、人才、管理等多方面的转型升级，需要制造企业从"头脑"武装到"四肢"，才能在智能制造行业取得先机。

4.1.2 人工智能给制造业带来的优势

当前，制造业企业正在转型发展，发力智能制造，以实现降低成本、提高效率和提高客户满意度的目标。人工智能（AI）被认为是其中最重要的一项技术。AI技术可以优化制造流程，大大提高生产力，帮助企业在行业竞争中获得优势。积极利用多种AI前沿技术，避免在残酷的竞争中被淘汰制。例如，用智能传感器收集、分析和整合数据，支持工业控制、设备监控、环境监测和安全监控等应用场景。

1. 智能工厂管理

AI技术可以实现智能化的工厂运营和管理智能工厂的目的是优化制造流程，使其更高效、更具成本效益，并提高产品质量。这通常涉及以下步骤：第一，数字孪生可以模拟真实工厂的生产环境，通过3D可视化呈现出整个制造过程，帮助企业评估制造流程的效率、优化生产线布局和降低成本；第二，通过机器视觉、语音识别等技术，实现工厂设备的实时监控和维护，帮助企业提高生产效率，降低维护成本；第三，使用虚拟现实技术（VR）和增强现实技术（AR）模拟制造过程中的所有环节，将整个工厂或车间虚拟呈现出来，帮助企业了解产品制造过程中的所有环节，以及潜在的瓶颈和问题。

数字孪生和机器人技术可以帮助企业实现自动化生产。在智能工厂中，数字孪生和机器人技术被用来模拟工厂的生产环境。机器人技术是实现自动化生产的关键技术之一，它可以将工人从繁重的任务中解放出来，帮助企业实现自动检测和纠正缺陷、自动化装配和仓储等。物联网技术可以将工厂设备的数据收集到云端，并通过AI算法进行分析，帮助企业实现设备的实时监控和维护。

机器视觉、语音识别和AR可以实现工厂的智能化管理。机器视觉可以识别工厂内的所有物体，并进行分类、计数和跟踪。这些功能可以帮助企业在生产过程中优化流程，提高效率。

语音识别技术可以实时跟踪生产过程中的工人和机器，并帮助工人进行适当的操作，如调整机器人、维护机器等。AR是一种让用户感觉好像他们身在真实环境中的技术，它可以将虚拟世界与真实世界叠加在一起。这可以帮助企业优化生产线布局和工厂管理，如通过将3D可视化显示在车间的各个位置，以便工人更轻松地定位和操作机器。

这些技术还可以帮助企业更好地了解工厂中的异常情况，从而在发现问题时及时采取针对性措施。

2. 实现自动化生产和安全生产

AI技术可以通过机器学习和自动化控制，实现生产线的自动化和智能化。

在传统的工业生产中，流程中的某些步骤需要人工完成。例如，在制造过程中，工人必须使用机器对材料进行切割、钻孔等。这是一项耗时、容易出错的工作，并存在安全风险。随着机器人技术的发展和普及，制造业企业开始利用机器人来执行这些任务，并通过AI技术来优化生产流程。

机器人通过执行某些特定的任务，能够极大地提高生产效率、减少人工干预以及降低劳动力成本。例如，在汽车制造业中，机器人可以使用视觉传感器来检测和跟踪零件表面上的瑕疵，并将其送到中央处理单元进行处理。这种系统可以提高生产效率并减少人工干预。

使用AI技术进行自动化生产的另一个好处是减少了错误操作和意外停机事件发生的概率。

例如，在制造业企业中使用AI技术来优化流程时，如果一个操作人员发现错误操作可能会导致产品质量问题或生产线故障，他可以立即通知团队。当团队收到警报后，他们可以立即停止生产并查找问题根源，以最大程度减少可能发生的停机事件。

此外，在制造过程中，安全生产始终是制造业企业需要关注的一个重要问题。

目前，许多制造企业在生产过程中仍然面临着许多安全挑战。例如，当工人在狭窄的工作区域时，他们可能会遇到潜在的危险。如果工人们不小心使用尖锐的工具，可能会受伤。为了解决这些安全问题，许多制造企业开始采用AI技术来识别危险因素，避免工人受伤。

AI通过这些检测和监测功能，制造业企业可以迅速采取行动以减少可能造成伤害的因素，从而为工人提供一个安全的工作环境。

3. 智能质量控制

AI技术可以通过机器视觉系统、传感器和数据分析等实现智能化的质量控制。

（1）**机器视觉**：通过机器视觉，可以检测和分类零件，以识别缺陷和异物。此外，还可以创建关于产品质量的数字报告。

（2）**传感器**：通过传感器，可以监控产品质量、位置和其他特性。这些数据将用于提高制造流程的效率和准确性。

（3）**数据分析**：人工智能技术可以帮助企业实现对生产数据的分析，以优化产品设计和制造过程。这种分析还可以通过识别模式、趋势和异常来提高制造过程的效率和质量。

（4）**机器人**：机器人技术在制造业中的应用越来越广泛。它们能够执行复杂的任务，如装配、编程、搬运和移动物品。使用智能机器人，企业可以减少工人数量并提高生产率。

（5）**网络安全**：人工智能技术可以帮助企业保护数据，并提供实时安全警报。通过将物联网传感器与AI技术相结合，企业可以有效地保护其数据免受威胁，同时确保机器的正常运行。

（6）**预测性维护**：人工智能技术可以帮助企业预测机器故障、维护需求和生产问题，并及时提供支持。这将大大提高效率和客户满意度，同时还可以节省成本。

（7）**自动化**：通过自动化机械和设备，制造业企业可以降低成本并提高生产效率。自动化是一种趋势，人工智能技术将进一步推动其发展，帮助企业在市场上保持竞争优势。

4. 预测性维护

预测性维护一种预防性维护策略。以AI技术收集各种类型的数据，包括设备的运行情况、产品质量以及生产成本等，并对这些数据进行分析，帮助制造业企业预测设备或生产线的故障，及时采取措施，减少了不必要的停机时间和维护成本，避免因设备故障而造成的重大生产延误或停产风险。

AI技术在预测性维护中的应用主要包括大数据分析、机器学习和深度学习等方法。这些技术可以处理和分析大量的传感器数据，识别出设备的运行模式和潜在的故障迹象。例如，通过分析振动传感器数据，AI模型可以预测设备的剩余使用寿命和潜在的故障点。

传感器是预测性维护系统中的关键组成部分。它们负责收集设备运行状态的实时数据，如温度、振动、压力等。这些传感器数据被连续收集并传输到中央处理系统或云平台进行分析。随后，被用于训练机器学习模型，以便模型能够准确预测设备故障和维护需求。

利用机器学习算法，系统可以分析传感器数据和历史数据，以识别与设备性能下降或即将发生故障相关的模式。一旦识别出这些模式，算法就能够预测未来何时可能发生类似的问题。基于算法的预测结果，制造企业可以做出更明智的维护决策。

在智能制造领域，预测性维护是实现设备最优运行状态的关键技术之一。通过实时监测和分析设备数据，智能制造系统能够预测和预防潜在的故障，确保生产过程的连续性和效率。除了实时数据外，预测性维护系统还利用设备的历史运行数据。这些历史数据提供了设备运行的生命周期信息，包括之前发生故障的模式和时间。

预测性维护技术正在不断发展，随着人工智能和机器学习技术的进步，预计将进一步集成更先进的分析工具和算法，提高其在智能制造中的应用水平和广泛性。

5. 数据驱动的制造决策

AI技术可以分析和整合制造业的大数据，帮助制造企业做出智能化的制造决策，不限于单一的功能或流程优化，而是涉及整个制造价值链的智能化升级，从供应链管理到生产计划调度再到日常运营，推动着制造业向更加智能、高效和灵活的方向发展。

（1）智能供应链管理：实时监测库存水平、运输状态、采购需求等关键指标，确保供应链的透明度和响应速度。利用AI进行需求预测，以便更准确地规划库存和物流需求，减少过剩或缺货的风险。通过智能算法优化供应链中的各个环节，如订单分配、路线规划、仓库管理等，以降低成本和提高效率。

（2）智能生产和计划调度：通过收集和分析生产线上的设备数据，AI可以识别影响生产效率和产品质量的关键因素，并据此进行优化；基于实时数据和预测需求，AI可以自动调整生产计划和资源分配，以实现更高效的生产流程；分析生产线的性能数据，识别瓶颈和浪费，提出改进建议；实时监控和分析生产线的关键性能指标（KPIs），及时发现偏差并采取纠正措施。

（3）智能运营：利用AI进行根本原因分析（root cause analysis），帮助制造企业迅速定位并解决生产中的问题。通过分析历史数据和实时数据，AI可以预测未来的运营需求，帮助企业做出更加主动和精准的决策。

4.1.3 工业机器人

工业机器人被誉为"制造业皇冠上的明珠"，作为现代工业发展的重要基础，工业机器人已成为衡量一个国家制造水平和科技水平的重要标志。

工业机器人也是推动产业转型升级，加快制造强国建设的重要切入点，工业机器人作为先进制造业的关键支撑装备，主要经济体如美国、日本、欧盟等纷纷将发展机器人产业上升为国家战略，并以此作为保持或重获制造业竞争优势的重要手段。

在发达国家中，工业机器人自动化生产线成套设备已成为自动化装备的主流及未来的发展方向。国外汽车行业、电子电器行业、工程机械行业等已经大量使用工业机器人自动化生产线，以保证产品质量，提高生产率，同时避免了大量的工伤事故。全球诸多国家近半个世纪的工业机器人的使用实践表明，工业机器人的普及是实现自动化生产、提高社会生产率、推动企业和社会生产力发展的有效手段。

机器人是中国重点发展十大领域之一。在政策层面，"十二五"期间提出长期设想和总规划，"十三五"期间提出工业机器人产业链关键技术的突破，"十四五"期间逐步进入落地应用的密集催化期，提出具体应用场景规划。

2015年，国务院提出推动机器人标准化、模块化发展，扩大行业市场应用，实现关键零部件和相关技术突破。2016年机器人产业发展被写入"十三五"规划而后中央及地方密集出台相关政策覆盖全产业链环节、零部件性能、产业目标等全方面，助力我国机器人全产业链快速崛起，逐渐减少我国与发达国家之间的差距。2021年底，工信部、国家发改委、科技部等15部门联合印发了《"十四五"机器人产业发展规划》,明确提出:到2025年,我国成为全球机器人技术创新策源地、高端制造集聚地和集成应用新高地,机器人产业营业收入年均增速超过20%,制造业机器人密度实现翻番。2023年1月,工信部等17部门印发《"机器人+"应用行动实施方案》,指出:到2025年,制造业机器人密度较2020年实现翻番,服务机器人、特种机器人行业应用深度和广度显著提升,聚焦10大应用重点领域,突破100种以上机器人创新应用技术及解决方案,推广200个以上具有较高技术水平、创新应用模式和显著应用成效的机器人典型应用场景。

1. 机器人的分类

根据机器人应用环境的不同,国际机器人联盟(IFR)将机器人分为工业机器人和服务机器人两类。其中,工业机器人主要指应用于生产过程与环境的机器人,包括人机协作机器人、工业移动机器人等;而服务机器人则指用于非制造业、服务于人类的各种机器人,主要包括家用服务机器人和公共服务机器人。目前来看,国内在自然灾害应对和公共安全事件方面对特种机器人有着相对突出的需求,因此中国电子协会根据我国实际情况将机器人划分为工业机器人、服务机器人、特种机器人三类。

1)工业机器人

这是指面向工业领域的多关节机械手或多自由度机器人,在工业生产加工过程中代替人类来自动控制执行某些单调、频繁和重复的长时间作业。主要包括焊接机器人、搬运机器人、码垛机器人、包装机器人、喷涂机器人、切割机器人和净室机器人等。

(1)按功能划分,工业机器人可分为包装、上下料、喷涂、搬运、焊接、净室、码垛、装配和拆卸等,其中以搬运、上下料、焊接、装配与拆卸为主。

(2)按机械结构划分,工业机器人可分为多关节机器人、平面多关节(SCARA)机器人、并联机器人、直角坐标机器人、圆柱坐标机器人,以及协作机器人。多关节型机器人在全球和中国均占60%以上的市场份额,几乎可应用于所有工业领域,以焊接、装配和搬运领域应用最多,其中汽车制造业是多关节工业机器人增长的主要需求驱动力。

2)服务机器人

在非结构环境下为人类提供必要服务的多种高技术集成的先进机器人,主要包括家用服务机器人、医疗服务机器人和公共服务机器人。其中,公共服务机器人指在除医学领域外的农业、金融、物流、教育等领域的公共场合为人类提供一般性服务的机器人。

3)特种机器人

代替人类从事高危环境和特殊工况的机器人,主要包括军事应用机器人、极限作业机器人和应急救援机器人。

2. 机器人产业链

工业机器人及成套设备的上游包括控制器、伺服系统、减速机等零部件领域;中游为整机制造行业;下游则是系统集成环节,以自动化设备生产商(即系统集成商)为主,涵盖焊接、机械加工、装配、搬运、分拣、喷涂等生产领域;终端客户包括汽车、电子、金属、塑料、食品、生化等行业。工业机器人本体是机器人产业发展的基础,而下游机器人系统集成则是工业机器人工程化和大规模应用的关键。

1)产业链上游

伺服系统、减速器、控制器等核心零部件和齿轮、涡轮、蜗杆等关键零部件子行业。减速器、伺服系统（包括伺服电机和伺服驱动）及控制器是工业机器人的三大核心零部件，直接决定工业机器人的性能，可靠性和负荷能力，对机器人整机起着至关重要的作用。

2）产业链中游

工业机器人整机制造的技术主要体现于整机结构设计和加工工艺，重点解决机械防护、精度补偿、机械刚度优化等机械问题。结合机械本体开发机器人专用运动学、动力学控制算法，实现机器人整机的各项性能指标。针对行业和应用场景，开发机器人编程环境和工艺包，以满足机器人相关功能需求。

3）产业链下游

主要面向终端用户及市场应用，包括系统集成、销售代理、本地合作、工业机器人租赁、工业机器人培训等第三方服务，主要依据客户的需求进行自动化设备的研发设计与生产制造等业务。

工业机器人最核心的三个零部件分别是伺服电机、减速机、控制器（包括运动控制）如图4-3所示，是工业机器人核心技术壁垒所在。

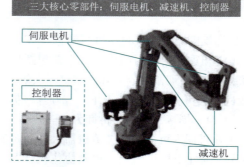

图4-3　工业机器人最核心零件

控制器、伺服系统、减速器等核心零部件占机器人整机产品成本的70%左右。其中，减速器占整机成本约36%，伺服系统占约24%，控制器占约12%，而本体和其他部分占整机成本的比例分别为15%和13%。这些核心零部件的生产一度被外资品牌垄断，核心零部件国产化率较低，是制约中国工业机器人行业发展的主要瓶颈。

经过30多年的发展，中国的工业机器人产业链已日趋完善。在核心零部件方面，精密减速机、伺服系统和控制系统都涌现出了一些龙头企业，在机器人本体方面，也已研发出了喷涂、点焊、弧焊、码垛等类型的工业机器人。

3. 中国工业机器人产业链

上游：上游的主要零部件包括机器人精密减速机、伺服电机、质量传感器等方面。国内公司近年来发展势头不错，其中：减速器方面，主要有绿的谐波、南通振康、中大力德、中技克美等。伺服系统方面，有埃斯顿、英威腾、汇川技术、新时达、华中数控等；控制系统方面，有埃斯顿、埃夫特、汇川技术、新时达、固高科技、华中数控等；传感器方面，有宏发股份、歌尔声学、美新半导体等。

中游：机器人产业链中游主要是机器人整机。这方面的国内知名公司主要包括：埃斯顿、汇川技术、埃夫特、博实股份、新时达、拓斯达、机器人、广州数控等。

下游：在下游集成系统环节中，有新时达、克来机电、拓斯达、哈工智能、埃夫特、机器人、汇川技术等。

目前，中国工业机器人行业在高端应用领域（诸如汽车制造、3C电子等）的需求仍主要依赖进口，而在对制造成本敏感的中低端应用领域（诸如化工、金属制造等），国产化需求已达60%～70%。与零部件相比，机器人本体的技术难度相对较低，但高端应用市场依旧被头部企业所主导。

4. 工业机器人四大家族

自20世纪50年代末世界上第一台机器人诞生以来，工业发达国家已经建立起完善的工业机器人产业体系，掌握了核心技术与产品应用，并形成了工业机器人"四大家族"（日本发那科、瑞士ABB、德国KUKA、日本安川）。

1）发那科

发那科的前身是富士通公司的自动化部门"富士通数控"，1956年研制出日本第一台数控系统；1975年进入工业机器人市场。发那科的工业机器人以其高速度、高精度和灵活性而著称，广泛应用于汽车制造、电子制造、食品加工等领域。

主营业务包括机器人、工厂自动化（包括数控系统、伺服系统、激光器）、服务及数控机床四大板块。发那科的数控系统及伺服系统，机器人和机床三大板块业务具有很高的相关性，使得其成为世界上唯一一家由机器人来做机器人的公司，唯一提供集成视觉系统的机器人企业，唯一既提供智能机器人又提供智能机床的公司。

优势包括：工艺控制更加便捷、同类型机器人底座尺寸更小拥有独特的手臂设计；精度非常高，多功能六轴小型机器人的重复定位精度可以达到 ±0.02 mm；具有独特的刀片补偿功能。

2）ABB

ABB集团是全500强企业之一，是电力和自动化技术领域的全球领先厂商，致力于帮助电力、公共事业和工业客户提高业绩，同时降低对环境的不良影响。ABB集团拥有广泛的产品和服务范围，包括电力系统、电力传输和配电设备、工业自动化、机器人与离散自动化技术等。

其产品矩阵包括多关节机器人、协作机器人、并联机器人等。

优势包括：多机协作能力强，强调机器人本身的整体性，六轴一起联合运作的精准度很高；运动控制系统算法优异，可以实现循径精度、运动速度、周期时间、可程序设计等机器人的性能，大幅度提高生产的质量、效率以及可靠性；可提供完整的运动控制系统化集成方案。

3）KUKA

KUKA是一家国际知名的自动化集团公司，是智能自动化全球解决方案供应商之一，能为客户提供机器人、工作单元、全自动系统和网络等解决方案，服务于汽车、电子、金属、塑料、消费品、电子商务及零售和医疗保健等市场领域（于2017年被美的收购）。

其产品矩阵包括多关节机器人、协作机器人等。

优势包括：二次开发的操作难度降低，工程师上手操作的壁垒较低，人机界面简单好用；重负载机器人性能优异，在重载400 kg和600 kg的机器人中销量最高。

4）安川

安川电机（YASKAWA）的工业机器人业务始于1977年，当时公司推出了世界上第一款直流伺服电机驱动的工业机器人。安川电机的工业机器人以其高精度、高速度和高可靠性而著称，广泛应用于汽车制造、电子制造、食品加工等领域。目前，安川电机的工业机器人在全球范围内占据重要地位。

安川电机生产的伺服和运动控制器都是制造机器人的关键零件，相继开发了焊接、装配、喷涂、搬运等各种各样的自动化作业机器人，其核心的工业机器人产品包括：点焊和弧焊机器人、油漆和处理机器人、LCD玻璃板传输机器人和半导体芯片传输机器人等，是将工业机器人应用到半导体生产领域最早的厂商之一。

优势包括：稳定性高电机惯量能做到最大化，机器人负载大，稳定性高，在满负载满速度运行的过程中不会报警，甚至能够过载运行，适用于汽车等重负载需求较多的行业；价格优势明显，是性价比较高的品牌。

4.1.4 智能机床

我国2024年《政府工作报告》中提出：深入推进数字经济创新发展。制定支持数字经济高质量发展政策，积极推进数字产业化、产业数字化，促进数字技术和实体经济深度融合。深化大数据、人工智能等研发应用，开展"人工智能+"行动，打造具有国际竞争力的数字产业集群。

现代制造对机床的速度、精度和稳定性提出了更高要求。而数字化转型已成为机床行业的重要发展方向。随着人工智能、物联网等技术的不断发展，数控机床的智能化已成为行业发展的必然趋势。智能化数控机床能够实现自适应加工、智能诊断与维护等功能，大幅提高生产效率、降低能耗和减少人力成本。

提高机床的智能化水平，不仅是机床行业面临的转型升级的紧迫需求，更是打造制造强国的关键和基础。在传统的数控机床的基础上，智能机床在硬件、软件、交互方式、控制指令、知识获取等方面都有很大区别。

1. 机床到智能机床的演变

机床是制造业的"工业母机"，其智能化程度对智能制造的实施具有重要影响。加速机床向智能迈进，提高机床的智能化水平，不仅是机床行业面临的转型升级的紧迫需求，更是打造制造强国的关键和基础。

2017年底，中国工程院提出了智能制造的三个基本范式：数字化制造、数字化网络化制造、新一代智能制造——数字化网络化智能化制造，为智能制造的发展统一了思想，指明了方向。

依照智能制造的三个范式和机床的发展历程，机床从传统的手动操作机床向智能机床演化同样可以分为三个阶段：数字化+机床（numerical control machine tool, NCMT），即数控机床；互联网+数控机床（smart machine tool, SMT），即互联网机床；新一代人工智能+互联网+数控机床，即智能机床（intelligent machine tool, IMT）。

（1）数控机床：数控机床，是数字控制机床的简称，是一种装有程序控制系统的自动化机床。该控制系统能够逻辑地处理具有控制编码或其他符号指令规定的程序，并将其译码，用代码化的数字表示，通过信息载体输入数控装置。经运算处理由数控装置发出各种控制信号，控制机床的动作，按图纸要求的形状和尺寸，自动地将零件加工出来。在人和手动机床之间增加了数控系统，人的体力劳动交由数控系统完成，数控机床如图4-4所示。

与手动机床相比，数控机床发生的本质变化是：在人和机床物理实体之间增加了数控系统。数控系统在机床的

图4-4　数控机床

加工过程中发挥着重要作用。数控系统替代了人的体力劳动，控制机床完成加工任务。

但由于数控机床只是通过G代码来实现刀具、工件的轨迹控制，缺乏对机床实际加工状态（如切削力、惯性力、摩擦力、振动、热变形，以及环境变化等）的感知、反馈和学习建模的能力，导致实际路径可能偏离理论路径等问题，影响了加工精度、表面质量和生产效率。因此，传统的数控机床的智能化程度并不高。

（2）互联网机床：其主要特征是网络化等信息技术与数控机床的融合，赋予机床感知和连接能力，人的部分感知能力和部分知识赋予型脑力劳动交由数控系统完成。

（3）智能机床：新一代人工智能与先进制造技术深度融合所形成的新一代智能制造技术，成为新一轮工业革命的核心驱动力，也为机床发展到智能机床，实现真正的智能化提供了重大机遇。智能机床其主要特征是：新一代人工智能技术融入数控机床，赋予机床学习的能力，可生成并积累知识。

2. 基本含义

智能机床是在新一代信息技术的基础上，应用新一代人工智能技术和先进制造技术深度融合的机床，它利用自主感知与连接获取机床、加工、工况、环境等有关的信息，通过自主学习与建模生成知识，并能应用这些知识进行自主优化与决策，完成自主控制与执行，实现加工制造过程的优质、高效、安全、可靠和低耗的多目标优化运行，如图4-5所示。利用新一代人工智能技术赋予机床知识学习、积累和运用能力，人和机床的关系发生根本性变化，实现了从"授之以鱼"到"授之以渔"的转变。

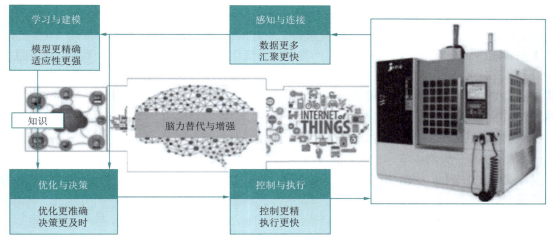

图4-5 智能机床

3. 升级之处

不同智能机床的功能千差万别，但其追求的目标是一致的：高精、高效、安全与可靠、低耗。了解完数控机床与智能机床的基本含义，接下来讲解三者具体的不同和升级之处。

与数控机床相比，互联网机床增加了传感器，增强了对加工状态感知能力；应用工业互联网进行设备的连接互通，实现机床状态数据的采集和汇聚；对采集到的数据进行分析与处理，实现机床加工过程的实时或非实时的反馈控制。

互联网机床具有一定的智能化水平，主要体现在：网络化技术和数控机床不断融合、制造系统开始向平台化发展等方面。我国自主研发的NC-Link，与MTConnect、OPC UA成为机床数字化通信三大标准。通过统一数控机床互联通信协议标准实现多种设备的互联,完成多源异构数据的融合和组织,为工业生产监控、车间数字化管理等智能应用提供有力的数据基础和保障。但机床自主学习、生成知识的能力未取得实质性突破,缺乏真正的智能,技术的适应性和有效性仍显不足。

相较而言,将新一代人工智能技术和先进制造技术深度融合的智能机床,升级之处在于:

1) 质量提升:提高加工精度和表面质量

提高加工精度是驱动机床发展的首要动力。为此,智能机床对比数控机床具有加工质量保障和提升功能,可包括:机床空间几何误差补偿、热误差补偿、运动轨迹动态误差预测与补偿、双码联控曲面高精加工、精度/表面光顺优先的数控系统参数优化等功能。

2) 工艺优化:提高加工效率

工艺优化主要是根据机床自身物理属性和切削动态特性进行加工参数自适应调整(如进给率优化、主轴转速优化等)以实现特定的目的,如质量优先、效率优先和机床保护。其具体功能可包括:自学习/自生长加工工艺数据库、工艺系统响应建模、智能工艺响应预测、基于切削负载的加工工艺参数评估与优化、加工振动自动检测与自适应控制等。

3) 健康保障:保证设备完好、安全

机床健康保障主要解决机床寿命预测和健康管理问题,目的是实现机床的高效可靠运行。智能机床对比数控机床具有机床整体和部件级健康状态指示,以及健康保障功能开发工具箱。其具体功能可包括:主轴/进给轴智能维护、机床健康状态检测与预测性维护、机床可靠性统计评估与预测、维修知识共享与自学习等。

4) 生产管理:提高管理和使用操作效率

生产管理类智能化功能主要实现机床加工过程的优化及整个制造过程的低耗(时间和资源)。智能机床对比传统数控机床的生产管理类智能化功能主要分为机床状态监控、智能生产管理和机床操控这几类。其具体功能可包括:加工状态(断刀、切屑缠绕)智能判断、刀具磨损/破损智能检测、刀具寿命智能管理、刀具/夹具及工件身份ID与状态智能管理、辅助装置低碳智能控制等。

4. 智能机床主要的智能化应用案例

案例1:基于大数据学习的车削加工工艺参数优化

本案例在配置INC的BL5-C智能车床上实现,利用数控加工过程数据,建立车床的工艺系统响应模型,验证基于大数据的加工工艺知识学习、积累与运用方法的可行性与有效性。其具体过程如下。

(1) 以BP神经网络作为描述该车床工艺系统响应规律的模型,模型的输入端为切削深度、切削半径、材料去除量等5个工艺参数,输出端为主轴功率,如图4-6所示。

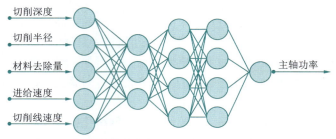

图4-6 BL5-C智能车床工艺参数——主轴功率响应的BP神经网络模型

（2）选择该型车床实际生产常见的零件进行加工，记录加工时的指令域大数据。从其中的主轴功率数据中分离出稳态数据作为神经网络的输出端训练样本。通过指令域分析方法，提取稳态样本对应的切削参数，包括切削深度、进给速度、材料去除量、主轴转速、回转半径等，作为神经网络输入端训练样本。不断提取稳态样本训练神经网络模型，随着加工的进行，该模型逐步具备了对加工主轴功率进行预测的能力，即生长出了一个仿真该机床车削主轴功率的模型。

（3）新的加工零件（形状和工艺参数都不同的零件）在实际加工前，先在该模型中进行仿真、迭代、优化。对表所示零件，以最大允许主轴功率及功率的波动为约束条件针对加工效率进行优化。结果表明，在满足约束条件的情况下，优化后的加工时间较优化前缩短了27.8%。

案例2：基于Cyber NC和双码联控的模具加工质量优化

基于S5H精密机床的几何与结构参数，建立数控装置的参数级的数字孪生Cyber NC。数控装置的物理实体和Cyber NC在插补层面上是完全等效的，它们对曲面加工程序生成的插补指令完全一致。

在实际加工前，模具加工G代码在Cyber NC上进行仿真优化。以插补轨迹的平滑和指令进给速度的横向一致性为优化目标，进行优化迭代，不断修正插补轨迹和速度规划指令，直到优化目标实现为止，并依据优化结果生成i代码指令。在实际加工中，G代码与包含优化结果的i代码在数控系统同时执行，双码联控完成加工。

实验表明，利用基于孪生模型仿真和双码联控的方法可显著改善进给速度的横向一致性，从而提高零件表面的加工质量。经观察，优化后加工零件特征更加清晰，一致性更好，与原始CAD模型的符合度更高。

单元2　人工智能+交通

人工智能（AI）的快速发展给道路交通管理带来了翻天覆地的变化。人工智能现在可以非常准确地预测和控制交通网络上不同点的人、物体、车辆和货物的流动。除了为市民提供更好的服务外，人工智能还通过优化十字路口的流量以及在因施工或其他事件导致道路关闭期间提高安全性来减少事故。此外，人工智能处理和分析大量数据的能力允许有效的公共交通，如乘车共享服务。那么，人工智能如何彻底改变道路交通管理呢？

4.2.1　人工智能在交通管理中的使用

智能交通管理是利用人工智能技术和大数据分析来实现交通管理现代化的方式。

人工智能用于道路交通管理，以帮助分析来自各种交通工具的实时数据，包括汽车、公共汽车和火车。人工智能分析这些信息，寻找可能表明安全风险的模式。然后，这些信息将用于建议减轻这些风险并减少事故数量的方法。例如，杭州已经开始采用阿里巴巴的城市大脑系统，通过AI技术进行智能交通管理，大大提高了交通效率。

1. 智能交通信号控制

1）传统交通信号控制的局限性

传统的交通信号灯控制系统大多基于预设的时间计划，无论交通状况如何变化，信号灯的切换时间都是固定的。这种方式在低流量情况下可能运行良好，但在高峰期或者突发事件（如事故或道路施工）时，往往会导致严重的交通拥堵。为了解决这一问题，智能交通信号控制系统应运而生。

2）基于人工智能的智能信号控制

智能交通信号控制系统通过传感器、摄像头和物联网设备实时采集道路的交通数据，如车流量、速度、车距等信息，然后利用人工智能算法进行数据分析和优化控制。这些系统通常使用机器学习和深度学习算法，能够根据当前路况动态调整信号灯的切换时间，从而最大限度地提高交通流通效率，智能交通信号灯示意图如图4-7所示。

图4-7 智能交通信号灯示意图

美国匹兹堡市的智能交通系统采用的Surtrac系统，如图4-8所示，利用实时数据和机器学习算法，根据路况动态调整每个路口的信号灯切换时间。数据显示，这一系统使匹兹堡市交通信号灯的等待时间减少了40%，平均行驶时间缩短了25%，车辆尾气排放量减少了21%。通过这样的智能控制，不仅提升了交通效率，还改善了城市的环境质量。

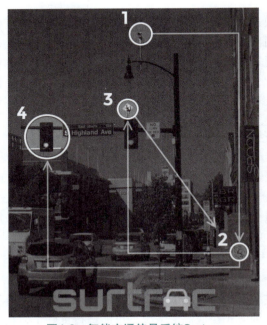

图4-8 智能交通信号系统Surtrac

2. 交通流量预测与管理

1）交通流量预测的意义

交通流量预测是城市交通管理的重要组成部分，通过预测未来一段时间内的交通流量变化，管理部门可以提前采取措施，优化资源配置和引导交通流向。传统的交通流量预测方法多依赖于历史数据的简单分析，预测结果往往不够准确。而人工智能技术的引入，使得交通流量预测的精度得到了显著提升。

2）基于人工智能的交通流量预测

人工智能特别是深度学习技术，能够从大量历史交通数据中学习规律，识别出复杂的非线性关系，从而实现更加准确的流量预测。例如，卷积神经网络和长短期记忆网络在交通流量预测中被广泛应用，它们可以根据时间序列数据预测未来的交通情况，甚至能够在面对突发事件（如恶劣天气或大型活动）时做出精准判断。

北京市交通管理部门使用的人工智能交通预测模型，通过分析历史数据、实时交通信息和天气状况，精准预测未来的交通流量，如图4-9所示。这一系统每天可处理多达30亿次的实时请求，使得交通管理者可以提前采取疏导措施，有效缓解高峰期的拥堵情况。

图4-9 交通运行监测调度中心

3）智能交通流量管理系统

除了预测交通流量外，人工智能技术还被用于智能交通流量管理系统中。通过分析和处理实时数据，这些系统可以动态调整车道分配、信号灯控制以及限速措施等。例如，在交通流量较大的情况下，系统可以建议某些车道临时转换为公交专用道，以提升公共交通的运行效率。

虽然人工智能在交通流量管理中展现了巨大潜力，但其应用仍需考虑数据质量、计算能力和算法优化等方面的问题。随着5G通信技术的发展，这些技术瓶颈有望得到进一步突破，从而推动智能交通系统的全面普及。

3. 自动距离识别

自动距离识别（ADR）是一种使用传感器检测汽车与其前方物体之间的距离的技术。通过高度自动化和智能化的驾驶方式,提高交通效率,减少交通事故。

为了确保自动驾驶汽车的安全,需要在汽车行驶过程中提前测量车辆前方障碍物与车辆之间的距离,从而保证自动驾驶汽车的安全性。这依赖于多项核心技术:环境感知技术,通过激光雷达、摄像头等传感器识别周围环境;决策规划技术,根据感知信息做出驾驶决策;以及控制执行技术,通过车辆控制系统执行决策指令。

其中,激光雷达主要分为机械式、混合固态、纯固态三种,混合固态是激光雷达由机械式向纯固态激光雷达过渡的中间产品。目前,自动驾驶汽车测试车辆多数为机械式激光雷达,但其成本高、生产工艺复杂、寿命短,很难满足未来自动驾驶汽车苛刻的要求。随着科技的发展,自动驾驶技术不断演进,激光雷达正在向小型化、ASIC集成化方向发展,固态激光雷达必将是未来激光雷达发展的趋势。

基于激光雷达的自动驾驶汽车距离估计,其原理是以激光作为载波,它是工作在光频波段的雷达。其工作原理是向被测物体发射激光束,然后将接收到的回波与发射信号进行比较,作适当处理后,获得被测物体的有关信息,如被测物体的距离、方位等信息。

图4-10所示激光雷达为利用反射信号的折返时间计算距离,也有的激光雷达通过连续波调频(CWFM)的方法来进行距离估计。

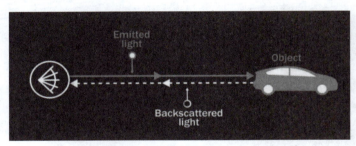

图4-10 激光雷达计算距离

4. 智慧停车管理

1)停车管理问题概述

停车难问题在全球各大城市都十分普遍。传统的停车管理系统通常效率低下,无法实时提供停车位信息,导致司机在寻找车位时浪费大量时间和燃料,加剧了城市交通拥堵和空气污染。人工智能技术的引入,使得智慧停车管理系统成为了解决这一问题的重要手段。

2)基于人工智能的智慧停车系统

智慧停车系统通过物联网设备、摄像头和传感器收集停车场的实时数据,然后利用人工智能技术对数据进行处理和分析,为司机提供即时的停车位信息。这些系统还可以根据车位使用情况进行动态定价,以平衡供需关系,提高停车位的使用效率,智能化停车场如图4-11所示。

以美国旧金山市的智能停车系统SFpark为例。该系统利用传感器技术实时监测停车位的使用情况,根据实时车位数据、时间段和地点等因素调整停车费率,并通过人工智能分析,引导司机到达空闲车位。数据显示,该系统实施后,司机寻找停车位的时间减少了43%,交通拥堵和尾气排放量显著下降。

未来,智慧停车系统将更加智能化和个性化。随着人工智能技术的发展,停车系统将能够根据用户的停车习惯、车辆类型和时间偏好提供个性化的停车建议。同时,这些系统还可以与智能交通信号系统和导航系统无缝集成,为司机提供从出发地到目的地的最佳停车路线。

小汽车停车 平面泊位智能化

通过增加地磁、视频等智能化硬件及智慧平台的开发，实现多功能智慧停车；

图4-11 智能化停车场

4.2.2 交通管理中人工智能应用的争议

在交通管理中使用人工智能是一个有争议的话题。虽然有些人认为它可以帮助减少拥堵和改善燃料消耗，但其他人不确定人工智能可以为这一领域带来的好处。

交通拥堵通常被视为城市生活的祸根。它可能会让司机感到沮丧，导致排放增加，甚至增加道路死亡的可能性。然而，目前尚不清楚人工智能在减少这些因素方面能产生多大的影响。

有许多应用程序可以将AI用于流量管理。例如，紧急车辆抢占允许救护车和消防车等车辆在响应紧急情况时绕过红灯或其他障碍物。公交信号优先使公共汽车在十字路口享有优先权，因此它们不会陷入交通堵塞，从而改善了乘客的整体旅行时间。行人安全系统使用嵌入在路面上的传感器来检测何时有人过马路，以便过马路信号更快地变化。

虽然在交通管理中使用人工智能有许多潜在的好处，但由于担心其可靠性和有效性，它仍然是一个有争议的话题。

在交通管理中使用AI的挑战：在交通管理中使用人工智能时，存在一些挑战。数据采集和了解潜在挑战。

（1）网络安全问题：网络安全是一个非常重要的问题，它影响着现代技术的数据和操作。网络安全对于这些直接专注于管理道路交通的系统如此重要的原因是，它们容易受到可能造成严重损害的黑客的潜在攻击。如果这些系统不安全，并且数据有可能被操纵，则它们将无法正常运行。

道路交通管理系统的网络安全问题是基于计算机的组件（包括GPS、移动应用程序和网站）对网络攻击的潜在脆弱性。这可能会导致流量损失和运营中断。

基于自动驾驶车辆的设计要求，自动驾驶汽车需要通过360度的环境监控收集大量数据以进行路线规划和决策，包括位置信息、交通状况和乘客个人信息。

有乘客反映，担心车内多个摄像头进行录像录音后运营商会对个人信息进行存储和使用，导致个人隐私泄露。实际上，自动驾驶汽车内多角度安装摄像头的功能在于监控车内情况和乘客行为，优化乘坐服务、预防和减少犯罪、辅助事故调查等。如果运营商在收集和使用乘客信息时超出合法合规范围，如泄露给第三人、用于其他商业用途或因未采取适当的技术措施导致乘客信息被不法访问，那运营商涉嫌侵犯乘客的隐私权、肖像权以及个人信息，需承担民事侵权责任。

（2）经济问题：人工智能在交通方面的优势将为城市交通部门节省时间和金钱，并且对环境的影响较小。对个人而言，自动驾驶、智慧停车等人工智能技术，使得个人能够有效地管理他们的时间，降低时间成本，提高出行效率。

当然，从长远来看，在自动驾驶汽车系统是否真的具有成本效益；如何处理用自动驾驶汽车取代人类驾驶汽车的成本等方面，尚存在一些主要问题。

例如，湖北一男子在乘坐萝卜快跑时，玩笑大喊："10公里只要3块9，不要再买车了！"视频传到网上后，该现象引发大众的担忧：10 km就算打网约车都要三四十块钱，一下子便宜这么多，萝卜快跑的超低价是否存在扰乱市场经济秩序的问题呢？

答案是否定的，目前行政机构反馈"萝卜快跑"暂时不存在不正当竞争，但需要开展调研工作，研究其对出租车、网约车劳动者群体的职业冲击，制定相应的利益保护措施。

"萝卜快跑"目前的定价并不存在低价的情况，如果在没有扣除各种折扣优惠的情况下，其价格并不低于正常的打车软件提供的价格。有北京网友在亦庄体验萝卜快跑后发现，3.4 km的行程仅花费了7.44元，但这是在使用了19.14元优惠券的基础上。而按照萝卜快跑正常的计费规则，萝卜快跑在北京的起步价为18元，里程费为4元/km，相当于网约车专车的标准。

（3）交通事故谁承担：目前关于无人驾驶汽车的法律法规尚不完善，对于责任归属、事故处理等方面缺乏明确的规定，且出台的政策并未明确给出确定的指引。法学理论界也对此处于探索阶段，对于法律设计与适用如何能科学且针对性地解决社会问题，并没有定论。

根据相关规范性文件，随着自动化级别的提高，自动驾驶汽车中驾驶员享有的车辆控制权限越来越少，其地位逐渐被自动驾驶系统取代。既然承担驾驶任务、对机动车享有控制权的主体不再只有驾驶人，相应造成事故的责任主体也就不再只有驾驶人，还有自动驾驶系统，也就是生产商、运营商等主体。因此，机动车交通事故责任的责任主体与自动驾驶领域的实际责任主体之间存在着冲突。

那么人工智能会在交通管理中取代我们吗？人类和AI（人工智能）之间存在多个显著的区别，这些区别体现在多个维度上，包括本质、情感与意识、学习能力、创造力、适应性和道德伦理等方面。

不过，新技术引起了一些关于就业的社会问题。例如，传统上在运输行业工作的人现在会失业吗？或者这会为那些正在寻找工作的人创造新的机会吗？例如，如果机器可以更快、更准确地完成一项工作，那么过去做这项工作的人会发生什么？

在某些情况下，机器可能能够比人类做得更好。例如，英伟达开发了一种机器学习算法，能够比人类更快、更准确地阅读交通标志。这可能导致交通信号维护工人等工作被机器取代。

对于一个在工作中工作多年的人来说，因为机器可以做得更好而失去生计公平吗？

公平与否，由于人工智能目前的局限性，它不太可能在不久的将来取代人类，但它仍然可以通过加速和自动化任务来提高人类的劳动效率。例如，人工智能可以帮助我们比其他人更快、更高效地处理大量数据。它还可以帮助我们根据复杂的数据集做出更好的决策。因此，它可能在许多领域发挥重要作用，包括医疗保健、金融和制造业等。

4.2.3 智慧城市——城市中的人工智能交通系统

1. 智能交通系统

依托于近年来物联网的迅猛发展，控制、传感、通信、信息技术与计算机技术愈发先进，科学家们将这些技术与道路交通相结合，从而建立起一种大范围内的、全方位发挥作用的、实时、准确、高效的综合运输和管理系统——智能交通系统（intelligent transportation system, ITS）。

ITS是将先进的信息技术、通信技术、传感技术、控制技术，以及计算机技术等有效地集成运用于整个交通运输管理体系，而建立起的一种在大范围内、全方位发挥作用的、实时、准确、高效的综合运输和管理系统。

目前ITS最为广泛的地区是日本，其次美国、欧洲等地区也普遍应用。中国的智能交通系统发展迅速，在北京、上海、广州等大城市已经建设了先进的智能交通系统；其中，北京建立了道路交通控制、公共交通指挥与调度、高速公路管理和紧急事件管理的4大ITS系统；广州建立了交通信息共用主平台、物流信息平台和静态交通管理系统的3大ITS系统。随着智能交通系统技术的发展，智能交通系统将在交通运输行业得到越来越广泛的运用。

2. 自适应道路交通控制系统

自适应道路交通控制系统（adaptive traffic control system, ATCS）是一种交通管理系统，它使用人工智能来优化通过城市地区的车辆流量。它可以将交通信号灯的等待时间减少多达一半，并帮助市政部门更好地了解地面条件和交通趋势。

ATCS的主要优势包括可提高多达50%的交通流量，交通时间将可减少多达25%，并减少停车、事故和碰撞的次数，可更快地响应当前的交通状况和波动，以降低油耗和污染，且由于减少延误与浪费在交通上的时间，将可提高驾驶者的满意度，也提升了经济生产力。ATCS是快速增长的智能交通或智能交通系统市场的关键组成部分。根据MarketsandMarkets的数据，到2026年，全球ITS市场将达到680亿美元。

当前城市交通治理最核心的问题之一是如何缓解交通拥堵。许多城市在使用智能红绿灯系统，这些系统可以根据实时交通数据自动调整信号灯的时长，以减轻交通拥堵。这一应用极大地改善了城市居民的通勤体验，并减少了因交通拥堵带来的经济损失。

3. 综合交通管理系统

在城市交通中，交通事故、交通拥堵等紧急情况时有发生，为了维持交通秩序、保障人们的出行安全，管理部门必须能够迅速有效地采取行动，通过综合交通管理系统（integrated transportation management system, ITMS）及时疏导、组织救援。ITMS将自动调节信号灯，并警告驾驶者在前方出现拥堵时要改道，同时指挥救护车和消防车等紧急车辆的快速通行。

4. 交通规划

随着城市人口的不断增长，交通压力日益增加，传统交通管理方式已无法满足现代城市的发展需求。

人工智能可用于优化公共汽车、火车和渡轮等交通方式的路线，减少旅行时间和交通拥堵，同时提高公共交通效率。

智能交通系统与导航软件相结合，为驾驶员提供最优的行驶路线。系统会根据实时交通状况，推荐避开拥堵路段的路线，并提供准确的到达时间。这不仅节省了时间，也减少了燃油消耗和尾气排放。

除了自动处理事故和交通路线等即时问题，对于城市交通流量的整体管理，人工智能帮可以助规划者根据数据分析作出长期规划：决定哪种类型的交通最适合某个地区，应该在哪里建造新道路，最有效的路线是什么等。

5. 未来展望

AI在交通领域的应用，不仅提升了出行效率和安全性，还推动了交通行业的绿色和可持续发展。例如，无人驾驶汽车的普及将减少交通事故和能源消耗；智能交通管理系统将缓解城市拥堵，降低空气污染。此外，AI技术还将推动共享出行模式的发展，实现资源的高效利用。

随着5G技术的发展，AI在交通领域的应用将更加广泛和深入。5G网络提供了高速、低延迟的通信环境，为无人驾驶、车联网和智能交通管理系统提供了技术保障。未来，我们将看到更加智能和高效的交通系统，一个智慧出行的新时代正向我们走来。

单元 3　人工智能 + 物流

4.3.1　国内人工智能在物流行业中的应用现状

1. 人工智能在客户服务中的应用

现在不论是通过PC端还是手机端，不论是通过语音还是文字，消费者不论是在寻求售前、售中还是售后服务时，都避免不了遇到AI客服。在消费者还没有提出问题时，它就通过海量数据分析预设出了不少典型问题，并且给出了详细的解答，同时还做到了发音清晰、文字通顺、表达流畅、回答专业。对于消费者来说，解决了人工客服数量不足、等待时间过长以及沟通过程中容易出现不良情绪等问题；对于企业来说则解决了人工客服压力大，咨询问题重复度高，咨询效率低等问题。再加上AI客服可以做到全年365天、全天24小时在线，对交易双方来说都是方便、快捷的沟通方式。因此，目前AI客服已在不少物流企业上岗，是人工客服的重要补充，但是AI客户能回答和处理的问题仍然有限，对于复杂问题的理解还不够准确，对客户的情绪还不能精准判断，有时单调重复的回复还会给客户带来不好的体验甚至让客户怨声载道，影响了客户关系。

2. 人工智能在货物配送中的应用

无人机配送如图4-12所示，是一种不受地形、交通和人员限制的运输模式，随着市场竞争的加剧和即时配送需求的不断增长，无人机配送也成了国内外不少企业竞相布局的一个新赛道。2013年12月，亚马逊推出了PrimeAir的"无人送货"服务，并且还定下了在2023年底之前要完成10万次无人机送货的目标。在国内，2013年顺丰就在东莞进行了无人机测试；2015年京东确立了无人机项目，并且规划了干线、支线、末端配送的三级无人机物流网络；美团从2017年开始研究无人机配送，在2021年完成了首笔无人机配送订单，2022年又投资1 000万元在深圳成立了低空物流科技有限公司，主营无人机配送。2023年7月，美团发布了第四代无人机，而且已落地了无人机航线15条。除了无人机，无人配送车的布局也竞争激烈。2020年9月阿里的"小蛮驴"诞生，2021年"双11"期间350多辆"小蛮驴"进入全国多所高校为师生提供省时省力的快递配送服务。京东也早在2016年就开始研发智能快递车，2021年京东无人配送车在江苏常熟正式运营，2023年6月天津市河北区开放了19.8 km的道路供京东无人配送车运营。

图4-12　无人机配送

3. 人工智能在仓储管理中的应用

仓储是物流的重要环节，对于整个供应链的效率，客户体验等都起着非常重要的作用。京东、菜鸟、百世等物流企业多年来一直在仓储的自动化、智能化方面不断探索，京东的"亚洲一号"仓库就是其中的代表。"亚洲一号"智能仓库中大量使用着京东自主研发的AGV"地狼"搬运机器人，它承重可达500 kg，具有自主导航、感知环境、识别容器、一键归巢等功能，实现了高效率的货到人拣选，不仅大大提高了拣选作业的准确率和效率，还大大降低了员工的劳动强度和成本。而与它类似的"小黄人""小橙人"等搬运机器已大量地在菜鸟、申通、邮政等企业的仓库、分拣中心使用，这些机器人的使用使分拣环节减少了70%的人力劳动。在"亚洲一号"智能仓库里还有六轴协作机械臂，它利用了3D视觉识别技术实现了货物的自动拣选，解决了人工拣选效率低、强度大、错误多、损耗大等问题。截至目前，京东的"亚洲一号"仓库已有43座，除了以上智能化设备，"天狼"机器人、智能叉车、自动分播墙、自动打包等设备也大量使用，而仓库的"智能大脑"——智能仓储系统，可以实现每秒数十亿次运算，让这些智能设备协同运作，比起普通的仓储系统，工作效率提升了三倍不止。人工智能在仓库管理中的工作如图4-13所示。

图4-13　人工智能在仓库管理

4. 人工智能在数据分析领域的应用

大数据应用是贯穿电商行业的关键技术，更高效、更有价值地利用数据，就能更多地节省成本、更大地提升效益。亚马逊依靠其强大的技术能力，将大数据分析推向电商行业的各个环节。亚马逊有一套基于大数据分析的技术来帮助精准分析客户的需求，提升客户购物体验。大数据驱动的仓储订单运营非常高效，在中国亚马逊运营中心最快可以在30 min之内完成整个订单处理。数据驱动的亚马逊客户服务在中国提供的是7×24 h不间断的客户服务，首次创建了技术系统识别和预测客户需求，根据用户的浏览记录、订单信息、来电问题，定制化地向用户推送不同的自助服务工具，大数据可以保证客户可以随时随地电话联系对应的客户服务团队。

亚马逊利用大数据分析技术对整个物流链条进行了全面提升，实现了更高效的仓库入库、商品测量、货物拣选、智能分仓和调拨、可视化订单作业、包裹追踪等功能。在国内，各大科技企业在大数据应用相关的技术研发和应用方面也日渐成熟。

腾讯优图实验室使用深度学习技术研发的文字识别（optical character recognition, OCR）系统，通过计算机视觉识别表单内容，能够快速便捷地完成纸质报表单据的电子化，可以有效地代替人工录入信息。阿里的智慧客服系统（见图4-14）集合了包括自动语音识别、自然语言理解、自然语言生成、文本转换语音等多种人工智能技术，能够提供多场景的智能咨询服务，为客户提供不间断的高质量服务，减少客服的人工成本。

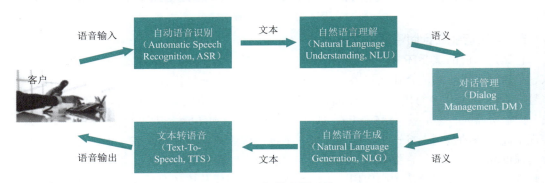

图4-14　智慧客服系统

4.3.2　菜鸟智慧物流

作为一家智慧物流企业，菜鸟的智能物流网络拥有最先进的技术支撑，并在数字化技术的研发和应用方面持续创新，通过部署自主研发的智能硬件、自动化、物联网、人工智能等先进技术，智能布控关键网络节点，能够处理各类高峰需求，提供兼具非凡的灵活性、可预见性和高效率的网络运营。

其他服务主要包括：菜鸟驿站、菜鸟App、物流科技和物流资产服务。通过提供技术解决方案，菜鸟已经建成全球最大的数字化驿站网络，拥有全球使用最广泛的物流App。

菜鸟拥有企业智能仓库，菜鸟可帮助设计、建造和运营大型自动化仓库。可以通过智能硬件（如自动导向车，以及统一管理订单、仓库、运输和计费）自动完成仓库日常工作，以同步整个物流链的数据并简化操作。可以在可定制控制面板上实时监控仓库关键因素，以进行高精度预测，相应地规划生产，并实现快速故障排除，及时规避风险。

菜鸟物流可以做到智能地址识别，智能地址识别是一项一站式高精度地址处理服务，利用NLP技术执行地址校正、补全、规范化、结构化和标注，并提供多种语言的标准、可识别地址。它还提供地址服务（如地址自动补全、关联地址搜索、地理编码和反向地理编码以及地理围栏），以简化和优化地址识别并加快基于位置的服务。

值得注意的是，菜鸟正在加速无人车在快递物流行业的商用，目前阿里团队自主打造的AutoDrive平台及完善的用车服务保障体系，确保了菜鸟无人车在开放道路上的安全运营，并已在全国多地获取路权。

作为国内最早投入L4级别无人物流车研发和运营的物流企业之一，菜鸟早在2016年就推出了第一代末端配送机器人，多项算法技术获得国际大奖。截至2024年，菜鸟无人车已在全国20多个省的高校半公开道路运行，总行驶里程超500万公里，并完成超过4 000万订单配送，为完全公开道路的无人车配送积累了丰富的实战经验。菜鸟智慧物流如图4-15所示。

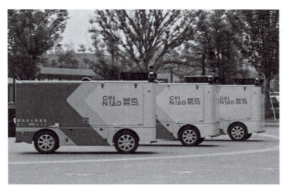

图4-15　菜鸟智慧物流

4.3.3　顺丰智慧物流

人工智能在物流领域的应用可分为两大类：一类是以AI技术赋能的智能设备，例如，搬运机器人、无人配送车、无人机、智能客服机器人等；另外一类是通过智能算法来提高物流效率与降低业务风险，例如，装载率识别、设备智能巡检、风险自动检测等。

顺丰始终紧跟行业趋势，积极探索如何将这一前沿的人工智能技术与行业需求结合，解决大模型在物流供应链运营场景的落地问题，面对大模型技术在精确计算与避免"幻觉"等问题上的挑战，"丰知"融合了大语言模型的交互优势与传统小模型的专业深度，构建了一个供应链智能体，该智能体基于顺丰科技丰智云生态体系。

"丰知"物流决策大模型基于多模态大模型能力构建了多层级多通道需求预测模型，实现更精准的预测结果，可以在客户销量出现波动时，精准告知客户问题原因，为管理者提供决策依据，在供应链需求预测领域实现了重大技术突破。

顺丰的云计算服务，提供云服务器、云数据库、云存储和负载均衡等云计算服务，支撑着大数据、人工智能、智慧地图等新科技应用。顺丰通过在中转后台给每个包裹植入芯片，使得包裹可以根据操作人员的语音指令及时响应，大大提高海量包裹在存库中的周转效率。

在快递安全方面，顺丰经过多年对违禁品图像的研究，积累了数百万违禁品的数据样本，通过超大规模深度学习技术，实现了上千种违禁品的准确识别。

快递物流由三个重要的部分组成：收派、运输、仓储。顺丰的"数字化收派"实现了数据融合及系统感知，降低了快递小哥的劳动强度，提升工作效能；在运输环节，顺丰通过GIS、动态路由等智能技术，实时采集更新海量数据，车货匹配有效整合运力资源，搭建物流行业完整的网络与线路规划算法系统，规划最佳运输路径，实现了快达目的。

对于仓储来说，顺丰科技基于对各行业服务经验的积累，沉淀了可以适配不同行业要求的OTWMS系统，实现智能化的识别监控预警，提升管理效率。

顺丰还采用了工业级高精度地图，准确率提升到99.5%，提供高精定位、精准地址匹配和路径规划等专业服务，有效减少了因导航失误造成的运输时间延长。

2023年9月起，顺丰将数字孪生技术部署于全国60多个中转场，为实际运作过程缩短10%以上的分拣时长，提升8%以上的产能；通过数字孪生技术优化车辆路线规划，平均每一城市每月可节省500条以上的线路。

顺丰的数字化转型策略，可以说是其未来发展的关键引擎。通过大量投资数据分析、人工智能和自动化技术，顺丰不仅优化了物流网络，也在提升客户体验方面迈出了重要一步。这种从"智慧物流"到"智能供应链"的转型，既是对行业发展的前瞻性思考，也是对自身业务结构的深刻重塑。

顺丰在数字化技术方面的投入，不仅是为了应对当前的市场需求，更是为了在全球智慧供应链领域中占据领先地位。未来，随着数字化转型的深入推进，顺丰有望在全球物流行业中树立新的标杆。

截至2024年6月底，顺丰已在鄂州枢纽开通了55条国内货运航线和13条国际货运航线，链接全国40个城市，触达国际15个航站。依托鄂州航空枢纽这一核心节点，顺丰将国内外的物流网络连接得更加紧密，进一步增强了其全球物流服务能力。顺丰目前在全球航空总货量已经超过了114万吨，国内货量占全国航空货邮运输量32.0%，全球日均航班大于5 100次，顺丰智慧物流如图4-16所示。

图4-16　顺丰智慧物流

4.3.4　码垛机器人的认知

1. 码垛机器人的概念

近年来，物流机器人得到了长足的发展，应用场合也在不断扩大。从作业环节和技术角度来分，仓储物流领域使用的机器人主要有两大类：一类是用于搬运、分拣环节的轮式移动机器人，即AGV；另一类是应用于物品码垛、拆垛、分拣包装等环节的工业机器人。

码垛机器人在物流系统中负责完成物料在托盘上的码垛作业，如图所示。码垛机器人不仅能够长时间连续作业，其码垛速度、精度及负重能力都要超过人工作业方式。近年来，通过可靠的整层抓取夹具，码垛机器人实现了整层码垛，单台作业效率超过了2 500件/小时，码垛机器人如图4-17所示。

图4-17　码垛机器人

2. 码垛机器人的优点

码垛机器人有以下几个优点。

（1）码垛机器人的码垛能力比传统码垛机、人工码垛都要高得多。

（2）结构非常简单，故障率低，易于保养及维修。

（3）主要构成零配件少，维持费用很低。

（4）码垛机械手臂可以设置在狭窄的空间，场地使用效率高，应用灵活。

（5）全部操作可在控制柜屏幕上手触式完成，操作非常简单。

（6）码垛机械手臂的应用非常灵活，一台机器手臂可以同时处理最多6条生产线的不同产品。产品更新时，只需输入新数据，重新计算后即可进行运行，无须硬件、设备上的改造与设置。

（7）垛型及码垛层数可任意设置，垛型整齐，方便储存及运输。

3. 码垛机器人的组成

码垛机器人由以下几部分组成。

（1）主体即机座和执行机构，包括臂部、腕部和手部，大多数码垛机器人有3～6个运动自由度，其中腕部通常有1～3个运动自由度。

（2）驱动系统包括动力装置和传动机构，用以使执行机构产生相应的动作。

（3）控制系统是按照输入的程序对驱动系统和执行机构发出指令信号，并进行控制。

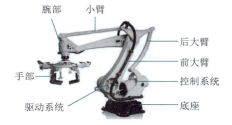

图4-18 码垛机器人的组成

码垛机器人的组成如图4-18所示。

码垛机器人的设计主要有两种类型。

（1）关节式机器人如图4-19所示，由多个关节连接的机械臂组成，具有较高的灵活性和适应性，可以在三维空间内进行多方向的运动，适用于不规则形状和不同尺寸的物品的码垛。

（2）直线式机器人如图4-20所示，由多个直线轴组成，具有较高的速度和精度，可以在二维平面内进行水平和垂直的运动，适用于规则形状和相同尺寸的物品的码垛。

图4-19 关节式机器人

图4-20 直线式机器人

4. 码垛机器人的工作原理

（1）视觉识别与定位：码垛机器人首先通过视觉系统识别和定位待堆叠的货物，确定其位置、形状和方向。

（2）**路径规划**：根据预设的堆叠模式和堆垛要求，机器人使用路径规划算法确定最优的抓取路径和放置路径。

（3）**抓取和移动**：机器人根据计划好的路径，使用机械臂和末端执行器精确抓取货物，并将其移动到指定的堆叠位置。

（4）**堆叠**：机器人按照预设的堆叠模式，将货物准确地堆叠到托盘或货架上，确保堆叠的稳定性和整齐度。

（5）**安全保障**：在整个操作过程中，机器人通过安全传感器监测周围环境，避免与人员或其他设备发生碰撞，保证操作的安全性。

（6）**数据记录与反馈**：可以记录每次操作的数据，如堆叠数量、时间等，以便后续的生产管理和优化。

5. 码垛机器人的产业应用

在食品与饮料行业，码垛机器人可以在食品与饮料行业的各个环节，如原料处理、产品加工、产品包装、产品运输、产品存储等，实现自动化、智能化、高效化的码垛。

化工与制药行业，化工与制药行业是码垛机器人的重要应用领域，因为这个行业的产品特性复杂、环境条件恶劣、操作要求严格，而且对产品的质量和安全有高度的要求。

码垛机器人可以在化工与制药行业的各个环节，如原料处理、产品加工、产品包装、产品运输、产品存储等，实现自动化、智能化、高效化的码垛。

在物流与仓储领域，物流与仓储行业的产品种类多、数量大、需求高，码垛机器人可以在物流与仓储行业的各个环节实现自动化、智能化、高效化的码垛，如产品装卸、产品分拣、产品配送、产品存储等。

单元 4　　人工智能+建筑

我们正处在一个由人工智能引领的新时代，其中"AI与智能建造"如同一对翅膀，推动建造业迈向智能化、自动化和个性化的未来迈进。AI不仅是一种颠覆性的技术，更是塑造建造业新生态的关键动力。随着人工智能技术的飞速进步和人工智能+政策的推动，AI正深入影响建造业，实现个性化定制并重塑供应链，照亮新型工业化转型的道路。

20世纪80年代国际上第一次提出了智能建筑这一说法，90年代开始我国也逐渐开始提起智能建筑的概念，将我国传统的建筑概念转变为新兴的智慧型建筑。智能建筑主要是利用智慧网络和智能信息技术将建筑基础设施的结构、布局、管理和服务等有机结合起来，提供更加便利快捷和舒适的环境。

4.4.1　建筑行业的现状和挑战

如今，建筑行业正面临着前所未有的挑战与机遇。城市化进程不断推进，全球城市人口迅速增加，为基础设施建设和房地产提供了广阔的市场需求。然而，这一行业也面临诸多问题，如高昂的成本、效率低下、安全隐患等。此外，建筑行业对能源消耗和环境污染也日益严重，如何实现可持续发展已成为业内关注的焦点。在这个背景下，人工智能逐渐崭露头角，为建筑行业带来了前所未有的机遇，将成为改变建筑行业面貌的关键力量。

AI是一种通过模拟和扩展人类智能来实现机器自主学习和智能决策的技术。近年来，随着计算能力的提升和大数据的积累，人工智能在许多领域取得了显著的成果。其中，建筑行业正是人工智能技术应用的重要领域之一。通过将人工智能技术与传统建筑行业相结合，可以有效解决建筑行业面临的诸多挑战，推动建筑行业的现代化和智能化发展。

目前，AI在建筑业的应用已经有很多相关研究，并且已经有部分项目落地。北京和深圳已经作为试点城市，在现有数字化审图系统基础上引入人工智能相关技术并形成可复制的经验。

建筑行业的现状和挑战需要我们思考未来的解决方案。人工智能为建筑行业带来了前所未有的机会，但成功的关键在于将其融入人类的创造力和智慧中。未来，我们将见证建筑行业的巨大改变，迎来更加智能和可持续的建筑，为城市和人们的生活带来更多便利与美好。

4.4.2 人工智能在建筑领域的应用

人工智能在建筑行业领域的全面应用将会改善设计、施工和运营的各个阶段。

1. 人工智能在建筑设计中的应用

在建筑设计领域中，AI技术的应用提供了更加智能化的设计方法。通过运用AI技术，设计师可以更准确、更快速地完成设计。AI算法可以快速地组织和分类图像、视频，也可以识别出设计中的难点，自动优化部分关键细节，并根据规范和规则生成反馈等等，直观地面对用户的需求，使设计的好坏不在于任务乏味或技能差异。AI还可以在后续设计过程中持续提供宝贵的建议和反馈，让整个设计过程更加高效。

建筑信息模型（building information modeling，BIM）是一个多维度、多层级的数字化建模系统，它使建筑师、工程师和承包商可以协同工作，实时协调和管理建筑项目。人工智能在BIM中的应用可以自动检测潜在的设计错误、冲突或成本超支，并提供优化建议。从而降低沟通成本，提高项目管理的效率。

人工智能可以根据历史数据、地理信息和环境因素，为建筑提供智能化的设计建议。这包括建筑的材料选择、供暖和通风系统设计等。自动化设计可以提高建筑的可持续性和能效。此外，自动化设计还可以辅助设计师进行工程量计算和成本分析，为项目投资决策提供支持。

2. 人工智能在建筑施工中的应用

与传统的施工方式相比，AI技术在施工场景中的应用，也可以为建设工程带来新的进步。例如，AI可以通过运用计算机视觉技术进行场地监察和检测，减少因人为因素而引起的错误和浪费，使施工工程更加稳健，质量更有保障。此外，在工程规划、评估和管理方面，AI还可以通过数据分析，预测潜在问题，提高工程管理的可靠性和效率。

施工机器人可以帮助施工人员完成各种复杂的施工任务，如自动导航机器人和机械臂，可以在建筑工地上执行任务，如材料运输、墙壁砌砖、混凝土浇筑等。施工机器人可以提高施工效率和质量，减少人为错误。

无人机在建筑工地用于监测工程进度、质量和安全。它们可以定期飞越工地，捕捉高分辨率的照片和视频，以提供实时信息，帮助项目管理和监测工程进展，从而实现对施工现场的智能管理。

智能施工管理系统整合了传感器、监控摄像头和大数据分析，实时收集施工数据并传输到云服务平台。AI算法对收集到的数据进行分析处理，自动识别异常情况并触发预警机制，确保施工安全和质量。

智能施工管理系统可以帮助项目经理合理安排资源、优化施工计划，提高施工效率，保证施工的顺利进行。云服务平台利用AI技术对大量施工数据进行分析处理，为管理人员提供智能分析和决策支持。通过数据可视化技术，直观展示施工进度、质量、安全等方面的情况，辅助管理人员制定管理策略。

3. 人工智能在建筑运营中的应用

人工智能可以帮助建筑物实现能源的优化分配和利用，使用传感器来监测建筑的能源使用情况，包括电力、水和热量等，基于实时数据，系统可以调整供暖、通风和照明系统，以提高能源效率，降低运营成本。

人工智能可以对建筑物的安防系统进行智能化升级管理，该系统结合了视频监控、人脸识别和入侵检测技术，实现对火灾、入侵等安全隐患的实时监控和预警。从而提高建筑物的安全性，保障住户和设施的安全。以提供更高级别的安全保护，减少潜在风险。人工智能可以帮助建筑设施维护人员及时发现设施故障和损坏，提高维护效率。通过对历史数据的分析和挖掘，人工智能可以提前发现设备故障或建筑结构问题，实现预防性维护，确保设施正常运行，延长使用寿命。

4.4.3 人工智能与人类合作的可能性

AI人工智能的应用为建筑行业带来了更广泛、更深入的合作可能性，从建筑设计到施工再到运营，都有潜力与人类密切合作，产生协同效应。

1. 人工智能与建筑设计师的合作

人工智能是建筑师工具箱的下一轮进化，连同数据一起，它们正在帮助建筑师走向更基于结果的工作方式，以实现更好的最终结果。人工智能与数据是一种互补的关系；人工智能驱动的工具可以处理、分析和理解建筑设计、施工和运营过程中产生的大量数据。人工智能算法可被用于识别数据中的模式和趋势，进行预测并产生见解，为不同的设计决策提供信息。从BIM数据库、物联网设备、天气和交通数据以及用户反馈等来源输入系统的数据越多越优质，人工智能的学习能力就越强。

基于云的软件Autodesk Forma使建筑师能够从第一天起就利用数据，从而产生更好的结果。在人工智能功能的帮助下，建筑师们可以创建三维建筑模型。他们可以实时测试各种方案，并分析不同环境条件的影响——阳光、日光、风、噪声、微气候等，以便在选定的参数内找到最佳解决方案。他们可以快速地创建和迭代不同的版本，精简简计阶段，最大限度地减少返工，并为一个更可持续和高效的过程奠定坚实的循证基础。

通过深度学习和模拟技术，人工智能可以帮助建筑设计师实验和验证各种创新设计理念。此外，人工智能还可以辅助设计师进行创新设计，如参数化设计、仿生设计等。这促进了创新，使设计师能够更容易地实现独特的、可持续的设计。

人工智能可以对设计过程中的各种数据进行分析和挖掘，为设计师提供智能辅助决策支持。例如，人工智能可以帮助设计师进行工程量计算、成本分析和风险评估等，还可以提供关于建筑设计中的材料选择、能效、可维护性等方面的建议。这为设计师提供了更多信息，以支持更明智的决策。

2. 人工智能与建筑施工人员的合作

施工机器人和自动化设备可以与施工人员合作，完成各种重复性和高风险的施工任务，提高施工速度和质量。同时，人工智能可以减少人为错误，降低施工过程中的安全隐患。

人工智能可以对施工过程中的各种数据进行实时监测和分析，帮助施工人员发现潜在的问题和风险。从而降低人为错误，提高施工质量。

无人机和传感器可以帮助建筑施工现场实现智能安全监测，如实时监测施工现场的温度、湿度、气体浓度等环境参数，以及人员和设备的位置信息等。它们能够实时识别潜在的风险，并采取措施保障工人的安全。

3. 人工智能与建筑运营人员的合作

人工智能可以帮助建筑运营人员实现对建筑设施的智能化管理，如能源管理、安防管理、设备维护等。从而提高运营效率，降低运营成本，提高运营效率。通过预测维护需求，智能设施维护系统可以帮助建筑运营人员对设施进行预测性维护，避免设施故障和损坏，降低运营成本。同时，人工智能可以实现能源的优化分配和利用，降低能源消耗。

智能安防系统与运营人员合作，可以帮助建筑运营人员对建筑物的性能进行实时监测和分析，如能耗、舒适度、安全性等。从而发现潜在的问题，提出针对性的优化措施，提升建筑性能。

人工智能与人类的合作在建筑行业中具有广泛的前景，可以优化整个建筑生命周期的各个方面。这种合作将推动建筑行业实现更高的效率、创新和可持续性，为未来的建筑提供更出色的解决方案。

4.4.4 人工智能与建筑行业的伦理问题

尽管AI人工智能在建筑行业带来了巨大的潜力，但也伴随着一些伦理问题和风险。

1. 人工智能在建筑行业的风险

随着自动化和智能化技术的广泛应用，一些传统的劳动岗位可能会减少。这可能对部分蓝领工人产生就业问题，尤其是那些需要低技能的工作。

在建筑行业中，大量的传感器和监控系统会产生大量数据。如住户的用水用电情况、人员流动等。这些数据的收集和使用可能引发隐私问题，尤其是在建筑物中生活和工作的人。如何确保这些数据的安全和隐私不受侵犯，成为人工智能应用的一个重要问题。

人工智能系统的可靠性和安全性在建筑行业的应用可能导致一些不可预见的技术失控风险，如机器人失控、自动化系统故障等。这些风险可能会对建筑行业的安全和稳定产生严重影响。

虽然人工智能会使设计过程更加高效，但它无法取代建筑师的创造性思维，也无法根据特定客户的要求、环境需求以及社会文化背景做出独特的设计。人工智能仍然有它的局限性；它受到训练它所使用的数据的限制，并取决于算法分析和学习这些数据的能力。建筑师所做的大部分工作涉及创造性的分析思维、原创性的观点、解决问题的能力和依赖人的决定的软技能，这些都还不能被技术准确复制。

2. 人工智能在建筑行业的机遇

尽管伦理问题存在，但人工智能也带来了许多机遇，有助于建筑行业的进步。

（1）提高建筑效率：AI技术可以在建筑项目的设计、施工、管理等方面实现自动化和智能化，从而提高建筑效率。例如，AI辅助的BIM技术可以实现设计的自动化修改和优化，减少设计错误和施工返工。

（2）提升建筑质量：AI技术可以实现对建筑项目的精细化管理，确保施工质量，提升建筑物的使用寿命。AI可以通过质量检测系统、智能传感技术等手段，实时监控施工过程，确保施工质量。

（3）创新建筑设计：AI技术可以帮助设计师突破传统思维，实现更创新、更合理的建筑设计。AI辅助的设计工具可以分析大量的建筑数据，提供设计灵感，并优化建筑方案。

（4）降低能源消耗：AI技术可以实现对建筑物的智能化控制，提高能源利用效率，降低能源消耗。AI驱动的智能建筑管理系统可以实时调节建筑内部的照明、空调、供暖等系统，以达到节能减排的目的。

（5）促进绿色发展：AI技术可以帮助建筑行业实现绿色、可持续发展，减少对环境的影响。AI可以分析建筑材料的选择、施工过程中的废弃物管理等因素，提出更加环保的解决方案。

3. 建筑行业应对伦理问题策略

AI已经深刻地渗透到建筑行业的各个方面，包括设计、施工和运营，需要政府、企业、个人和社会四个层面共同努力做好管理和维护。

政府应起到监管的关键作用，应该制定并强化法律法规和监管机制，以规范和监督人工智能在建筑行业的应用。政府的监管应该确保人工智能技术的应用符合国家利益和社会公共利益。同时，政府还应积极参与国际伦理标准的制定，以确保国际合作与共识。

建筑企业作为主要的人工智能技术应用者之一，应该承担社会责任。它们需要确保人工智能技术的应用不会对员工和环境造成负面影响。企业应该主动开展伦理审查，以确保人工智能技术的应用安全、合规和透明。同时，企业还应投资于员工的伦理教育和培训，提高员工的伦理意识和技术素养。

公众是人工智能伦理治理的重要参与者。他们应该积极参与人工智能在建筑行业的伦理治理，提高自身的科技素养，了解并监督人工智能技术的应用。公众应该有权参与人工智能技术的决策过程，以保障自身的合法权益。教育和信息传播是提高公众参与的关键，应该加强相关的宣传和培训。

政府、企业、公众和社会组织应加强合作，实现协同治理。各方应建立协同机制，共享信息，共同应对伦理挑战，确保人工智能技术的健康、可持续发展，使人工智能技术将在建筑行业发挥更大的作用，为人类社会带来更多的价值。

4.4.5 搬运机器人在建筑行业的应用

随着现代建筑行业的发展，建筑工人超过60岁，陆续退出一线作业岗位。年轻农民工却越来越难招，工地上"老龄化""用工荒"现象日益凸显。同时建筑施工技术难度与水平越来越高，这使得各种现代科学技术开始应用于建筑施工中，建筑机器人就是其中一种。建筑机器人作为多种现代技术与建筑机械的融合体，能够代替人类完成许多自动化的施工作业任务，同时也能解决许多依靠人力难以解决的难题。

1. 搬运与搬运机器人的含义

搬运是指在同一场所内，对物品进行水平移动为主的物流作业。搬运是改变"物"的空间位置的活动，主要指物体横向或斜向的移动。

搬运机器人是可以进行自动化搬运作业的工业机器人。搬运作业是指用一种设备握持工件，是指从一个加工位置移到另一个加工位置。搬运机器人可安装不同的末端执行器以完成各种不同形状和状态的工件搬运工作，大大减轻了人类繁重的体力劳动。

2. 应用场景

（1）建筑材料搬运：搬运机器人能够高效地将建筑材料如砖块、水泥、钢筋等从储存仓库搬运到施工区域，减轻工人的体力负担，提高搬运效率。

在大型建筑项目中，机器人可以根据工地的布局和需求，自主规划搬运路径，避开障碍物，将材料准确地搬运到指定位置。

（2）高空搬运：在高层建筑或复杂结构的建筑中，传统的人工搬运方式存在安全风险，而搬运机器人则能够稳定地执行高空搬运任务，提高作业效率，降低工人的伤害风险。

（3）施工现场管理：搬运机器人还可以通过其智能感知和定位功能，帮助工地管理人员追踪和管理各种材料的存放位置和数量，提供便捷和高效的管理方式。

3. 技术特点

（1）自主导航：搬运机器人通常配备先进的自主导航系统，能够在复杂多变的建筑工地环境中灵活穿梭，完成高效的搬运任务。

（2）智能感知：机器人通过传感器和摄像头等设备，能够实时监测和感知周围环境的变化，确保安全、准确地执行搬运任务。

（3）高精度定位：搬运机器人具备高精度定位能力，能够确保将建筑材料准确地搬运到指定位置，提高施工质量和效率。

（4）多功能性：除了基本的搬运功能外，一些搬运机器人还具备其他辅助功能，如自动充电、故障诊断等，提高了机器人的可靠性和易用性。

4. 应用案例

大批量生产厂房的搬运机器人：汽车制造企业采用搬运机器人进行施工，实现了高效的搬运作业，提高了施工效率，降低了劳动力成本。

高层建筑施工的搬运机器人：高层写字楼项目引入了专用的高空搬运机器人，通过遥控或自动导航系统控制机器人进行搬运作业，有效提高了作业效率，降低了安全风险。

建筑工地上的物流运输：在湖南建工集团麓山实验室项目中，行深智能无人车被用于在工地上运送文件、材料和工具，极大地提高了工地操作的便捷性。

5. 发展趋势

（1）技术融合：随着物联网、人工智能等技术的不断发展，搬运机器人将实现更加智能化的功能，如自主决策、协同作业等。

（2）标准化与模块化：未来搬运机器人将更加注重标准化和模块化设计，以提高机器人的通用性和可扩展性。

（3）应用场景拓展：除了传统的建筑材料搬运外，搬运机器人还将拓展到更多应用场景，如建筑废弃物处理、施工现场安全监测等。

单元 5　人工智能 + 农业

随着人工智能技术的发展和普及，农业行业正迎来一次新的变革，农业已经从传统的劳动密集型产业逐步转变为高科技产业。今天的农业科技，包括人工智能、物联网、大数据等先进技术，都在不断地推动农业的现代化和智能化。

4.5.1　人工智能与农业

农业是一个充满变量的动态系统，无论是气候、土壤、种子，还是动物、养分，在传统农业生产中都难以精准监控，通常依赖农业专家数十年的经验积累，才能正确判断。而AI不仅能够基于已有信息进行学习,还能基于机器学习对其进行检测分析,推动对每一个变量、每一个生产过程的精细化管理、检测、优化。

随着AI技术被引入到农业,农场主可以用传感器监测信息以提取特征规律,用集成专家经验的仿真器进行模拟、探索和优化,从而形成一套实时、精准的决策方案,可以说AI就是提升土地利用效率的关键。

在农业生产过程中,农民需要综合管理温度、湿度、土壤质地、肥料供应等多个因素,这些多元化的参数以及它们间的关联性,正好提供了人工智能极大的施展空间。因此,当农业领域引入人工智能后,取得的成果无疑是显著的。

4.5.2 人工智能在农业领域的应用场景

人工智能在农业中的应用已经越来越广泛,它正在改变我们的农业生产方式,并有望帮助我们实现更高效、更可持续的农业。以下是一些主要的应用领域。

1. 智能监测与预警

利用传感器、卫星遥感、无人机等设备,结合大数据分析和机器学习算法,实现对农田、牧场、渔场等生产环境的实时监测和预警,提供关于气候、土壤、水质、作物生长、病虫害、动物健康等方面的信息和建议,帮助农民做出科学合理的决策。

2. 智能诊断与治疗

利用图像识别、语音识别、自然语言等处理等技术,结合专家知识库和深度学习模型,实现对农作物病虫害和动物疾病的智能诊断和治疗,提供有效的防治方案和药物推荐,降低损失和风险。

3. 智能养殖管理

在养殖业中,人工智能技术可被应用于饲料投喂、疾病监测、环境控制等方面。例如,通过智能投喂系统,可以根据动物的生长阶段和营养需求,自动调整饲料投喂量和种类。同时,通过监测动物的生理指标和行为模式,可以及时发现并预防疾病的发生。

4. 农产品追溯系统

人工智能可以帮助建立农产品的追溯系统,实现从农田到餐桌的全流程跟踪。消费者可以通过扫描农产品上的二维码或条形码,了解产品的产地、种植/养殖过程、加工运输等信息,确保购买的农产品安全可追溯。

5. 智能农业咨询服务

基于人工智能技术的农业咨询服务平台可以为农民提供个性化的种植/养殖建议。农民可以通过平台输入自己的土地条件、作物种类、市场需求等信息,系统会根据大数据分析和机器学习算法,为农民提供最优的种植/养殖方案,帮助农民提高产量和收入。

农业机器人是指一种自动化的农业生产设备,能够代替人类进行种植、喷洒农药、收割等一系列农业操作。这些机器人可以在农田中进行定位、运动、测量和作业,大大减轻了农民的劳动负担,提高了生产效率和质量。

这些应用实例展示了人工智能在农业生产经营中的广泛性和深度。随着技术的不断进步和应用场景的不断拓展,人工智能将为农业带来更加高效、智能和可持续的发展。

人工智能在农业发展中的前景十分广阔。通过应用人工智能技术,可以实现农业生产的自动化、智能化和精准化,提高农业生产效率和质量,推动农业现代化发展。未来,随着技术的不断进步和应用场景的拓展,人工智能将为农业发展带来更多新的可能性和机遇。

4.5.3 人工智能在农业领域的优势

1. 提高农业生产效率和质量

AI可以通过精准预测和实时监控，优化作物种植和畜牧养殖的各个环节，如播种、施肥、灌溉、病虫害防控等，从而提高农业生产的效率和质量。

2. 精准农业实施

AI可以帮助农民收集和分析大量数据，包括土壤状况、气候条件、作物生长情况等，从而实现精准农业，如精准施肥、精准灌溉等。

3. 预警和风险管理

AI可以通过机器学习和大数据分析，预测病虫害发生的可能性、天气变化等风险因素，为农民提供预警，帮助他们及时应对和减少损失。

4. 节约资源，减少环境影响

AI可以帮助农民更有效地使用土壤、水源、肥料等资源，减少浪费，降低对环境的影响。

5. 优化农业供应链管理

AI可以预测农产品的市场需求，帮助农民和农业企业优化农业生产计划和供应链管理，减少存储和运输的成本。

总的来说，AI的引入可以使农业生产更加精准、高效和环保，这对于应对全球人口增长、食品安全和气候变化等挑战具有重要意义。

4.5.4 人工智能在农业发展中的挑战

人工智能在农业领域的应用已经取得了一些进展、前景广阔，但仍面临着一些挑战。人工智能可以帮助农民提高生产效率，优化农业资源利用，实现精准农业管理。这些挑战主要来自技术、人才、资金、数据以及农民接受度等多个方面。

1. 技术挑战

虽然人工智能技术在某些领域已经取得了显著进展，但在农业领域的应用还需要更加深入和精准。例如，农业环境的复杂性和多变性要求人工智能系统具备更高的适应性和稳定性。同时，不同地区的农业生产特点和需求也存在差异，因此需要开发更加灵活和定制化的智能农业解决方案。

2. 人才挑战

目前，既懂得农业知识又具备人工智能技术的复合型人才相对匮乏。这导致在农业生产经营中，人工智能技术的应用和推广受到了一定限制。为了解决这一问题，需要加强农业和人工智能领域的交叉培养，培养更多具备跨学科知识和实践经验的复合型人才。

3. 资金挑战

农业生产经营本身就是一个资金密集型行业，而人工智能技术的研发和应用也需要大量的资金投入。因此，如何吸引和利用社会资本，降低人工智能技术在农业中的应用成本，是当前亟待解决的问题。

4. 数据挑战

行业数据、社会数据和企业数据难以有效融合，缺乏针对农业大数据的深度挖掘和分析利用。此外，由于农业生产对象具有生物特性，数据采集难、算法要求高、算力资源缺，导致落地难度大。

5. 农民接受度

受区域教育水平和教育资源等因素影响,农民对人工智能技术的理解和接受程度相对偏低。此外,一些农民可能担心人工智能技术的应用会取代他们的工作,从而对新技术产生抵触情绪。因此,在推广和应用人工智能技术时,需要注重与农民的沟通和教育,提高他们对新技术的认识和接受度。

6. 人工智能算法在农业生产环境的稳定性和适用性挑战

人工智能技术的应用需要大量的数据支持,而农业领域的数据收集和整理相对困难。

人工智能在农业生产经营中面临多方面的挑战,我们应积极拥抱这一技术,不断探索创新,推动农业现代化进程。要推动人工智能在农业领域的发展,需要加强数据采集和整理工作,提高算法的稳定性和适用性,同时加强技术人才的培养和引进。只有这样,人工智能才能更好地为农业发展提供支持,推动人工智能技术在农业领域的广泛应用和深入发展,实现农业现代化的目标。

然而需要注意的是在应用人工智能技术的过程中,也需要充分考虑数据隐私、伦理道德等问题,确保技术的合理、合规使用。

4.5.5 人工智能在农业领域的未来趋势

随着AI技术的发展和农业需求的改变,我们可以预期AI在农业中的未来趋势将有以下几方面。

(1)全程自动化:随着无人机和自动化农业机械技术的发展,未来的农田可能会实现全程自动化,从播种、施肥、灌溉到收割,都将由智能机器人完成。

(2)数据驱动的决策制定:AI将帮助农业工作者更好地理解并使用数据,以便做出更好的决策。例如,通过对作物生长数据、气候数据、土壤数据等的分析,AI能够帮助决定何时播种、何时收割、何时施肥等。

(3)智能预警系统:通过分析和学习大量的环境和农作物数据,AI能够预测并提前预警病虫害、极端天气等对农业生产有害的情况,帮助农业工作者及时应对,降低损失。

(4)定制化农业:基于AI的数据分析能力,农业生产可以更加精准,满足特定需求。例如,针对特定品种的作物,AI可以优化种植方案,从而提高产量和品质。

(5)环保农业:AI技术可以帮助实现更加环保的农业生产,如减少化肥和农药的使用,节约水资源,降低农业对环境的影响。

人工智能技术的应用已经开始改变现代农业的方式和效率,为农民带来了更好的管理手段和更高效的农业生产方式。由于农业的弱质性,农业AI面临的挑战将比其他任何行业都要大,但是这些问题可以通过更多的科技投入、技术培训和政策支持来解决。

相信未来随着人工智能技术的不断发展和完善,农业生产将变得更加智能化、高效化和环保化,从而更好地满足人类的需求和挑战。

实 训 任 务

实训 4.1 机械手臂智能分拣

【背景描述】

基于前面对智能制造行业现状需求以及人工智能技术在智能制造行业应用场景的学习了解,依托人工智能实训平台进行硬件组装、硬件联调、数据采集、模型训练、编程运行等一系列实训过程,可完成机械手臂智能分拣场景模拟,将色块物料随机放到传送带,传送带将色块物料运输到电动转盘,摄像头调用算法模型识别色块物料颜色,机械手臂根据识别反馈,抓取不同颜色的色块物料分类到相应区域。

【实训目标】

能够深入了解人工智能+机械手臂分拣应用场景的实现与设计。掌握基本的编程逻辑、语法,通过图形化编程实现实训项目预设目标。

【实训工具】

硬件包括控制板和驱动电机。其中,控制板由单片机板Basra和外围电路板Bigfish组成;驱动电机采用舵机,额定电压6 V,扭矩约为215.75 N·m,转动角度0°～270°。

软件使用开源电子原型平台Arduino。

【实训步骤】

(1)机械臂的搭建:将机械臂舵机与主控板进行连接。
(2)进行机械臂程序调试:
① 确认机械臂需要实现的功能;
② 确认机械臂的初始动作位置。依次确认机械臂的初始动作位置以及机械臂舵机下落、抓取和抬起、放开物体的角度值;
③ 机械臂的初始动作、下落的程序编写;
④ 机械爪夹取的程序编写;
⑤ 机械臂恢复初始的程序。

【注意事项】

(1)操作机器人前、要先确认机器人原点是否正确,各轴动作是否正常。检查所有机器人的开关、显示以及信号的名称及其功能。

(2)操作机器人前,需要首先确认紧急停止按钮功能是否正常。检查所有机器人操作的开关、显示以及信号的名称及其功能。

(3)在示教和维护作业中,绝不允许操作人员在自动运行模式下进入机器人动作范围内,绝不允许其他无关人员进入机器人范围内。

实训4.2 无人派送

【背景描述】

基于前面对智慧物流行业现状需求以及人工智能技术在智慧物流行业应用场景的学习了解,依托人工智能实训平台进行硬件组装、硬件联调、数据采集、模型训练、编程运行等一系列实训过程,可完成无人派送场景模拟,将需要派送的物品放置在AGV无人小车(见图4-21)上,摄像头调用路线检测模型识别路线图,小车根据识别反馈,沿着指定的路线行驶。

图4-21 AGV小车

【实训目标】

深入了解人工智能+无人派送应用场景的设计与实现；创建一个自己的人工智能实训项目，并完成软硬件环境的联调；掌握基本的编程逻辑、语法，通过图形化编程实现项目预设目标。

【实训工具】

AGV无人小车、路由器、控制器、手机或平板计算机。

【实训步骤】

（1）通过S-BOX与Wi-Fi路由、CE32-3U-32M控制器相连，通过手机/平板App发送指令，小车根据发送的命令进行前进、后退等操作，实现无线控制。

（2）系统只是对小车进行移动控制，只需对程序进行简单的编程、修改，就可以实现更人性化的界面和功能更完善的控制系统。

（3）配套的手机/平板的App支持安卓，IOS系统下运行的App。

【注意事项】

无线控制距离取决于Wi-Fi路由的传输距离和强度，若用于工控行业，可选择工业Wi-Fi路由，稳定性更高。

实训 4.3　虚拟交通流量优化

【实训目标】

通过使用交通仿真软件，学生将学习如何应用AI技术优化城市管理，分析不同管理措施对城市交通流量的影响。

【实训工具】

交通仿真软件。

【实训步骤】

（1）选择并使用交通仿真软件（如VISSIM或AnyLogic）。

（2）输入给定的交通数据，包括交通流量、路网结构等。

（3）观察并在表（见表4-1）中记录不同交通管理措施的实施效果。

表4-1　实训记录表

序　号	交 通 数 据	交 通 流 量 情 况	讨 论 结 果	备　注
1				
2				
3				
4				
5				
6				
7				
8				
9				
10				

（4）分析数据，讨论不同措施对交通流量的影响及其可行性。
（5）提出优化城市交通管理的建议，形成报告。

【注意事项】
（1）确保输入的数据准确且符合实际城市情况，以便获得有效的仿真结果。
（2）在讨论中，鼓励学生从不同角度分析问题，提出多元化的解决方案。
（3）注意遵循城市管理的相关法规和政策。

自我测评

一、单选题

1. 在人工智能+制造领域，（　　）技术最常用于提高生产效率和质量控制。
   A. 机器人流程自动化　　　　B. 深度学习图像识别
   C. 自然语言处理　　　　　　D. 区块链技术
2. 人工智能在交通物流中的应用，（　　）场景最能体现智能调度和优化路径的能力。
   A. 自动驾驶货车　B. 智能停车系统　C. 人脸识别安检　D. 电子支付系统
3. 人工智能在农业中的关键应用之一是（　　）。
   A. 精准农业与作物监测　　　B. 自动化收割
   C. 农产品包装设计　　　　　D. 农产品网络营销

二、填空题

1. 在人工智能+制造中，通过_____技术，生产线上的机器人能够自主完成复杂组装任务，提高生产效率。
2. 人工智能+交通物流领域，利用_____技术可以实现交通流量的预测与管理，减少拥堵。
3. 在人工智能+农业中，_____系统可以实时监测土壤湿度、温度等参数，指导农民精准灌溉和施肥。

三、判断题

1. 人工智能+制造只能提高生产效率，无法提升产品质量。　　　　　　　　（　　）
2. 自动驾驶汽车在人工智能+交通物流领域的应用，可以显著提高运输安全性和效率。
   　　　　　　　　　　　　　　　　　　　　　　　　　　　　　　　　（　　）
3. 人工智能在农业中的应用仅限于自动化收割和智能灌溉，无法提高农作物产量或品质。　　　　　　　　　　　　　　　　　　　　　　　　　　　　　　　（　　）

四、简答题

1. 简述人工智能在制造行业中如何提高生产效率和质量控制。
2. 分析人工智能+交通物流如何改变人类的日常生活和商业模式。

模块 5 人工智能应用（二）

学习目标

1. 理解人工智能在医疗诊断中的应用技术及其对提升诊断效率和准确性的影响，掌握相关案例分析。
2. 分析人工智能技术在教育领域的多样化应用，探讨其在个性化学习和教学管理中的重要性。
3. 探讨人工智能如何在环境监测与保护中发挥作用，理解其对可持续发展目标的贡献。
4. 了解人工智能在军事国防领域的应用现状与前景，分析其对国家安全和作战效率的影响。
5. 研究人工智能在城市管理中的应用实例，评估其在提升城市运行效率和居民生活质量中的作用。
6. 探讨人工智能技术在养老服务中的应用，分析其如何改善老年人的生活质量和护理效率。

学习重点

1. 人工智能在医疗诊断中的应用技术。
2. 智能教育系统的核心技术。
3. 人工智能在环境保护中的关键作用。
4. 人工智能在军事国防中的应用技术。
5. 人工智能在城市管理中的应用方法。
6. 人工智能在养老服务中的创新应用。

单元 1　人工智能 + 医疗诊断

5.1.1　何为人工智能+医疗诊断

1. 人工智能+医疗诊断简介

"人工智能+医疗诊断"是指利用人工智能（AI）技术来辅助或优化医疗诊断过程的一系列技术和方法。这些技术的目的是提高诊断的准确性、效率以及个性化程度，为患者提供更加精准、快速和有效的医疗服务。随着人工智能的快速发展，人工智能在医疗领域的应用正日益受到重视，在医学诊断领域，人工智能的崛起主要源自一种强烈的社会需求：提升医疗诊疗的效果与效率。这一技术革新旨在促进疾病的早期发现与筛查，实现快速而简便的诊断过程，从而显著提高医疗行业的技术水平和服务品质。面对医疗资源分配不均等的核心挑战，患者常常难以获得优质的医疗服务体验。医生的专业水平及治疗效果的不确定性，有时会导致患者的不满和消极反馈。

人工智能技术的介入，正逐步改变传统的诊断与治疗模式，引领着医疗健康服务领域的深刻变革。通过精准分析与高效处理大量医疗数据，人工智能不仅能够辅助医生做出更为准确的诊断决策，还能优化治疗方案，确保患者接受更加个性化、高效的医疗服务。这一转变不仅提升了医疗服务的整体质量，还有助于缓解医疗资源紧张的问题，让更多患者能够享受到高质量的医疗服务。

2. 人工智能+医疗诊断的发展概况

近些年，人工智能已经崛起为推动社会经济向前发展的关键新引擎，它在提升生产效率、促进社会进步以及经济结构的转型中扮演了至关重要的角色。作为引领新一代工业革命的核心动力，人工智能在医疗领域展现出了创新的应用前景，并在与医疗行业的深度融合过程中催生出新的商业模式。依靠人工智能发展而带动的智慧医疗快速进步和广泛推广不仅提升了医疗服务的质量，还有效降低了医疗成本，为解决医疗资源短缺、分配不均等关键民生问题提供了有力支持。

我国人工智能医疗行业起步较晚，20世纪80年代才开始人工智能医疗方面的研究。21世纪10年代，随着阿里、腾讯、百度等企业人工智能大数据通用模型技术积累不断完善，医院等卫生机构数字化建设的逐渐深入，人工智能医疗产业发展的轮廓逐渐展现。近年来，国内领先的人工智能医疗企业逐步积累了一定的技术成果，行业融资活动持续保持活跃，人工智能医疗服务越来越普遍地得到应用，人工智能医疗行业进入加速发展时期。

人工智能医疗是我国医疗行业转型升级的发展重点，为更好地规范和促进中国医疗卫生事业的发展，国家及相关主管部门制定了一系列的支持、指导和规范类政策，旨在完善人工智能医疗应用标准体系，同时更大力度地探索人工智能辅助诊疗和人工智能远程医疗应用。2024年7月，国家卫生健康委员会等13个部门联合制定了《健康中国行动——慢性呼吸系统疾病防治行动实施方案（2024年—2030年）》，方案强调"加强规范化诊疗和健康管理，完善慢性呼吸系统疾病相关诊疗指南、临床路径，探索应用人工智能、大数据等新一代信息技术建立规范化基层诊疗辅助系统"。从国家层面支持人工智能医疗的规范化发展方案，近年来的其他相关政策见表5-1。现如今，人工智能发展得如火如荼，但真正的突破是在近几十年内随着计算能力的增强和大数据的积累而实现的，医疗行业亦是如此。

（1）20世纪中期至21世纪初，人工智能在医疗领域发展的早期阶段中，在医疗诊断领域的应用相对有限，主要集中在基础研究和初步探索上。早期的计算机辅助诊断系统主要依赖于预设的规则和算法，这些系统通过预定义的规则和算法来分析医学影像，以提高诊断的准确率。如心电图（ECG）和X射线透视。然而，这些系统的准确性和可靠性受到了很大的限制，因为它缺乏对环境变化的适应能力，主要依赖于人工定义的规则和符号系统来进行问题求解，无法处理复杂的医学图像和数据。

（2）21世纪初至今，随着深度学习技术的发展和大数据的积累，人工智能在医疗诊断领域的应用进入了一个新的阶段。深度学习是一种模仿人脑神经网络结构和功能的机器学习方法，它能够从大量的数据中自动学习和提取特征。这种技术特别适用于处理复杂的医学图像和数据。

表5-1 医疗AI行业相关政策

发布时间	发布部门	政策名称	主要内容
2021年9月	国家卫生健康委和国家中医药管理局	公立医院高质量发展促进行动（2021—2025年）	鼓励有条件的公立医院加快应用智能可穿戴设备、人工智能辅助诊断和治疗系统等智慧服务软硬件，提高医疗服务的智慧化、个性化水平，推进医院信息化建设标准化、规范化水平。瞄准精准医学、再生医学、人工智能、抗体与疫苗工程、3D打印等，有效解决医学科学领域的"卡脖子"问题
2021年12月	国家药品监督管理局等8个部门	"十四五"国家药品安全及促进高质量发展规划	将药品监管科学研究纳入国家相关科技计划，重点支持中药、疫苗、基因药物、细胞药物、人工智能医疗器械、医疗器械新材料、化妆品新原料等领域的监管科学研究，加快新产品研发上市
2021年12月	工业和信息化部等10个部门	"十四五"医疗装备产业发展规划	支持医疗装备、医疗机构、电子信息、互联网等跨领域、跨行业深度合作，鼓励医疗装备集成5G医疗行业模组，嵌入人工智能、工业互联网、云计算等新技术，推动医疗装备智能化、精准化、网络化发展
2022年4月	国务院办公厅	"十四五"国民健康规划	开展原创性技术攻关，推出一批融合人工智能等新技术的高质量医疗装备。推广应用人工智能、大数据、第五代移动通信（5G）、区块链、物联网等新兴信息技术，实现智能医疗服务、个人健康实时监测与评估、疾病预警、慢病筛查等
2023年3月	中共中央办公厅 国务院办公厅	关于进一步完善医疗卫生服务体系的意见	发展"互联网+医疗健康"，建设面向医疗领域的工业互联网平台，加快推进互联网、区块链、物联网、人工智能、云计算、大数据等在医疗卫生领域中的应用，加强健康医疗大数据共享交换与保障体系建设
2023年8月	国家卫生健康委办公厅	出生缺陷防治能力提升计划（2023—2027年）	推进人工智能、大数据和5G技术在辅助出生缺陷疾病临床筛查诊断、数据管理和质量控制、远程医疗等方面创新和规范应用，提高服务水平
2023年10月	国家卫生健康委等13个部门	健康中国行动——癌症防治行动实施方案（2023—2030年）	持续推进多学科诊疗模式，提升癌症相关临床专科能力，探索以癌症病种为单元的专病中心建设，积极运用互联网、人工智能等技术，开展远程医疗服务，探索建立规范化诊治辅助系统，提高基层诊疗能力

人工智能医疗诊断目前已在医疗影像诊断、病理学诊断、基因组学分析、电子病历分析、远程医疗和移动健康等方面全方位布局。随着深度学习技术的不断进步，我们已经目睹了AI技术与医疗健康深度融合的趋势，这一趋势主要由科技和医疗行业的领军企业所引领。在亚洲地区，人工智能与医疗健康的结合主要集中在辅助诊断、患者虚拟助手和医学影像分析等领域，尽管在药物研发方面略显滞后。中国在影像识别和辅助诊断应用方面取得了广泛的应用，同时在其他领域也呈现出快速发展的态势，实现了多元化的发展模式，并在多个维度上取得了显著成就。

3. 人工智能+医疗诊断的技术现状

在当今时代，智能医疗的蓬勃发展与人工智能技术的不断进步紧密相连。人工智能技术分为计算智能、感知智能和认知智能三大类，它们的发展依赖于强大的算力、先进的算法以及高效的通信技术。

首先，计算智能技术为处理庞大的医疗数据提供了坚实的基础。随着医疗领域数字化进程的加速，我国医疗大数据产业在政府的引导下快速发展，通过市场运作方式为医疗事业注入了新的活力。作为新基建的重要组成部分，国家大力推动大数据产业的发展，已规划建设多座国家数据中心，为大数据产业的腾飞提供了有力支撑。特别是在医疗数据领域，2019年，我国已将福建、江苏、山东、安徽、贵州、宁夏等省（区）的国家健康医疗大数据中心与产业园建设为国家试点，为医疗大数据的发展奠定了坚实的基础。

其次，感知智能技术在医学影像识别方面取得了显著进展。面对医疗资源短缺的现状，现有的医生数量难以满足患者日益增长的医学影像诊断需求。而人工智能技术凭借其强大的影像识别能力，能够有效提高医生的诊疗效率，满足市场需求。在肺结核领域，我国已有依图科技、图玛深维等多家企业能够提供智能CT影像筛查服务，并自动生成病例报告，为医生快速检测提供了有力支持。

最后，认知智能技术在机器学习领域持续探索。由于疾病的诊治和治疗需要考虑复杂的影响因素，是一个动态的决策过程，因此人工智能技术被广泛应用于疾病筛查，帮助医生进行初步诊断。然而，我国在认知智能方面仍有很大的发展空间，需要继续努力提升技术水平。

4. 人工智能+医疗诊断的发展趋势

1）个性化诊疗

随着人工智能技术的飞速发展，未来的医疗诊断将变得更加个性化。AI算法能够深入分析患者的基因信息、病史及检查结果，从而定制专属的治疗方案，这不仅能提升治疗效果，也能有效降低医疗成本。

2）跨学科研究

AI技术的应用促进了医学与其他学科的跨界合作。医学、生物学和计算机科学等领域的专家携手研究AI在医学诊断中的应用，共同推动诊断准确度和效率的提升。

3）智能辅助设备

未来，AI技术还将与医疗设备紧密结合，诞生更多智能辅助设备。这些设备能在诊断过程中为医生提供实时、精准的建议，极大提高诊断效率。

4）全民健康管理

AI技术将为全民健康管理提供强大支持。通过分析海量健康数据，AI算法能预测疾病发展趋势，为政府制定健康政策提供有力依据。

5.1.2 医疗诊断影像分析

医学影像学是现代临床医学中不可或缺的一部分，其重要性不言而喻。随着信息技术的飞速发展和计算机算法的不断革新，人工智能技术在医疗领域的应用日益广泛。特别是在医学影像分析中，AI技术展现出了巨大的潜力和价值。

医学影像AI是指基于计算机视觉技术的神经元数学模型，通过充分挖掘海量多模态医学影像原始像素和有效组学特征，学习和模拟影像医生的诊断思路，进行特征挖掘、重新组合、综合判断的复杂过程，某医疗智能评价系统如图5-1所示。

1. 人工智能影像分析过程

在医学成像领域，疾病的精确诊断与评估高度依赖于医学图像的采集及其后续的解释分析。传统这一解释工作主要由医生负责，但医生的主观判断、个体间的认知差异以及疲劳程度等因素，往往会影响图像解释的准确性。近年来，随着技术的进步，图像采集设备的性能得到了显著提升，能够以更快的速度和更高的清晰度捕捉数据。然而，图像解释这一环节，直到最近才开始融入计算机技术，以提高诊断的准确性和效率。通过引入先进的计算机算法和人工智能技术，医学图像解释的过程正在经历一场革命性的变革。人工智能应用于医疗影像分析的技术过程，包括数据预处理、特征提取、模型训练与评估以及临床应用等关键环节。这些技术不仅能够辅助医生进行更准确的诊断，还能够减轻他们的工作负担，降低人为因素导致的误诊风险。

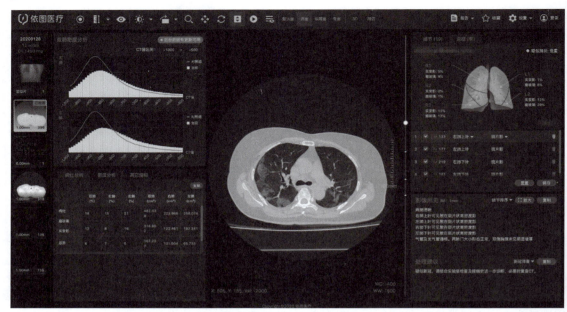

图5-1 某医疗智能评价系统

1)数据预处理

医疗影像数据通常具有高度的复杂性和多样性,包括不同来源、不同格式以及不同质量的图像。因此,在进行人工智能分析之前,数据预处理是至关重要的一步。数据预处理的主要目的是提高数据质量,使其更适合于后续的算法处理。

(1)**图像去噪**:由于设备噪声、患者运动等因素,医疗影像中常含有噪声信号。通过滤波、平滑等去噪技术,可以有效减少噪声对分析结果的影响。

(2)**图像增强**:针对低对比度、模糊等图像质量问题,采用直方图均衡化、锐化等增强技术,提高图像的清晰度和细节表现能力。

(3)**标准化与归一化**:由于不同设备、不同扫描参数下获取的影像数据存在差异,需要对数据进行标准化处理,使其具有统一的格式和尺度。同时,归一化处理有助于减少数据间的差异,提高算法的稳定性和泛化能力。

(4)**图像分割**:将影像中的目标区域(如病变组织、器官等)与背景区域分离,以便进行更精确的分析。图像分割技术包括基于阈值的方法、基于区域的方法、基于边缘的方法,以及基于深度学习的方法等。

2)特征提取

特征提取是医疗影像分析中的核心环节之一。通过提取影像中的关键信息(如形状、纹理、灰度分布等),可以构建出能够表征病变特征的数学模型。在人工智能时代,特征提取的方式发生了深刻变革,由传统的手工设计特征逐渐转向自动学习特征。

(1)**手工设计特征**:在深度学习兴起之前,研究人员通常需要根据医学知识和影像特点,手工设计一系列特征描述符来表征病变区域。这些特征可能包括形态学特征(如面积、周长、圆形度等)、纹理特征(如灰度共生矩阵、局部二值模式等)和统计特征等。

(2)**自动学习特征**:随着深度学习技术的兴起,特别是卷积神经网络(CNN)在图像识别领域的成功应用,自动学习特征成为主流。CNN通过多层卷积和池化操作,能够自动从原始影像中提取出层次化的特征表示，这些特征不仅具有更强的表征能力，还能够更好地适应不同病变类型和复杂背景。

3）模型训练与评估

在完成数据预处理和特征提取后，需要选择合适的模型进行训练，并对模型性能进行评估。医疗影像分析中的模型训练与评估是一个复杂而精细的过程，需要充分考虑数据的特异性、模型的泛化能力以及评估指标的科学性。

（1）**模型选择**：根据具体任务和数据特点选择合适的模型。在医疗影像分析中，常用的模型包括CNN、循环神经网络（RNN）、生成对抗网络（GAN）等。其中，CNN以其强大的图像处理能力成为主流选择。

（2）**模型训练**：使用标注好的医疗影像数据对模型进行训练。训练过程中需要调整模型的参数和结构，以优化模型性能。同时，还需要采取一系列措施来防止过拟合和欠拟合等问题。

（3）**模型评估**：通过交叉验证、留一法等策略对模型进行评估。评估指标包括准确率、敏感度、特异度、ROC曲线下的面积（AUC）等。这些指标能够全面反映模型在识别病变区域、区分病变类型等方面的能力。

4）临床应用

经过严格的数据预处理、特征提取、模型训练与评估后，人工智能在医疗影像分析中的应用逐步走向临床。在临床应用中，人工智能系统能够辅助医生进行病变检测、诊断分期、治疗规划以及疗效评估等工作。

（1）**病变检测**：通过自动分析医疗影像数据，人工智能系统能够快速准确地检测出病变区域，为医生提供初步的诊断依据。

（2）**诊断分期**：根据病变区域的特征表现，人工智能系统能够对病变进行分期评估，为医生制定治疗方案提供参考。

（3）**治疗规划**：结合患者的病历资料和影像数据，人工智能系统能够辅助医生制定个性化的治疗规划，提高治疗效果和患者生存率。

（4）**疗效评估**：在治疗过程中，人工智能系统能够持续监测患者的影像数据变化，评估治疗效果并及时调整治疗方案。

2. 人工智能在医疗诊断影像分析的应用案例

1）肺结节检测与肺癌早期筛查

肺结节检测是肺癌早期筛查的重要手段。传统的检测方法依赖于放射科医生的肉眼观察，但这种方法不仅耗时耗力，还容易受到医生经验和主观判断的影响。随着人工智能技术的发展，基于深度学习的肺结节检测算法应运而生。

这些算法通过大量标注的CT图像数据进行训练，能够自动学习肺结节的特征，并在新的CT图像中准确识别出潜在的肺结节。

IBM的Watson Health和谷歌的DeepMind等科技公司，以及多家医疗设备制造商，都推出了基于AI的肺癌筛查系统。这些系统能够辅助医生快速准确地识别出潜在的肺癌病灶，大大提高了肺癌早期筛查的效率和准确性。

相关案例：安徽的一位刘女士，通过体检发现肺部存在多个结节，其中一个接近11 mm。经过多家医院的建议诊断，她最终选择在上海瑞金医院接受手术。瑞金医院胸外科团队利用导航平台的AI技术自动重建患者气道结构，并智能规划出避开血管的最优路线，术前肺小结节CT精准评估如图5-2所示。术中，稳定的机器人机械臂引导带有摄像头的支气管镜沿着既定路线前进如图5-3所示，实现了对目标病灶的精准定位和切除。

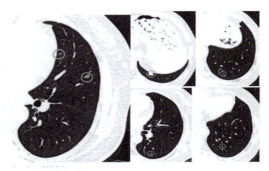

图5-2　术前肺小结节CT精准评估

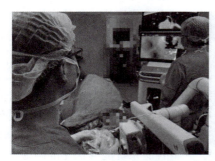

图5-3　主治医生操作手柄

2）糖尿病视网膜病变筛查

糖尿病视网膜病变是糖尿病患者常见的并发症之一，如果不及时发现和治疗，可能导致失明。传统的筛查方法依赖于眼科医生的眼底检查，但这种方法受限于医生的数量和经验。

AI算法能够分析眼底照片，自动检测视网膜上的微血管瘤、硬性渗出、软性渗出等病变特征，从而评估患者是否患有糖尿病视网膜病变。这种筛查方式比传统的人工筛查更加快速、准确，且能够覆盖更多的患者群体。例如，IDx-DR是美国首个获得FDA批准的AI辅助糖尿病视网膜病变筛查设备，它能够在没有医生参与的情况下，为患者提供初步的筛查结果，有助于早期发现和治疗该疾病，减少失明风险。图5-4是患者借助IDx-DR进行诊疗。

图5-4　患者借助IDx-DR进行诊疗

3）乳腺癌筛查与诊断

乳腺癌是女性常见的恶性肿瘤之一，早期筛查和诊断对于提高患者生存率至关重要。乳腺X射线检查（乳腺钼靶）是乳腺癌筛查的重要手段之一，但传统的筛查方法同样受限于医生的数量和经验。

AI算法可以自动分析乳腺X射线图像，检测潜在的肿块、钙化等异常区域，并给出初步的诊断建议。能够辅助医生快速准确地识别出潜在的乳腺癌病灶，为早期治疗提供有力支持，在提高筛查的准确性的同时减轻医生的工作负担。一些公司如Hologic、Butters等已经推出了基于AI的乳腺癌筛查系统，并在全球范围内得到广泛，减少漏诊和误诊，提高乳腺癌筛查的整体水平。

4)智能放疗系统

放射治疗是治疗肿瘤的主要方式之一,但传统的放疗过程复杂且耗时耗力。放疗师需要手动勾画靶区,并根据患者的具体情况制定放疗计划。然而,放疗师的数量有限且分布不均,导致一些地区的患者难以获得高质量的放疗服务。

智能放疗系统利用AI算法自动分析医学影像数据,如CT、MRI等图像,智能识别肿瘤以及周边的器官和组织结构。通过深度学习等技术手段,系统能够自动生成精准的放疗计划,并预测治疗效果。例如,连心医疗研发了一套肿瘤临床治疗系统,该系统使用基于医学影像大数据的人工智能算法帮助放疗师进行肿瘤治疗的靶区勾画,准确率超过80%。

智能放疗系统能够显著提高放疗师的工作效率,缓解放疗师匮乏的问题。同时,它还能够提供更加精准的放疗计划,减少放疗过程中的副作用和并发症风险,提高患者的治疗效果和生活质量,图5-5所示为国内多所医院启用的Ethos智慧放疗平台。

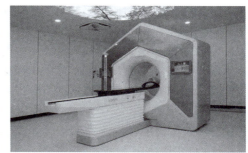

图5-5 Ethos智慧放疗平台

5.1.3 疾病预测和风险评估

在现代医学领域,人工智能技术正迅速成为疾病预测和管理的关键工具。通过处理和分析海量的健康数据,包括电子健康记录、基因组数据、影像资料以及实时生物标志物,AI技术展现出了前所未有的潜力。在疾病预测和风险评估方面,AI技术以其强大的数据处理能力、模式识别能力和预测能力,为疾病的早期发现、风险评估和精准治疗提供了前所未有的支持。

1. 人工智能在疾病预测和风险评估中的应用

1)数据驱动的疾病预测

AI技术的核心在于其能够处理和分析大量的健康数据,这些数据来源广泛,涵盖了从电子健康记录到基因组信息,再到复杂的影像资料和实时的生物标志物。通过机器学习算法,AI可以识别出疾病发展的模式和风险因素,从而在症状明显前预测疾病的发生。例如,DeepMind开发的一种AI系统能够通过眼部扫描图像预测糖尿病性视网膜病变的发展。这种能力不仅有助于早期干预,还能显著提高患者的生活质量。

2)基因组学在疾病预测中的应用

AI在基因组学中的应用为精准医学开辟了新的篇章。通过分析患者的基因组信息,AI能够预测个体对特定疾病的易感性以及可能的疾病进展情况。此外,AI还可以帮助识别哪些患者可能从特定治疗中获益,哪些可能无反应或有副作用,从而指导个性化的治疗方案。这种精准医疗的方法不仅可以提高治疗效果,还能减少不必要的医疗开支。

3)影像诊断和早期检测

在放射科和病理科,AI技术已被广泛应用于医学影像的解读,如CT扫描、MRI和X射线照片。AI系统通过深度学习模型分析影像,能够准确识别和定位病变区域,有助于早期发现癌症等疾病。这种技术不仅提高了诊断的精确性,也加快了诊断过程,使医生能够更快地制定治疗策略。

4)疾病风险评估和管理

AI系统可以整合患者的生活方式、环境因素和遗传信息,评估个体发展特定疾病的风险。

通过这些数据，AI不仅可以预测疾病，还可以提供预防建议和生活方式改善方案。例如，IBM Watson健康平台利用AI帮助医生和患者管理慢性病，如糖尿病和心脏病。这种智能化的管理方式大大提高了患者的自我管理能力，减少了慢性病的并发症。

5）实时监控和预警系统

利用可穿戴设备和物联网技术，AI能够实时监控患者的生命体征和健康状况。这些数据被用来预测急性事件的发生，如心脏病发作或哮喘发作，从而及时通知患者和医护人员采取行动。这种类型的实时监控系统对于慢性疾病管理尤其重要，它能够显著降低急性事件的风险，提高患者的生存率。

人工智能在疾病预测和风险评估中的应用涵盖了从基因组学分析到实时监控的多个方面，大大提高了诊断的准确性和治疗的个性化水平，同时也加快了新药的研发速度并提高了患者监护的效率和准确性。随着技术的不断进步，AI在医疗领域的应用将变得更加广泛和深入，为人类健康带来更多福祉。

2. 人工智能在疾病预测和风险评估的应用案例

1）CaRi-Heart AI技术

CaRi-Heart AI技术由英国CaristoDiagnostics公司开发，能够提前10年预测致命心脏疾病。该技术通过分析冠状动脉计算机断层血管造影（CCTA）数据，结合标准化的脂肪衰减指数（FAI）和患者的传统风险因素，计算出患者未来发生心脏事件的风险。研究结果显示，该技术能够有力地预测10年内的心脏死亡率和MACE（心肌梗死、新发心力衰竭或心源性死亡），无论是否存在冠状动脉粥样硬化。如图5-6所示为CaRi-Heart AI技术识别冠状动脉。

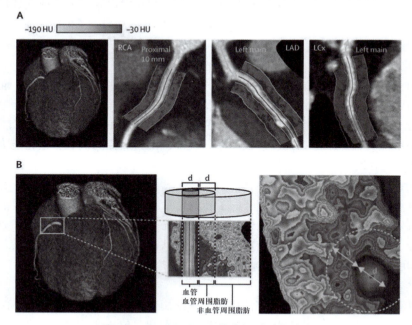

图5-6　CaRi-Heart AI技术识别冠状动脉

2）颅内动脉瘤AI检测

南京大学医学院附属金陵医院等机构合作开发的深度学习模型，在颅内动脉瘤检测中取得了显著成果。该模型通过CT血管成像（CTA）数据，能够准确识别颅内动脉瘤，并显著提高诊断的敏感性和特异性，基于CTA图像数据的深度学习模型如图5-7所示。在一项多中心研究中，AI模型的灵敏度达到了98.8%，远高于临床医生的诊断水平。

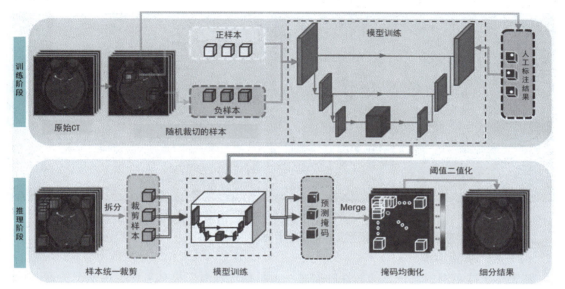

图5-7　基于CTA图像数据的深度学习模型

5.1.4　智能辅助诊断系统

人工智能在医疗行业的智能辅助诊断系统应用主要体现在提高诊断准确性和效率，减轻医生工作负担，以及在某些情况下达到或超过专业医生的诊断水平。这种技术的应用涵盖了多个方面，包括图像识别技术、自然语言处理技术、深度学习技术等，它们在医学影像诊断、病历分析、基因诊断等领域发挥着重要作用。

1. 人工智能在智能辅助诊断系统中的应用

1）图像识别技术在医学影像诊断中的应用

人工智能通过深度学习和模式识别算法，能够自动分析患者的医疗影像数据（如X射线图像、CT扫描等），检测异常病变，并提供初步的诊断意见。

2）自然语言处理技术在病历分析中的应用

通过分析病历资料，人工智能算法可以预测患者发生心血管事件的风险，为医生提供诊断建议。在心脏病诊断中，这种技术的准确率达到85%，高于传统风险预测模型。

3）深度学习技术在基因诊断中的应用

人工智能通过分析患者的基因组数据，能够快速准确地识别遗传病基因。在遗传病诊断中，人工智能算法的准确率达到90%以上，与专业遗传病医生的诊断水平相当。

4）智能辅助诊断系统的软件

市场上已有多款人工智能写诊断报告的软件，如腾讯医典、百度健康、平安好医生等。这些软件采用云计算技术，通过互联网为医生提供实时、高效的辅助诊断服务。以腾讯医典为例，它通过接入大量医学影像和病历资料，运用深度学习技术训练模型，实现智能诊断，并具备自然语言应对能力，可以自动生成诊断报告，支持医生在线修改和审核。腾讯医典医疗知识图谱构建流程如图5-8所示。

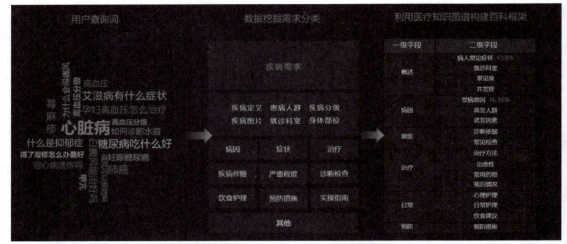

图5-8 腾讯医典医疗知识图谱构建流程

2. 人工智能在智能辅助诊断系统中的应用案例

1) 肺结节筛查系统

肺癌是全球范围内最常见的恶性肿瘤之一,早期发现对于提高患者生存率至关重要。然而,传统的肺结节筛查方法依赖于医生的经验,存在较高的漏诊和误诊率。阿里健康开发的肺结节筛查系统Doctor You,通过深度学习和计算机视觉技术,能够自动化、高效化地分析CT图像。该系统能在秒级别内对CT图像进行分割、定位、分类和风险评估,辅助医生发现潜在的肺结节,并给出恶性概率的评估。这不仅提高了诊断速度,还显著降低了人为误差,使医生能够更早地发现肺癌,为患者争取宝贵的治疗时间。Doctor You智能筛查及结果如图5-9所示。

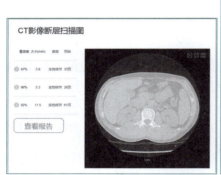 

图5-9 Doctor You智能筛查及结果

2) OncologyAI的智能辅助诊断和治疗决策系统

癌症治疗方案的制定高度依赖于患者的具体情况,包括病理类型、分期、基因突变等。然而,传统的治疗规划往往依赖于医生的经验,难以做到完全个性化。OncologyAI系统整合了全球各地的临床数据和癌症病例,通过深度学习和数据分析,为医生提供个性化的治疗建议。该系统能够快速分析患者的病理标本和影像资料,确定癌症类型和分级,并基于患者的具体情况提供最佳的治疗方案。

3）PathAI病理分析系统

病理诊断是疾病诊断的金标准，但传统的病理分析依赖于病理学家的经验和显微镜观察，存在主观性和效率问题。PathAI的病理分析系统（见图5-10），利用AI技术对病理切片进行高精度分析，能够自动识别癌症细胞并提供详细的分析报告。该系统显著提高了病理诊断的准确性和效率，减少了人为误差。

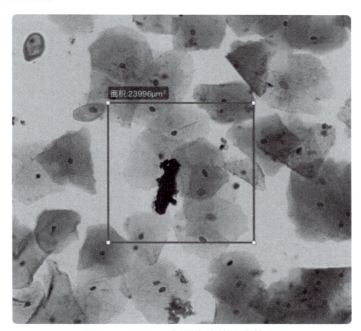

图5-10　PathAI宫颈癌液基细胞筛查

5.1.5　病历数据挖掘

病历数据是医疗领域中极为重要的信息资源，包含了患者的基本信息（如姓名、年龄、性别等）、病史（既往病史、家族病史、过敏史等）、症状、检查结果（实验室检查结果、影像学检查结果等）和治疗方案等关键信息。通过对这些数据的深入分析和挖掘，可以发现疾病的发生规律、治疗效果以及患者预后等信息，为医生提供更有针对性的治疗方案和健康管理建议。人工智能在医疗行业的病历数据挖掘方面应用主要体现在利用自然语言处理技术和数据挖掘技术来处理和分析病历数据，从而提取有用的信息和知识，帮助医生更好地理解和应用这些数据以改进诊断和治疗方案。

1. 电子病历利用现状

（1）**数据收集与存储**：医疗机构通过电子病历系统收集和存储患者的健康信息。然而，由于不同的医疗机构使用不同的系统和标准，导致数据的收集和存储存在一定的困难。

（2）**数据共享与隐私保护**：数据共享是实现医疗资源优化配置的重要手段，但同时也涉及患者隐私保护的问题。目前，医疗机构在数据共享方面仍存在一定的障碍，如数据格式不统一、缺乏互操作性等。

（3）**数据分析与应用**：传统的数据分析方法难以处理海量的非结构化或半结构化数据。因此，医疗机构开始探索利用AI来分析和利用这些数据，以提高医疗质量和效率。

2. 人工智能在病历数据挖掘中的应用

1）数据预处理与标准化

病历数据往往来自不同的医疗机构和系统，具有多源异构的特点。数据格式、编码标准、语义表达等方面的差异给数据挖掘带来了巨大挑战。人工智能技术，特别是自然语言处理技术，能够自动解析和理解病历中的文本内容，提取关键信息，并将其转化为结构化的数据格式。例如，通过实体识别技术，可以识别出病历中的疾病名称、药物名称、检查项目等专有名词；通过关系抽取技术，可以发现不同实体之间的关联关系，如症状与疾病的关系、药物与治疗方案的关系等。这些预处理和标准化工作为后续的数据挖掘奠定了坚实基础。

2）疾病预测与诊断

人工智能技术在疾病预测与诊断方面的应用尤为突出。通过分析患者的临床数据、影像数据和基因组数据，AI可以辅助医生预测疾病的风险，辅助进行诊断。例如，利用机器学习算法对患者的病历数据进行分析，可以预测慢性疾病的发展趋势，帮助医生制定更有效的治疗方案。在肿瘤领域，AI通过分析肿瘤患者的基因组数据和临床表现数据，可以进行肿瘤的分型和分级，为个体化治疗提供依据。此外，AI还可以结合医学影像数据，如X射线图像、CT扫描、MRI图像等，进行疾病的自动识别和诊断。

3）临床试验与药物研发

在临床试验和药物研发领域，人工智能技术的应用也取得了显著成效。通过分析大量的生物信息数据和临床试验数据，AI可以发现药物的潜在作用机制，筛选潜在的药物靶点，加速药物研发过程。例如，美国硅谷公司Atomwise通过IBM超级计算机和人工智能算法，在分子结构数据库中筛选治疗方法，评估出820万种药物研发的候选化合物。此外，AI还可以帮助设计更有效的临床试验方案，提高试验的成功率。

4）医疗资源优化

通过分析医院的患者就诊数据和医疗资源利用情况，人工智能技术可以优化医疗资源的分配和利用，提高医疗服务的效率。例如，通过数据挖掘技术分析患者的就诊模式和疾病类型分布，可以帮助医院合理安排医护人员和设备，减少排队时间，提高就诊效率。此外，AI还可以辅助医院进行床位管理、手术安排等工作，实现医疗资源的精细化管理。

3. 人工智能在病历数据挖掘中的应用案例

1）腾讯觅影——早期肺癌筛查与辅助诊断

腾讯公司推出的"腾讯觅影"是中国领先的医疗人工智能平台，广泛应用于医疗影像诊断、病历数据挖掘等多个领域。腾讯觅影与国内多家三甲医院合作，通过AI技术辅助医生进行肺癌等重大疾病的早期筛查。

肺癌是中国高发的重大疾病之一，而早期诊断对患者的治疗效果至关重要。传统的肺癌筛查手段，主要依赖医生对CT影像的判读，然而在早期肺癌中，微小病灶往往不易察觉，容易被忽视。腾讯觅影通过深度学习技术分析大量的肺部CT影像及病历数据，迅速识别出可疑的病变区域，并对其进行标注，提供肿瘤大小、位置、性质等详细信息。该系统能够在短时间内处理大量病历数据，减轻医生的工作压力，辅助医生更快、更准地进行诊断。研究表明，腾讯觅影在肺癌早期筛查中的表现非常优异，准确率高达90%以上，明显高于传统的人工判读水平。通过该系统，许多患者在早期阶段得到了及时的诊断和治疗，显著提高了治愈率，腾讯觅影数智医疗影像平台如图5-11所示。

图5-11 腾讯觅影数智医疗影像平台

2）华为与解放军总医院（301医院）合作——AI辅助病历分析与个性化治疗

华为公司与解放军总医院（301医院）合作，基于人工智能技术推出了一项面向个性化治疗的病历数据挖掘项目。301医院拥有海量的患者病历数据，这为华为的AI算法提供了丰富的训练数据集。

这一合作的核心是开发AI辅助病历分析系统，帮助医生挖掘复杂病历中的潜在信息，特别是在多发病、复杂病的治疗方案设计上提供支持。该系统通过对患者的病历进行数据挖掘，能够发现疾病的发展模式、潜在的并发症和最佳的治疗路径。

例如，在糖尿病和心血管疾病的个性化治疗方面，AI系统能够结合患者的长期病历数据，综合分析其病史、生活习惯、药物使用情况等多个维度，生成个性化的治疗建议。这不仅提高了治疗的精准度，还帮助医生更好地监控患者的病情进展。

单元 2　人工智能+教育

5.2.1　何为人工智能+教育

1. 人工智能+教育简介

人工智能与教育的融合，是指将人工智能技术应用于教育领域，以提升教学效率、优化学习体验、个性化学习路径，实现教育资源的精准匹配与智能化管理。人工智能在教育中的应用，旨在通过算法、数据挖掘、自然语言处理、机器学习等技术手段，识别和分析学生的学习行为、学习成果、兴趣爱好等多维度数据，为教育者和学生提供有针对性的教学与学习建议，从而实现教学的个性化、智能化和多样化。通过人工智能技术，教育模式由传统的"一刀切"转向灵活、高效的"因材施教"。在传统教育中，学生人数众多，教师很难在课堂上兼顾每个学生的学习需求，而人工智能则可以通过数据分析与机器学习，为每个学生制定个性化的学习计划，使学生按照自己的学习节奏掌握知识，提高学习的效率和效果。

在人工智能的推动下，教育已经逐渐向智能化、网络化和多元化发展，构建了一套全新的教育生态系统。首先，人工智能技术能够为教育者提供强大的数据分析工具，帮助教师更好地了解学生的学习状态。基于学习行为数据，AI可以实现对学生学习进度、知识掌握程度、学习习惯等信息的全方位跟踪与分析，从而辅助教师调整教学策略，提高教学效果。此外，智能学习平台、虚拟教室和自适应学习系统等技术手段，让学生不再受到时间和空间的限制，可以随时随地进入学习状态，并通过AI的引导找到适合自己的学习方法。人工智能还能在教育中充当"虚拟助教"或"智能导师"的角色，为学生提供即时的答疑解惑和学习指导。例如，在编程学习、语言学习、数学等学科中，AI可以根据学生的学习表现，提供个性化的练习和反馈，帮助学生更快地掌握知识。

2. 人工智能+教育的发展概况

1）初期探索：人工智能在教育领域的萌芽

人工智能与教育的融合，最早可以追溯到20世纪60年代左右，那时的研究主要围绕"智能教学系统"（intelligent tutoring systems, ITS）展开。作为一种早期的人工智能教育应用，ITS主要利用人工智能技术模仿人类教师的教学行为，为学生提供个性化的教学服务。虽然当时的人工智能技术还比较基础，计算能力和算法能力有限，但这为日后"人工智能+教育"的进一步发展奠定了基础。

进入20世纪90年代，随着计算机技术的进步以及对学习认知过程研究的深入，人工智能与教育的结合得到了进一步的发展。这一时期，学者们开始尝试将认知心理学、教育学、计算机科学等多学科的理论与人工智能相结合，以改善教学系统的设计，使之更好地支持学生的学习和发展。此时的人工智能技术主要集中在知识建模、学生建模和教学策略建模等方面，力求让智能教学系统在模拟教师教学行为的过程中，更加准确地理解学生的知识状态、认知特点和个性化需求。这一阶段的探索不仅丰富了教学系统的设计理念，也为后来的人工智能教育应用提供了更多的理论基础和技术支撑。

2）网络时代：数字化教育与在线学习的兴起

21世纪初，随着互联网技术的普及和应用，教育领域迎来了前所未有的数字化浪潮。大规模开放式在线课程（massive open online courses, MOOCs）作为互联网教育的代表形式，极大地改变了教育的传统模式。此时，人工智能与教育的融合从传统课堂转向在线教育平台，使得学习者不再受到时间和空间的限制，可以随时随地进行学习。MOOCs平台上的海量课程和学习者行为数据，也为人工智能技术在教育领域的应用提供了广阔的空间。

在这一时期，人工智能技术在教育领域的应用主要集中在两个方面：一是教育资源的推荐与个性化推送，二是在线教学过程的管理与支持。在线学习平台可以利用人工智能的推荐算法，根据学生的学习历史、兴趣爱好和学习目标，为其推荐最适合的学习资源或课程；同时，通过对学生学习行为的分析，平台可以实时提供学习反馈和建议，帮助学生改进学习策略、提高学习效果。此外，在教学管理和支持方面，人工智能技术还可以辅助教师进行教学内容的设计和优化，提高教学的效率与质量。

在教育数据的积累和处理方面，随着在线教育的普及，教育领域的数据资源呈现爆炸式增长。学生的学习轨迹、学习成绩、学习习惯、课程参与度等数据，不仅为教学决策提供了依据，也为人工智能技术在教育中的深度应用提供了可能。这一阶段，数据挖掘、自然语言处理、机器学习等人工智能技术逐渐被应用于教育数据分析，为学生的个性化学习路径设计、课程内容优化以及学习效果评估提供了有力支持。

3）人工智能教育的深入发展：个性化学习与自适应学习

进入2010年后，随着人工智能技术的快速发展，深度学习、自然语言处理、语音识别等技术的突破，"人工智能+教育"的应用也逐渐从早期的简单教学模拟转向更为智能化、个性化的教学支持和学习辅助。尤其是深度学习算法的应用，使得教育系统能够更深入地挖掘学生的学习行为数据，准确分析学生的知识掌握程度、学习习惯和兴趣爱好，为个性化学习提供更为精准的支持。

个性化学习是"人工智能+教育"的核心目标之一，旨在根据学生的个体差异，为其提供符合其学习特点的教学内容和学习路径。自适应学习系统（adaptive learning system）作为人工智能在教育领域的一个重要应用，正是通过对学生的学习行为数据的收集和分析，实时调整教学策略，为每个学生提供个性化的学习体验。自适应学习系统能够根据学生的学习进度、知识掌握情况和学习风格，动态调整教学内容的难度和呈现方式，使得学生能够在适合自己的节奏下学习，提高学习效率和学习效果。

在这一阶段，人工智能技术的应用不再局限于知识点的传授和测评，而是逐渐扩展到学习过程的全方位支持，包括学习动机激发、学习策略引导、学习情感管理等方面。

4）智能教育生态的构建：大数据与教育管理

随着人工智能在教育领域的广泛应用，教育大数据的价值日益凸显。教育大数据不仅记录了学生的学习过程、学习成果和学习偏好，还包含了大量关于教学资源、教学方法和教学效果的信息，为教育管理和教学决策提供了宝贵的数据支持。在"人工智能+教育"中，大数据分析技术的应用，使得教育管理者和教师可以更好地理解学生的学习需求，优化教学策略，提高教育质量。

5.2.2 智能教学与个性化学习

人工智能技术的迅速发展，正在深刻改变教育的形式与内容，尤其是在智能教学和个性化学习领域的应用，已经使得传统的教学模式发生了质的飞跃。智能教学不仅可以实现教学过程中的自动化和智能化，还能够在数据驱动的基础上为学生提供个性化的学习体验。这种结合大数据、机器学习、自然语言处理等技术的教学方式，不仅提高了教学的效率与质量，还能够针对每个学生的学习习惯、学习进度和个人需求，设计出适合他们的学习路径。

在"智能教学与个性化学习"中，主要应用的人工智能技术包括智能学习助手、自适应学习系统、个性化课程推荐等。这些技术以不同的方式赋能教育过程，使得学习更加灵活、个性化，并且更具适应性。

1. 智能学习助手

1）智能学习助手的原理

智能学习助手是指基于人工智能技术，为学生提供学习支持和指导的智能工具。其核心技术包括自然语言处理、语音识别、机器学习等，能够理解并响应学生的提问，提供个性化的学习建议，甚至与学生进行互动交流。智能学习助手的作用不仅仅是回答问题，它还可以通过分析学生的学习习惯、知识掌握情况，主动提供学习资源、进行进度管理，甚至帮助学生解决学习中遇到的情感困扰。

智能学习助手的设计理念是模拟人类教师的部分职能，在学习过程中为学生提供及时的帮助和反馈。通过大数据分析，智能学习助手能够实时分析学生的学习情况，发现知识薄弱点，并针对性地提供额外的学习资源和练习。同时，它还能根据学生的学习轨迹和学习偏好，动态调整学习内容和难度，帮助学生逐步提高学习效果。

2）智能学习助手的应用案例

现实中，智能学习助手的应用已经初具规模，且成果显著。例如，科大讯飞推出的AI学习助手"小飞"就是一个典型的应用案例，如图5-12（a）所示。该系统利用人工智能技术，为学生提供语音识别、实时翻译、智能批改等服务，帮助学生提升学习效率。例如，在英语学习中，"小飞"可以通过语音识别技术实时进行口语评测，自动纠正发音错误，并提供详细的反馈和改进建议。这种基于智能学习助手的个性化辅导，让学生在不依赖教师的情况下，也能得到高质量的学习支持。

另一例是微软的智能学习助手Cortana，主要通过语音交互的形式为用户提供个性化的学习服务，如图5-12（b）所示。它可以记录学生的学习进度，提醒学生进行日常学习任务，并通过语音问答系统为学生提供学习过程中的即时反馈。例如，学生可以询问Cortana关于数学公式的具体解答，Cortana会通过语音识别和自然语言处理技术，快速检索并提供相关答案。这种即时、个性化的学习支持，在一定程度上弥补了传统课堂教学中教师无法顾及所有学生的问题和需求的不足。

（a）科大讯飞AI学习助手　　　　　　　　（b）微软智能学习助手Cortana

图5-12　科大讯飞AI学习助手和微软智能学习助手Cortana

2. 自适应学习系统

1）自适应学习系统的原理

自适应学习系统（adaptive learning systems）是一种基于人工智能的教育系统，其核心理念是根据学生的个体差异和学习需求，动态调整学习内容和教学策略。自适应学习系统能够通过实时分析学生的学习行为和学习成绩，判断学生的知识掌握情况和学习习惯，并据此自动调整课程内容的呈现顺序、难度和进度，提供个性化的学习体验。

自适应学习系统的工作原理主要包括两个步骤：一是数据收集与分析，二是个性化调整。首先，自适应学习系统通过学习管理平台和在线教育工具，收集学生的学习行为数据，例如，学习时间、正确率、错误类型、学习速度等。然后，系统通过机器学习算法对这些数据进行分析，确定学生的学习偏好、知识薄弱点和学习瓶颈。最后，基于这些分析结果，系统会动态调整学习内容的难度和进度，确保每个学生都能够在最适合自己的学习节奏下进行学习。

2）自适应学习系统的应用案例

自适应学习系统在教育领域的应用已经逐步普及，并且展现出了显著的效果。例如，美国的Knewton公司推出的自适应学习平台，被广泛应用于高校和在线教育领域，Knewton自适应学习平台如图5-13所示。Knewton平台通过对学生学习行为的实时分析，生成个性化的学习路径，确保学生能够在最适合自己的学习内容上投入时间。该平台能够根据学生的学习数据，预测学生可能遇到的困难，并提前调整课程内容，避免学生陷入学习瓶颈。这种预防性、个性化的学习支持，使得学生的学习效果得到了显著提升。

图5-13　Knewton自适应学习平台

国内也有类似的自适应学习系统应用案例。好未来（TAL）推出的学而思网校采用了自适应学习技术，通过智能算法分析学生的学习轨迹，帮助学生制定个性化的学习计划。学而思网校不仅能够根据学生的知识薄弱点，动态调整教学内容，还能够通过数据分析预测学生的学习需求和学习瓶颈，及时提供个性化的学习建议和资源推荐。通过自适应学习系统，学而思网校的学生能够在最适合自己的节奏下进行学习，学习效果得到了大幅提升。

3. 个性化课程推荐

1）个性化课程推荐的原理

个性化课程推荐是一种基于人工智能技术，为学生提供符合其学习兴趣、学习需求和学习目标的课程推荐系统。该系统通过分析学生的学习行为数据、学习兴趣、知识薄弱点和未来发展目标，利用推荐算法为学生推荐最适合的课程。个性化课程推荐系统通常采用协同过滤、内容推荐、混合推荐等算法，结合学生的历史学习数据和其他相似学生的学习数据，预测学生可能感兴趣的课程内容，并提供个性化的课程推荐。

个性化课程推荐系统的工作流程通常包括以下几个步骤：首先，系统收集学生的学习数据，包括学生的课程选择、学习时间、学习成绩等；然后，系统通过推荐算法分析这些数据，确定学生的学习兴趣和学习需求；最后，系统基于分析结果，向学生推荐符合其学习需求的课程，帮助学生实现更加个性化的学习目标。

2）个性化课程推荐的应用案例

个性化课程推荐系统在在线教育平台中得到了广泛的应用。例如，Coursera、edX等在线教育平台利用个性化课程推荐系统，为全球数以百万计的学生提供个性化学习指导。以Coursera为例，该平台采用了基于协同过滤和内容推荐相结合的算法，通过分析学生的学习行为（如已学习的课程、课程评分、学习时间等）以及学生之间的相似性，为每个学生提供定制化的课程推荐。

在Coursera中，个性化课程推荐不仅帮助学生发现感兴趣的课程，还帮助他们根据自己的学习路径逐步提升。例如，一个正在学习编程基础课程的学生，Coursera会在其学习进度和成绩的基础上，推荐更高级的编程课程或相关领域的课程，如"Python进阶""机器学习入门"等。通过这种方式，学生可以在系统的引导下，逐步从入门到精通，从而形成一套完整的学习路径。

人工智能通识教育

国内的在线教育平台如网易云课堂、学堂在线等也采用了类似的个性化课程推荐技术。以网易云课堂为例，该平台会根据用户的学习历史、学习兴趣、评价反馈等，利用推荐算法为用户推荐最适合的课程内容。例如，如果某学生经常学习人工智能相关的课程，系统会优先为其推荐与人工智能相关的进阶课程、热门课程或最新上线的相关课程，使得学习内容更加符合学生的需求和兴趣，网易云课堂首页如图5-14所示。

图5-14　网易云课堂首页

5.2.3　自动化评估与反馈

在现代教育中，自动化评估与反馈作为"人工智能+教育"的重要应用场景之一，极大地提升了教育教学过程中的效率和质量。通过运用人工智能技术，教师和教育机构能够高效、准确地评估学生的学习成果，并及时提供个性化的反馈，从而帮助学生改进学习效果、提升学习体验。自动化评估与反馈在以下三个方面有着广泛的应用：自动作业评阅、智能考试系统、学生表现与反馈系统。

1. 自动作业评阅

自动作业评阅是指通过人工智能技术对学生的作业进行自动化批改和评分的过程。传统的作业评阅通常依赖教师手工批改，尤其在面对大班教学或在线教育时，手工批改不仅耗时耗力，而且可能由于教师的精力有限而导致评分的不一致性和主观性。而通过自动化评阅系统，能够大幅提高批改效率，并保证评分标准的统一性。

1）自动作业评阅原理

自动作业评阅系统通常依托自然语言处理、图像识别以及机器学习等技术来进行作业的批改。根据作业类型的不同，自动评阅系统可以分为以下几类：

（1）选择题和填空题：这类题目通常有唯一的正确答案，因此通过简单的匹配算法或者规则判断便可完成批改。例如，在数学作业中，填空题的答案可通过对照标准答案自动判断对错。

（2）主观题和作文：这类题目由于回答方式灵活多变，通常采用自然语言处理技术来对答案进行语义理解和匹配。例如，自动化作文评阅系统通常使用文本分类和情感分析技术，结合词汇丰富度、句法复杂性等特征来对作文进行评分。

（3）编程作业：对于编程类的作业，自动评阅系统通过执行学生提交的代码，并与预期的输出结果进行对比，来判断代码的正确性。此外，系统还可以分析代码的结构、可读性和效率等方面，以提供更细致的反馈。

2）自动作业评阅应用案例

在实际的教育应用中，自动作业评阅已经被广泛应用。例如，美国著名的在线学习平台Khan Academy在其数学课程中使用了自动化评阅系统，该系统能够快速批改学生提交的作业，并为每个学生生成详细的反馈报告。Khan Academy的自动化评阅系统基于学生输入的答案，实时判断对错，并为错误的题目提供详细的解答过程，帮助学生理解错误并及时改进。

中国的在线教育平台，如作业帮和学而思网校也广泛使用了自动化批改系统，特别是在K12阶段的数学、物理等学科的应用中，自动化评阅极大地方便了大规模在线教育。以作业帮为例，该平台使用AI算法评阅学生提交的数学题目，并在短时间内完成批改和反馈。系统还会根据学生的错误模式，推荐相应的练习题目，帮助学生巩固薄弱知识点，图5-15是作业帮自动作业评阅的过程。

图5-15　作业帮自动作业评阅

2. 智能考试系统

智能考试系统是通过人工智能技术实现在线考试的自动化过程。它不仅可以支持大规模的在线考试，而且能够自动生成考题、实时监考、自动评阅答卷等。智能考试系统广泛应用于各种考试场景，包括中小学的在线测验、大学期末考试、职业资格认证考试等。

1）智能考试系统应用原理

智能考试系统一般由多个模块组成，主要包括智能题库管理、试卷生成、在线监考和自动评分。

（1）**智能题库管理**：题库管理系统通过机器学习技术对大量题目进行分类和难度分级，教师可以根据教学目标从题库中选择合适的题目，或者由系统根据设定的考试目标自动生成试卷。

（2）**试卷生成**：试卷生成模块能够依据题目的难度、类型、考查内容等条件，自动生成一份或多份试卷，确保每个学生的试卷内容不重复，以防止作弊行为。

（3）在线监考：智能考试系统通常集成了实时监考功能，使用计算机视觉技术监控学生的行为，检测是否有异常举动，如频繁离开座位、视线偏离屏幕等，从而判断是否存在作弊行为。

（4）自动评分：对于客观题（如选择题、填空题）系统能够自动评阅，而对于主观题则可以通过自然语言处理技术进行自动评分，或通过人工和机器的结合进行评阅。

2）应用案例

智能考试系统的应用正在全球范围内迅速普及。以edX为例，作为世界著名的大规模开放在线课程平台，edX在其课程中嵌入了智能考试系统，支持学生通过平台进行期末考试和资格认证考试。edX的考试系统可以自动生成不同版本的试卷，并在考试结束后自动评阅，极大地提高了考试的效率和公正性。

在中国，许多高校也在期末考试中采用了智能考试系统。例如，清华大学和北京大学等高校的在线教育平台、超星学习通、智学网（见图5-16）等，都广泛使用了智能考试系统来组织在线测验和期末考试。系统不仅能够自动生成试卷，还可以通过计算机视觉技术实时监控学生的行为，有效防止考试作弊。此外，自动评分模块帮助教师快速评阅学生的答卷，并生成详细的成绩报告。

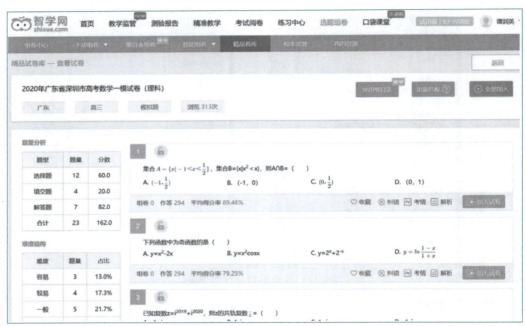

图5-16 智学网考试系统

3. 学生表现与反馈系统

学生表现与反馈系统是通过人工智能技术对学生在学习过程中的表现进行全面的监控和分析，并提供个性化的学习反馈。与传统的教学反馈方式相比，人工智能驱动的反馈系统能够更精细地捕捉学生的学习动态，并生成数据驱动的反馈报告，从而帮助教师及时了解学生的学习进度，进行针对性教学。

学生表现与反馈系统通常由以下几个核心功能组成：

（1）学习数据采集：系统通过分析学生在学习平台上的行为数据（如在线时长、作业提交情况、考试成绩等），全面了解学生的学习情况。

（2）**表现评估**：系统使用机器学习算法对学生的学习行为和学习成果进行评估，结合历史数据预测学生未来的表现，并判断他们的学习瓶颈和薄弱环节。

（3）**个性化反馈**：根据系统生成的评估结果，教师可以为学生提供个性化的辅导，针对每个学生进行差异化的培养。

5.2.4 学情分析与预测

人工智能技术的进步使教育领域的学情分析与预测也在快速发展，特别是在高等教育中，这些技术已经被广泛应用于监控学生的学习行为，预测学习绩效，优化教学质量。学情分析与预测的核心是通过收集和分析学生的学习行为数据，结合机器学习算法，提供准确的学习表现预测和教学反馈。下面将重点介绍"学习行为数据采集与分析"、"学习绩效预测"和"教学质量监控"三个方面的应用。

1. 学习行为数据采集与分析

1）应用原理

学习行为数据采集与分析是人工智能在教育领域中应用的基础环节。通过对学生在学习过程中的数据进行全面的收集和分析，可以帮助教师和学校管理者了解学生的学习情况，从而做出更具针对性的教学决策。这类数据通常涵盖以下几类：

（1）学习行为数据：如学生的上课出勤率、在线学习平台的登录时间和时长、课程视频的观看记录、作业的提交情况、考试成绩等。这些数据可以全面反映学生的学习习惯和学习积极性。

（2）学习交互数据：包括学生与课程内容、老师及其他同学的互动行为，如参与讨论、提出问题、回答问题、做笔记等。这些数据能够帮助教师更好地了解学生的学习参与度和学习的主动性。

通过对这些数据的采集，系统可以生成学生的学习行为画像，这些画像可以帮助教师及时发现学生的学习困难，提供有针对性的指导。更重要的是，这些数据可以通过机器学习算法进行深度分析，揭示出潜在的学习行为模式，如学生的学习瓶颈、常见错误点等，帮助教师提前发现问题。

2）应用案例

一个典型的应用案例是美国的Minerva项目。Minerva大学是全球首个全面基于在线平台开展教学的大学，它通过深入分析学生的学习行为数据来提升教育质量。在Minerva的学习管理系统中，学生的每一个学习行为都被实时记录，包括他们何时在线、参与了哪些讨论、回答了哪些问题、完成了哪些作业等。通过对这些数据的分析，系统能够判断学生的学习习惯和行为模式，生成个性化的学习反馈。

在中国，类似的技术也被应用在学而思等K12教育平台中。通过对学生在线学习平台中的学习行为数据进行采集和分析，学而思能够为每个学生生成个性化的学习路径，并为教师提供学生学习状况的详细报告。例如，如果某个学生在数学课程中频繁出现同样的错误，系统会将这一信息及时反馈给教师，教师可以据此为学生制定个性化的辅导计划。

2. 学习绩效预测

1）应用原理

学习绩效预测是人工智能在教育中的另一个重要应用。通过分析学生的学习行为数据和历史学习表现，机器学习算法能够预测学生未来的学习表现，包括考试成绩、学期末的综合评价等。学习绩效预测的核心原理是利用机器学习模型从历史数据中学习出潜在的模式，然后基于当前学生的行为预测其未来的表现。

学习绩效预测通常使用以下几种方法：

（1）回归分析：用来预测连续值的学习绩效指标，如最终考试成绩。通过分析历史数据中的特征（如作业分数、课堂参与度等），回归模型可以预测学生的最终分数。

（2）分类算法：用于预测离散值的结果，如学生是否能通过课程、是否会掉队等。分类算法通过学习学生的行为特征，预测他们是否会在未来的考试中表现不佳，或者是否需要额外的学习支持。

2）应用案例

在学习绩效预测的应用案例中，哥伦比亚大学的学习分析项目（columbia university learning analytics project, LAP）是一个值得关注的例子。该项目通过分析学生的学习行为数据，预测学生的期末考试成绩和课程通过率。哥伦比亚大学的学习管理系统会记录学生的各种学习行为，如阅读资料的频率、作业的提交时间、在线讨论的参与情况等。基于这些数据，系统会使用回归分析来预测学生的考试成绩。如果某些学生被预测为可能会不及格，系统会自动提醒教师对这些学生提供额外的帮助。

3. 教学质量监控

1）应用原理

教学质量监控是教育管理中至关重要的一环。人工智能通过分析学生的学习表现、教师的教学行为以及课程的实施情况，能够为教学质量提供实时监控和反馈。基于这些数据，教育管理者可以及时调整教学策略，确保教学目标的实现。

教学质量监控的核心原理是通过将学生的学习表现与教师的教学活动联系起来，分析教学活动的有效性。例如，如果大部分学生在某一课程的特定章节中表现不佳，系统可以通过分析教师的教学活动（如授课内容、作业布置情况等），帮助教师调整教学方式。

2）应用案例

新加坡管理大学（SMU）是教学质量监控方面的一个成功案例。该校通过其智能教学管理系统，实时跟踪教师的教学行为和学生的学习表现。系统会分析学生的出勤率、作业完成情况、考试成绩等数据，并将这些数据与教师的教学活动联系起来，评估教师的教学效果。例如，如果某一教师的课程中，学生的平均成绩较低，系统会自动生成报告，提醒学校管理层对该课程进行评估，找出潜在问题。

中国的教育部"智慧教学实验室"项目也应用了类似的技术。通过对课堂上的学习数据进行实时采集与分析，智慧教学实验室能够及时反馈教师的教学效果，并帮助教师优化教学方法。例如，在某些学校，教师的课堂表现（如互动频率、课后答疑次数等）会通过AI系统进行监控和量化分析，这些数据会作为教师教学质量考核的重要参考。

5.2.5 虚拟学习环境与智能课堂

人工智能为教育行业带来的变革中，虚拟学习环境和智能课堂已经成为不可或缺的部分。通过融合人工智能、增强现实（AR）、虚拟现实（VR）等技术，教育者能够创造出更加沉浸、互动和个性化的学习体验。本节将介绍"智能教室""增强现实与虚拟现实在教育中的应用""在线教育与AI驱动的学习平台"三个方面的内容，并详细讨论它们的应用原理及相关案例。

1. 智能教室

1）应用原理

智能教室是指通过集成人工智能、大数据、物联网等技术，为教师和学生提供高效、智能的教学与学习环境。这类教室通常配备有一系列先进的设备，如智能黑板、交互式白板、智能摄像头和传感器等，这些设备通过相互连接和数据传输，能够实时分析和反馈课堂中的各种行为和活动。

（1）自动化教学管理：智能教室中的设备能够实时记录学生的出勤情况、课堂表现和学习行为。教师可以通过系统直接获取学生的上课表现，并通过自动生成的学习报告了解班级的整体学习状态。此类自动化系统减轻了教师的管理负担，使他们能将更多精力投入到教学内容的设计和优化上。

（2）智能互动与个性化反馈：智能教室通过实时数据分析提供个性化的学习反馈。例如，学生在课堂上回答问题的正确率、讨论的参与度等数据会被实时记录并通过大数据分析，生成个性化的学习建议。教师可以根据这些反馈及时调整教学节奏，给不同学生提供差异化的指导。

2）应用案例

北京大学口腔虚拟仿真智慧实验室是一种结合了现代技术的创新教学环境。该实验室利用虚拟仿真技术和大数据，集成了智能物联网、智能管理和智能学习等多种先进理念，形成了一个多维度的智能一体化训练空间，如图5-17所示。其实验室分为几个主要区域：讲授区、线上训练区和虚拟仿真训练区。讲授区主要用于教师授课，提供传统的课堂教学功能；线上训练区则是一个创新的在线学习平台，学生不仅可以自主学习，还能接受自动化评估，以了解自己的学习进展和掌握程度；在虚拟仿真训练区，学生还可以在这里进行多种类型的训练，这些训练带有力反馈，让学生在操作时获得真实的感觉。通过这样的训练，学生能够模拟真实的口腔治疗过程，从而在没有风险的情况下提高自己的动手能力和专业技能。此外，实验室还配备了评估系统，能够实时监测学生的表现，并根据他们的学习情况进行反馈。这种综合性的虚拟仿真实验室不仅提高了学生的学习效率，还帮助他们在实际操作中积累经验，是现代教育中人工智能与教学结合的成功典范。

图5-17 北京大学口腔虚拟仿真智慧实验室

2. 增强现实与虚拟现实在教育中的应用

1）应用原理

增强现实和虚拟现实技术为教育行业提供了前所未有的沉浸式学习体验。通过将虚拟内容与现实场景结合或完全构建虚拟环境,学生可以以更直观、生动的方式学习复杂的概念或开展实验。

AR技术可以将数字信息叠加在现实世界中,帮助学生更好地理解抽象的概念。例如,在学习解剖学时,学生可以通过AR眼镜看到三维人体结构的叠加,甚至可以旋转、放大某个器官,从而直观地学习其功能和位置。

VR技术则通过完全虚拟化的场景,使学生身临其境地体验学习内容。VR在实验教学中有着广泛的应用,例如物理实验或化学实验,学生可以在虚拟环境中进行实验,避免了实际操作中的危险性和设备损耗。VR还可以为学生提供无法在现实中体验的场景,例如,太空探索、海底世界等。

2)应用案例

谷歌的Expeditions项目是一款基于VR的教育工具。如图5-18所示,学生可以通过虚拟现实头戴设备探索各类虚拟场景,如古代罗马、海洋深处,甚至是太空。在这些虚拟场景中,学生可以自由地观察、互动,教师也可以通过移动设备引导学生的探索。该项目已在全球多所学校中实施,极大提升了学生的学习兴趣,尤其是在历史、地理和自然科学等课程中,学生对抽象内容的理解更加直观、深刻。

图5-18 谷歌的Expeditions项目

中国北京理工大学的虚拟实验室也是VR技术在教育中的成功应用。该大学开发了一系列基于VR技术的物理实验和化学实验课程,学生可以通过VR头显设备进入虚拟实验室,在其中进行各种实验操作。这一虚拟实验室不仅降低了传统实验中的成本,还提高了实验的安全性和可操作性。学生可以通过反复操作虚拟实验,熟练掌握实验技巧,并且可以体验一些在实际实验中难以操作或存在危险的实验项目。

3. 在线教育与AI驱动的学习平台

1)应用原理

随着互联网技术的快速发展,在线教育平台已经成为教育领域的主要组成部分,而人工智能的引入则进一步推动了这些平台的智能化。AI驱动的学习平台通过数据分析、个性化推荐、智能评测等技术,提供高效的学习体验。

(1)个性化学习路径:AI学习平台通过分析学生的学习数据(如学习进度、答题记录、习题完成情况等),为每个学生生成个性化的学习路径。不同于传统课堂中的统一教学进度,AI平台根据每个学生的表现自动推荐适合的学习内容和资源,确保学生在合适的难度水平下学习。

（2）智能评测与反馈：AI学习平台能够通过自动化的评测系统，为学生提供即时的学习反馈。平台能够快速批改学生提交的作业、测验，甚至可以为主观题生成评语。此外，AI还可以通过分析错题和答题时间，发现学生的薄弱环节，生成个性化的练习建议，帮助学生有针对性地提高。

2）应用案例

全球领先的在线教育平台Coursera（见图5-19）是AI驱动学习平台的代表性应用。Coursera通过AI技术为全球数百万学生提供个性化的课程推荐。该平台能够根据学生的学习历史、感兴趣的主题以及完成课程的表现，生成个性化的课程列表，并通过大数据分析不断优化推荐算法。Coursera的AI系统还能根据学生的课程进度和学习表现，生成个性化的学习计划，并提供实时反馈，帮助学生克服学习中的困难。

图5-19　Coursera平台

中国的作业帮平台也是AI在K12教育中的一个典型应用。作业帮通过AI算法为中小学生提供个性化的学习辅导，平台会根据学生的错题记录和答题习惯，生成个性化的学习建议，推荐适合学生当前水平的练习题目。平台还配备了智能拍照答疑功能，学生可以通过拍照上传问题，系统会利用AI快速分析题目，并提供详细的解答步骤。

5.2.6　学习障碍辅助与包容性教育

除上述应用之外，教育领域也逐渐应用AI帮助具有学习障碍的学生，并促进包容性教育的发展。人工智能不仅可以为这些学生提供个性化的学习支持，还能够帮助教育者及时了解学生的情绪和心理状态，以便调整教学方法，提供更适合的教育资源。本小节将重点介绍AI在学习障碍辅助和包容性教育中的应用，具体分为"AI支持的特殊教育""自然语言处理在语言学习中的应用""学生情绪识别与心理健康支持"三个部分。

1．AI支持的特殊教育

1）应用原理

AI支持的特殊教育主要通过人工智能技术为有特殊需求的学生（如孤独症、读写困难、听力或视力障碍等）提供个性化的学习支持。这类技术通常采用机器学习、计算机视觉和自然语言处理等多种AI技术，通过数据分析和反馈，帮助学生克服学习上的障碍，提供适合其特定需求的教育内容。

（1）个性化学习：对于有特殊需求的学生，人工智能可以根据他们的认知水平、兴趣和能力，生成个性化的学习内容和教学计划。通过AI算法，系统会自动调整教学速度、内容和难度，确保学生能够以最适合他们的方式进行学习。例如，对于有阅读困难的学生，AI可以调整文本的展示方式，如使用更大的字体、更简单的语言，或将文本转化为语音进行朗读。

（2）多感官互动与反馈：AI还可以通过多感官互动的方式，帮助学生更好地理解学习内容。对于孤独症儿童或其他有社交障碍的学生，AI系统可以通过模拟场景或互动游戏，帮助他们练习社交技能。此外，AI还能够根据学生的学习表现，实时提供反馈和奖励，激发他们的学习兴趣。

2）应用案例

在美国，Lumo Play是一个基于AI的特殊教育工具，通过互动地板投影和游戏化教学，帮助有特殊需求的儿童提高学习和社交能力，如图5-20所示。Lumo Play使用计算机视觉和AI，根据学生的反应和表现，实时调整互动内容，并通过游戏任务激励学生完成学习目标。对于孤独症儿童，这类互动学习工具特别有效，因为它能以非语言的方式引导学生进行社交和认知训练，且互动游戏的设计能够有效减少学习中的焦虑感。

图5-20 Lumo Play教学

2. 自然语言处理在语言学习中的应用

1）应用原理

自然语言处理（NLP）是人工智能的重要分支，它通过对语言的理解、生成和转换，使机器能够与人类进行语言交互。

（1）语音识别与反馈：自然语言处理可以实时识别学生的发音，并根据标准发音对比，给出纠正意见。这对于学习外语的学生，尤其是听力或语言障碍的学生，尤为重要。通过语音识别系统，学生可以在不依赖教师的情况下，随时随地进行语言训练，系统还会根据发音的准确度提供即时反馈。

（2）语义分析与翻译：自然语言处理不仅可以帮助学生提高发音准确度，还能通过语义分析技术，帮助学生理解复杂的语法和词汇。在翻译方面，NLP技术能够通过语音识别、语音合成、文本分析等手段，自动将学生不熟悉的单词和句子进行翻译，帮助他们更好地理解学习材料。通过这种方式，学生可以逐步掌握语言学习的各个方面，从基础的发音到高级的语法运用。

2）应用案例

中国的讯飞语音助手是一个基于自然语言处理的典型案例，尤其在帮助语言学习方面有显著成效，如图5-21所示。通过语音识别和分析技术，讯飞语音助手能够帮助学生准确练习英语发音，自动纠正学生的语音错误，并根据学生的学习进度，推荐适合的练习内容。此外，讯飞语音助手还可以实时翻译学生不理解的词汇或句子，大大降低了语言学习的难度。特别是在偏远地区，讯飞的AI技术为学生提供了随时随地学习外语的机会，填补了教师资源不足的问题。

图5-21 讯飞听见

3. 学生情绪识别与心理健康支持

1）应用原理

学生的情绪状态和心理健康直接影响他们的学习效果和校园生活，而人工智能通过情绪识别技术和心理健康支持系统，能够帮助教育者及时了解学生的情绪状态，采取适当的干预措施。这类技术主要通过面部表情识别、语音分析和行为数据分析等手段，实时监控学生的情绪波动，并给出相应的心理支持建议。

（1）面部表情与语音情绪识别：AI系统可以通过摄像头捕捉学生的面部表情，并利用计算机视觉技术分析学生的情绪状态，如焦虑、愤怒、快乐等。同时，语音分析技术可以从学生的语速、语调、音量等方面判断其情绪状态。通过这些综合分析，AI系统能够准确了解学生的情绪波动，并将数据反馈给教师，以便及时采取相应的辅导措施。

（2）个性化心理健康支持：基于AI的心理健康支持系统不仅可以识别学生的情绪，还能通过数据分析为学生提供个性化的心理辅导方案。AI可以通过分析学生的日常行为数据、学业表现以及心理问卷的反馈，生成心理健康报告，并根据具体情况为学生推荐适合的心理健康资源或咨询服务，或是模拟心理辅导对话，帮助学生舒缓心理压力。

2）应用案例

美国麻省理工学院（MIT）的Affectiva情绪识别系统是一个典型的应用案例，如图5-22所示。Affectiva通过计算机视觉和机器学习技术，分析学生的面部表情，实时识别他们的情绪变化。该系统可以应用在课堂中，帮助教师了解学生的情绪状态，特别是在压力较大的考试期间或重要课程中。教师可以根据系统的反馈，调整教学方法，给予学生更多的关怀与支持，从而提高学生的学习效果和心理健康水平。

图5-22　Affectiva情绪识别

在中国，北京师范大学开发的"心灵树"平台，通过AI技术为中小学提供心理健康支持服务。平台通过分析学生在课堂中的表现、课后作业完成情况以及与教师的互动，实时评估学生的心理状态。系统会根据这些数据生成心理健康报告，帮助学校的心理辅导员发现学生的心理问题并提供干预措施。此外，该平台还集成了AI驱动的心理健康咨询功能，学生可以通过系统与虚拟心理咨询师进行对话，缓解学习压力和情绪问题。

单元 3　人工智能+环境保护

5.3.1　何为人工智能+环境保护

1. 人工智能+环境保护简介

人工智能（AI）是一项变革性的技术，能够通过自动化、数据分析和智能决策支持解决复杂问题。近年来，随着全球环境问题的日益严峻，如气候变化、生态系统退化、资源过度消耗和污染等，环境保护成为全球各国政府和社会的优先事项。传统的环境保护手段虽然具有一定成效，但是面临着数据量庞大、监控实时性不足、决策滞后等局限，导致问题解决不够高效。而人工智能的迅速发展为解决这些环境问题提供了新的技术手段。通过运用机器学习、计算机视觉、自然语言处理等AI技术，环境保护领域的相关任务可以更高效、精准地执行。AI不仅能大幅提升环境监测的广度和精度，还能够预测未来的环境变化趋势，从而为决策者提供科学依据，助力可持续发展。

人工智能在环境保护中的应用主要表现在多个方面，其中气候变化监测、生态系统保护和污染控制与资源管理是最为显著的三个领域。

2. 人工智能+环境保护的发展概况

1）人工智能+环境保护的早期发展

人工智能在环境保护中的应用并不是一个全新的概念，早期AI技术与环境保护的结合可以追溯到20世纪后期。彼时，研究人员便尝试通过计算机技术来模拟和预测环境变化，尤其是在气候变化和大气污染等方面。初期的AI技术多集中在简单的算法应用，如利用线性回归、贝叶斯网络等方法来处理小规模数据并进行环境预测。然而，由于当时AI技术相对基础，计算能力有限，环境数据的获取和处理也面临诸多挑战，因此AI的应用在当时更多地局限于理论模型的构建，实际效用较为有限。

随着计算机科学和算法技术的不断进步，特别是20世纪90年代以后，深度学习、神经网络等AI技术的逐渐成熟，AI开始能够处理大规模的复杂数据，这为环境保护领域带来了新的可能。与此同时，卫星遥感技术、传感器网络以及物联网的应用也为环境数据的获取提供了极大便利。这些技术的发展为AI在环境保护中的大规模应用奠定了基础，尤其是在气象、空气质量、水资源管理等领域，AI逐渐从理论探索走向实际应用，开始显现出其强大的潜力。

2）人工智能+环境保护的快速进步

进入21世纪后，全球范围内的环境危机愈发凸显，气候变化、海洋污染、生物多样性下降等问题引发了广泛的社会关注。各国政府和国际组织纷纷出台政策，推动全球绿色转型。与此同时，随着AI技术的飞速发展，尤其是在大数据、云计算、深度学习等技术的推动下，AI开始在环境保护领域大规模应用，并展现出显著成效。

（1）气候变化领域：AI在气候变化监测和应对中的应用是当前最为广泛的领域之一。AI技术可以通过机器学习算法对全球气象数据、历史数据以及实时卫星图像进行处理和分析，从而更为精准地预测极端天气事件，如飓风、暴风雪、干旱等。这种精准的预测不仅可以帮助政府和相关机构更好地应对自然灾害，还能够为气候政策的制定提供科学依据。

（2）生态保护与生物多样性：人工智能技术在生态系统监测和生物多样性保护方面的应用也取得了显著进展。借助AI，科研人员能够利用遥感数据、无人机和物联网传感器等设备实时监测全球生物多样性的变化。例如，AI可以分析从遥感卫星获取的森林覆盖数据，追踪全球森林砍伐的情况，并提供实时反馈，从而帮助相关机构采取措施遏制非法砍伐行为。在野生动物保护方面，AI被用于自动识别和分类不同物种，帮助研究人员更有效地监测濒危动物的活动情况。近年来，有些项目还借助AI分析无人机拍摄的视频图像，及时发现并阻止偷猎行为的发生。这类技术的应用在提高工作效率的同时，也显著增强了环境保护工作的及时性和精确度。

（3）污染监控与管理：AI在空气质量监测、水污染控制和废物管理等领域的应用也逐渐深入。在空气污染治理方面，AI通过分析大气中的污染物成分数据，可以预测空气污染的来源和变化趋势，从而为城市环境规划和污染治理提供科学依据。多个国家的环保部门已经开始利用AI系统来自动化分析和报告空气质量数据，从而实现更精准的污染控制。在水污染监控方面，AI结合传感器技术可以实时监测水质变化，检测水中的有害物质含量，尤其是在工业废水排放的监控中具有显著的应用潜力。AI系统还能通过学习以往的污染数据，预测未来污染风险，并为水资源管理提供决策支持。此外，AI还在智能废物管理系统中得到了应用，通过自动化分类、垃圾回收和废物处理优化等手段，减少环境污染，推动循环经济的发展。

（4）能源管理与减碳排放：节能减排是实现环境保护的重要途径，而AI在能源管理中的应用为环保工作提供了重要支持。AI通过优化能源系统的运行方式，可以减少能源消耗、提高能源利用率。例如，AI系统可以实时监测建筑物的能源使用情况，并根据数据优化供暖、通风和空调系统的运行，减少能源浪费。在电网管理方面，AI被用来预测用电需求并优化电力分配，特别是在风能、太阳能等可再生能源的整合与使用上，AI能通过对天气状况的精准预测，合理调配可再生能源的使用比例，提升能源系统的稳定性。此外，AI还被广泛用于碳足迹监测与减排优化，通过对工业生产、物流运输等领域的碳排放数据进行分析，帮助企业找到节能减排的最佳路径，从而为实现全球减排目标作出贡献。

5.3.2 人工智能在气候变化监测中的应用

人工智能（AI）在气候变化监测中的应用已经成为当前环境保护领域的热点。气候变化是一个全球性问题，涉及大量复杂的数据和过程，包括温度变化、海平面上升、极端天气事件等。传统的气候监测与预测方法往往受到数据规模、计算能力、模型复杂度等多方面的限制，而AI的介入为更精确地监测和预测气候变化提供了新的思路和方法。

1. 气候数据的复杂性与AI的优势

气候数据涉及众多变量，包括温度、降水、湿度、气压、风速、海洋温度等，这些变量相互作用，形成复杂的气候系统。加上气候变化涉及长时间尺度和全球范围，传统的气候模型（如全球气候模型GCM）需要处理海量的历史气候数据和实时监测数据，计算成本高，且预测精度受到模型参数设定、数据质量等多方面因素的影响。AI技术，尤其是深度学习和机器学习，擅长从大量数据中挖掘复杂的关联性，可以通过对多维气候数据进行分析，提取隐藏在数据中的规律，从而提高气候预测的精确度。

AI的一个显著优势在于其数据处理能力。通过训练神经网络，AI可以处理大量气候观测数据，包括卫星遥感数据、气象站数据、海洋监测数据等，并建立复杂的非线性模型。这种能力使得AI在气候变化监测中能够快速识别气候模式的变化，捕捉到传统方法难以发现的细微趋势。例如，AI可以通过分析全球温度数据、海洋表面温度、冰盖变化等信息，预测全球气温上升的趋势，并提前预警可能发生的气候异常事件。

2. AI气候数据分析的具体方法

在气候变化监测中，常用的AI方法主要包括深度学习、支持向量机（SVM）、随机森林等。以下是几种典型的AI方法在气候数据分析中的应用。

（1）深度学习（deep learning）：深度学习模型，尤其是卷积神经网络（CNN）和循环神经网络（RNN），擅长处理时间序列和空间数据，非常适合气候数据分析。例如，利用CNN可以处理卫星遥感图像，监测大气中的二氧化碳浓度、云层变化、海洋表面温度等。RNN则常用于分析时间序列数据，可以根据历史气候数据预测未来的气候变化趋势，如长期的温度变化、降水模式等。

（2）支持向量机（SVM）和随机森林：这些机器学习方法在气候变化预测中也有广泛应用。SVM可以用于分类和回归分析，能够将气候数据中不同的变化模式进行分类，从而识别出极端天气事件的特征。随机森林则通过构建多个决策树，进行多次抽样和训练，可以更好地应对气候数据中的噪声，提高预测的稳定性和准确性。

（3）生成对抗网络（GAN）：GAN在图像处理方面有着突出的表现。近年来，研究人员尝试利用GAN生成未来的气候变化图景。GAN模型可以通过学习气候数据的分布，模拟不同温室气体排放情景下的气候变化，帮助科研人员更好地理解全球变暖的潜在影响。

3. 极端天气预测中的AI应用

极端天气事件（如飓风、台风、暴雨、干旱等）往往对人类社会和自然环境造成巨大损害，准确预测这些事件对于防灾减灾至关重要。传统的天气预报依赖数值天气预报模型，虽然在一定程度上能够预测极端天气的发生，但由于大气系统的复杂性，预测的准确度和时间尺度仍然有限。近年来，AI被应用于极端天气预测中，显著提升了预报的准确性和时效性。

1）IBM的Deep Thunder项目

IBM的Deep Thunder项目是一个典型的AI用于极端天气预测的案例。该项目利用了机器学习和深度学习算法来处理海量的气象数据，提供高分辨率的区域天气预测。Deep Thunder通过分析大气和海洋观测数据，可以预测特定地区的降雨量、气温、风速等信息，并对即将发生的极端天气事件进行精准预警。例如，针对城市洪水，Deep Thunder可以结合地形数据、降水量数据、河流水位数据等，为城市制定洪水应对方案提供决策支持。

2）谷歌AI预测飓风路径

谷歌研究团队利用深度学习模型，对飓风路径进行预测。他们采用CNN对卫星图像进行处理，结合大气风速、气压等数据，建立飓风路径预测模型。与传统的数值天气预报模型相比，谷歌的AI模型可以更早、更准确地预测飓风路径。这对于沿海城市的防灾准备具有重要意义，可以提前疏散居民、加强防护设施，从而减少飓风带来的人员伤亡和财产损失。

4. 气候变化趋势预测中的AI应用

AI不仅在短期的极端天气预报中发挥作用，在长期气候变化趋势预测中也表现出强大的能力。AI可以通过分析过去几十年甚至上百年的气候观测数据，提取气候系统的变化规律，预测未来的气候趋势。这种预测对于制定长期的气候政策、规划可持续发展策略具有重要参考价值。

1）微软的AI气候模拟

微软研究团队利用AI技术，对全球气候模型（GCM）进行了改进，推出了AI驱动的气候模拟系统。传统的GCM模型由于其复杂性和高计算成本，在模拟长期气候变化时往往需要大量的计算资源。微软的AI系统通过深度学习算法对GCM模型进行了优化，大幅提高了模拟效率和预测精度。该系统可以模拟不同温室气体排放情景下，全球气温、海平面、冰盖融化等变化，为政策制定者提供数据支持，微软Aurora架构如图5-23所示。

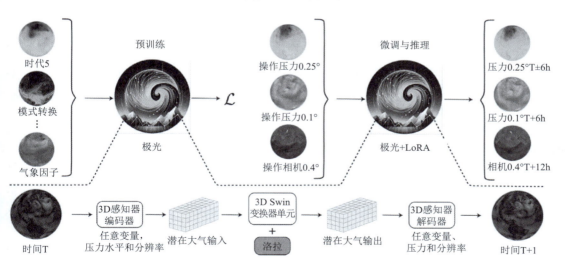

图5-23 微软Aurora架构

2）气象局的AI气候预测平台

许多国家的气象局也开始利用AI进行气候变化趋势预测。例如，美国国家气象局（NWS）建立了一个基于AI的气候预测平台，利用历史气候数据和实时观测数据，通过机器学习算法预测未来的气候变化趋势。该平台可以为农业、能源、公共卫生等领域提供气候预警服务，帮助各行业应对气候变化带来的挑战。

3）AI分析海洋数据，预测海平面上升

海洋变化是气候变化的重要表现之一，海平面上升对沿海地区的生态系统和人类活动产生重大影响。AI在分析海洋数据、预测海平面变化中发挥了重要作用。研究人员利用深度学习模型对卫星遥感数据进行处理，监测海洋表面温度、海冰覆盖等指标，从而预测未来的海平面变化趋势。英国气象局与谷歌合作开发的AI系统，可以更准确地预测海平面上升，为沿海城市的防灾规划提供科学依据。

5.3.3 人工智能在生态系统保护中的应用

在全球环境问题的日益严峻的当代，生态系统的保护和生物多样性的维护成为全球环境保护的重要议题。然而，生态系统及其内部各个物种的复杂性，以及保护工作中所需的大量数据处理与分析任务，使得传统的保护方式常常面临诸多挑战。人工智能（AI）凭借其强大的数据处理和分析能力，为生态系统保护带来了新的希望与解决方案。在本小节中，将详细探讨人工智能在生态系统保护中的应用情况，重点分析"物种保护与生物多样性监控的智能化"以及结合案例探讨"AI辅助野生动物跟踪与濒危物种保护"两大部分内容。

1. 物种保护与生物多样性监控的智能化

1）生物多样性监控的挑战

生物多样性是衡量生态系统健康与稳定的重要指标。然而，由于人类活动的影响（如栖息地丧失、气候变化、环境污染等），全球生物多样性正面临前所未有的威胁。物种灭绝速度加快，许多物种濒临灭绝甚至已从地球上消失。为了有效保护物种和维持生物多样性，科研人员和保护组织需要全面监测各种生态系统的健康状态，并及时发现潜在威胁。然而，生物多样性监测往往需要长期的野外调查、复杂的数据采集与分析，涉及大量的人力、物力和时间投入，传统手段难以应对大规模、复杂的生物多样性监控任务。

2）AI在物种保护与生物多样性监控中的作用

人工智能技术的应用为生物多样性监控提供了新的工具和手段。通过深度学习、机器学习、计算机视觉、语音识别等技术，AI可以自动处理和分析海量的生物多样性数据，实现智能化、自动化的物种监控和保护。

（1）计算机视觉用于物种识别与监控：计算机视觉是AI在生态保护中应用最广泛的技术之一。通过在野外安置摄像头和传感器设备，研究人员可以采集大量野生动物的图像和视频数据。借助深度学习算法（如卷积神经网络，CNN），AI能够自动识别图像或视频中的物种，并分析其行为模式。该技术可以大幅减少人工图像标注的工作量，提高监控效率和准确性。例如，谷歌的TensorFlow团队与非政府组织（NGO）合作开发了一种基于深度学习的图像识别系统，能够自动识别野外摄像头捕捉到的野生动物种类，并生成监测报告。通过该系统，研究人员可以在不打扰野生动物自然生活的情况下，实时监控特定区域内的生物多样性状况。

（2）语音识别与声学监测用于物种声音监控：除了视觉监控，声学监控也是生物多样性监测的重要手段。许多物种，尤其是鸟类和两栖类动物，通常通过声音进行交流和定位。AI通过语音识别技术，可以从长时间的野外录音中识别特定物种的叫声，并记录其出现的时间和频率。这种技术对于监控难以通过视觉发现的物种，如栖息在茂密森林中的鸟类，具有特别重要的意义。例如，美国康奈尔大学的鸟类学实验室开发了一个名为"Merlin Bird ID"的应用程序，利用机器学习模型识别鸟类的叫声，并将其记录到全球鸟类数据库中，从而帮助研究人员更好地了解鸟类分布和种群变化趋势。

（3）AI用于环境传感器网络的数据分析：为了监测生态系统健康状况，研究人员通常会在野外部署大量的环境传感器，如温度、湿度、土壤含水量、二氧化碳浓度等传感器。这些传感器可以连续采集环境数据，并传送至中央数据处理中心。AI可以通过对这些数据的实时分析，监测生态系统的动态变化。例如，在亚马逊雨林地区，研究人员利用环境传感器网络采集森林的环境数据，通过机器学习模型分析森林健康状况，并预测火灾、干旱等环境威胁。

3）AI在物种保护与生物多样性监控中的优势

AI在物种保护与生物多样性监控中具有显著优势。首先，AI可以自动化地处理和分析海量数据，极大地提高了监测效率，降低了人力成本。其次，AI模型能够识别复杂的生态模式，并在早期发现生态系统中的异常变化，从而为科学家和政策制定者提供及时、准确的决策依据。此外，AI还可以通过远程监控的方式，减少对野生动物及其栖息地的干扰，从而实现"无痕"监控如图5-24所示，有效保护物种及其栖息地的自然状态。

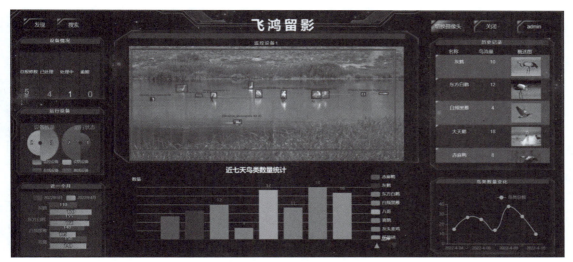

图5-24　AI监控野生动物

2. 应用案例

1）AI辅助野生动物跟踪

野生动物跟踪是研究其行为、栖息地偏好及种群动态的重要手段。传统的动物跟踪方式包括人工观察、安装GPS项圈、设置陷阱相机等，但这些方式往往成本高昂、工作量大且会对野生动物的生活习性造成干扰。AI技术的引入，使得野生动物的跟踪工作更加精准、高效且无侵入性。

案例1：象群的AI监测与追踪

非洲象因象牙的高价值而长期遭到偷猎，导致其种群数量急剧减少。为了保护这一濒危物种，研究人员和保护组织在非洲多个象群栖息地布设了大量的野外监控摄像头，并使用AI技术进行象群活动的自动监测和追踪。DeepMind与野生动物保护组织Elephant Listening Project合作开发了一种基于深度学习的图像识别系统，能够识别监控视频中的大象，并分析其活动轨迹。该系统不仅可以实时监控象群的活动，还能分析其行为模式，帮助研究人员了解象群的栖息地使用情况以及潜在的偷猎威胁。

案例2：大熊猫栖息地的智能监控系统

在中国四川的大熊猫栖息地，研究人员和保护区管理人员安装了多个监控设备，采集野外大熊猫的活动数据。借助AI图像识别技术，监控系统能够自动识别并记录大熊猫的活动情况。研究人员利用这些数据分析大熊猫的栖息地选择偏好，并预测人类活动对其生活空间的潜在威胁，从而制定更有效的保护策略。

2）AI在濒危物种保护中的应用

濒危物种保护是生态保护的重要组成部分。许多物种因栖息地丧失、偷猎、气候变化等原因濒临灭绝。AI可以在濒危物种的监测、栖息地评估、种群动态预测等方面发挥重要作用。

案例1：AI辅助雪豹保护

雪豹是一种分布在中亚和南亚高原地区的濒危物种，其栖息地往往位于偏远的高山地区，传统的调查方式难以进行。WWF（世界自然基金会）与多家技术公司合作，利用AI对布设在雪豹栖息地的红外相机捕捉到的影像进行分析。通过深度学习模型，AI可以自动识别拍摄到的雪豹个体，并进行种群统计。这种方式不仅提高了监测效率，还能够在大规模栖息地范围内进行雪豹活动的长期监测，为雪豹种群的保护策略提供了重要数据支持。

案例2：AI预测北极熊栖息地变化

随着全球气候变暖，北极熊的生存环境正面临前所未有的挑战。冰盖融化使北极熊失去了捕食和栖息的场所。科学家利用AI模型对北极熊栖息地的变化进行预测，并分析气候变化对其生存的影响。例如，利用机器学习模型分析历史气候数据和北极冰层的变化趋势，预测未来几十年北极熊的生存范围和种群数量变化。这些数据可以帮助决策者采取更有针对性的保护措施，如建立保护区、限制人类活动等。

5.3.4 人工智能在污染控制与资源管理中的应用

随着全球工业化进程的加速，污染控制和资源管理问题日益成为全球环境保护的核心议题。空气、水源、土壤等自然资源的污染已对人类健康和生态系统造成了严重威胁，而能源的过度消耗则进一步加剧了气候变化和资源枯竭的风险。为了应对这些复杂的环境问题，人工智能（AI）技术逐渐成为一项重要工具。AI不仅能够帮助优化能源消耗，还能实时监测和分析污染物的排放情况，为政策制定者和管理者提供有效的决策支持。本小节将探讨"AI优化能源消耗与污染物监测"以及"AI在废物管理与水质监控中的作用"的应用案例这两个主题，展示人工智能技术如何帮助人类在污染控制与资源管理领域取得实质性进展。

1. AI优化能源消耗与污染物监测

1）能源消耗与污染问题的现状

全球范围内的能源消耗量在过去几十年中持续增长，尤其是在工业化国家和新兴市场经济体。能源生产和使用过程中排放的污染物，包括二氧化碳（CO_2）、硫氧化物（SO_x）和氮氧化物（NO_x）等，直接导致了大气污染、全球变暖和酸雨等一系列环境问题。此外，传统的能源消耗模式效率低下，导致了资源的浪费和对化石燃料的依赖。为了应对这一挑战，各国政府和企业正积极探索更高效的能源利用和污染物控制手段，而AI技术在此过程中发挥了至关重要的作用。

2）AI在能源优化中的应用

人工智能通过数据分析、机器学习和深度学习技术，能够从海量的能源消耗数据中识别出效率低下的环节，并提出优化建议，从而大幅减少能源浪费。以下是AI在优化能源消耗中的几个主要应用方向。

(1) 智能电网管理：智能电网利用AI技术对能源需求进行预测，并通过动态分配电力资源来提高能源效率。AI可以实时分析电网运行状态，优化能源调度和负荷管理，减少峰值需求，平衡供需关系。例如，AI可以结合气候数据预测用电高峰，并动态调节电力的生产与分配，从而避免能源浪费和不必要的发电量增加。谷歌的DeepMind团队曾使用AI技术优化其数据中心的能源消耗，通过调整冷却系统，成功将数据中心的能效比（PUE）提升了15%以上。

(2) 智能建筑管理系统：AI还被广泛应用于建筑物的能源管理中，通过实时监控建筑物的温度、湿度、照明等参数，AI系统可以自动调节空调、供暖、照明设备的运行，优化能源使用。例如，西门子公司开发的智能楼宇管理系统利用AI分析建筑物内外的温度、湿度变化，以及建筑物的使用情况，自动调节供暖和空调系统的运行模式，确保在节约能源的同时保持舒适的环境。

(3) 制造业中的能源优化：在制造业中，AI可以通过分析生产流程中的能耗数据，识别出高能耗设备或环节，并提出改进建议。例如，AI可以优化工厂设备的运行时间，降低非生产时间的能源消耗。某些先进的AI系统还能预测设备故障，避免设备在高耗能状态下持续运行。

3）AI在污染物监测中的应用

AI在污染物监测中同样具有重要作用，特别是在实时数据处理和预测模型的应用上。通过物联网（IoT）设备和传感器网络，AI可以实时收集空气、水体和土壤中的污染数据，并自动分析这些数据，帮助快速识别污染源和污染水平。

(1) 空气污染监测：AI可以通过分析气象数据、交通数据、工厂排放数据等，建立空气质量预测模型。这些模型不仅可以预测未来的空气质量，还可以实时识别污染源。例如，伦敦市利用AI与物联网技术结合的空气监测系统，在城市中布设了大量的空气质量监测传感器，AI系统可以实时分析每个地区的空气质量，并通过交通管理系统调节车辆流量，减少排放高峰期的交通污染。

(2) 水污染监测：通过水质监测传感器，AI可以实时分析水体中的污染物浓度，并在污染物超标时发出警报。AI还能够结合流域数据预测未来的污染风险，并提出相应的污染防治措施。例如，在中国，某些地区已经应用了基于AI的水质监测系统，利用水体传感器采集的实时数据，AI可以识别出潜在的污染源头，并及时向有关部门发出预警，从而防止大规模的水污染事故发生。

2. 应用案例

1）AI在废物管理中的应用

废物管理是环境保护和资源管理中至关重要的一环。随着全球城市化进程的加快，垃圾处理和废物管理面临着前所未有的挑战。传统的垃圾分类和处理方式不仅效率低下，而且容易出现分类错误，导致资源浪费和环境污染。AI在废物管理中的应用，特别是垃圾分类、资源回收等领域，极大地提升了管理效率。

(1) 智能垃圾分类与回收：AI技术正在废物管理中逐步取代传统的人工分类系统。通过计算机视觉、深度学习和机器人技术，AI能够准确识别不同类型的垃圾并自动进行分类。瑞士的一家公司开发了一款基于AI的智能垃圾分类机器人，可以通过摄像头识别传送带上的垃圾种类，如塑料、玻璃、金属等，并将其分开处理。AI系统通过大量的图像数据训练，能够在短时间内处理大量的垃圾，极大提高了废物管理的效率和准确性，智能垃圾分类回收站如图5-25所示。

图5-25 智能垃圾分类回收站

（2）废物流动监控与优化：AI还可以用于监控城市废物流动情况，帮助管理部门更好地规划垃圾收集路线和处理策略。通过传感器和GPS系统，AI可以实时监控垃圾桶的填满情况，并根据不同区域的垃圾生成量，优化垃圾车的收集路线，从而减少燃料消耗和二氧化碳排放。某些城市已经应用了这种智能垃圾管理系统，如新加坡通过AI监控城市废物的生成和处理情况，实现了垃圾收集路线的最优化，减少了40%的垃圾运输成本。

2）AI在水质监控中的作用

水质监控是资源管理中的一个关键领域，特别是在水资源短缺和污染加剧的地区。AI技术能够帮助水质监测部门提高检测精度、减少监控成本，并提供及时的污染预警。

（1）智能水质监控平台：在水质监控中，AI通过分析来自传感器网络的数据，可以识别水中的污染物含量变化。例如，在欧洲的一些河流管理项目中，研究人员利用AI分析水质传感器实时传回的数据，系统可以自动识别水体中的污染物种类（如氮、磷、重金属等），并与历史数据进行对比，判断污染物浓度是否超标。当检测到异常情况时，系统会发出警报，并自动生成污染报告，以便管理者及时采取行动，AI水质检测如图5-26所示。

（2）AI在水污染预警中的应用：AI不仅可以进行实时监控，还可以通过数据预测模型对未来的污染风险进行评估。例如，德国的莱茵河流域管理部门采用了AI技术，结合气候数据、流域数据和工业活动情况，预测未来的水污染风险。通过这种预警系统，管理者可以提前采取措施，如增加流域的水质检测频率，或对可能的污染源进行调查，从而有效减少污染事故的发生。

（3）AI在南非的水质管理：在水资源短缺的南非，水质问题尤为严重。研究人员开发了一种基于AI的水质监控系统，利用安装在主要河流和水库中的传感器收集数据，AI分析这些数据并自动监测水质变化。当水中的污染物浓度超过安全标准时，系统会立即通知地方政府和相关管理机构，以便他们迅速采取应对措施。这一系统的应用有效减少了水质污染对当地居民生活和农业生产的影响。

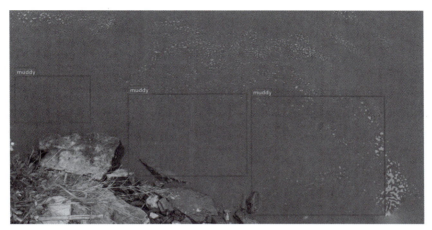

图5-26　AI水质检测

单元 4　人工智能＋军事国防

5.4.1　何为人工智能+军事国防

1. 人工智能+军事国防简介

人工智能（AI）技术在军事国防领域的应用是近年来全球各国高度关注和投入的重要方向之一。随着科技的飞速发展，军事冲突的形态与作战模式正在发生深刻变化，传统的作战方式已经无法完全适应现代复杂的战场环境。AI技术凭借其在数据处理、智能决策、自动化控制和自适应学习等方面的优势，正逐渐融入国防体系的各个方面，包括战术规划、情报分析、无人系统控制、网络战防御和作战模拟等多个领域。AI的引入不仅使军事行动变得更加精准和高效，还能通过大幅度减少人工操作来降低战斗损失和提升作战灵活性。通过AI对数据的智能分析，军队能够从海量的信息中提取关键情报，优化决策过程，极大提高反应速度，从而在战场上抢占先机。

AI在军事国防领域的应用不仅仅限于战场，它还被广泛应用于军事训练和后勤保障等方面。例如，通过虚拟现实与AI技术相结合，军队可以在虚拟环境中进行高度仿真的作战训练，模拟真实战斗场景，提高士兵的应变能力和作战技巧。此外，AI在军事后勤领域的应用使供应链管理、物资调度和设备维护等复杂任务变得更加高效和精确，确保了军队能够在任何情况下保持高效作战能力。全球多个国家，如中国、美国、俄罗斯等，都在积极推动人工智能技术与军事国防的深度融合，试图借助AI的强大力量保持军事优势，从而在未来的战争中占据主导地位。

2. 人工智能+军事国防的发展概况

人工智能（AI）在军事国防领域的应用和发展，是现代科技与军事战略深度融合的产物。随着科技进步和国家安全需求的不断提升，AI技术在军事国防领域逐渐成为各国角逐的重要方向。自20世纪中叶以来，特别是进入21世纪，AI在军事国防中的地位日益提升，从最初的自动化系统和战场信息处理，到如今的无人作战平台、智能武器系统和网络安全防御，AI的应用范围与深度都在不断扩大。

1）人工智能与军事国防的早期发展

人工智能在军事领域的早期应用可以追溯到20世纪50年代，美国首次提出了"自动化战争"的概念，旨在通过电子计算机技术对导弹发射、航天监测和战术信息处理进行智能化控制。这个时期的AI应用仍然非常初级，主要集中在自动化数据处理和简单的计算任务上，但已经展示了人工智能对军事指挥和控制系统的潜在价值。

进入20世纪70年代，美国国防高级研究计划局（DARPA）加大了对人工智能研究的投入，尤其是在自然语言处理、知识表示和机器人技术方面。这些研究虽然在当时的军事应用中效果有限，但为日后人工智能技术在军事领域的广泛应用奠定了基础。当时，苏联也在开发基于计算机的自动化指挥系统和决策支持系统，以提高其军队的作战效率。早期的人工智能应用主要集中在战略导弹防御、军事模拟、训练系统以及初步的自动化情报处理上。

2）信息化战争与人工智能的融合

进入20世纪90年代后，全球军事领域开始逐步进入"信息化战争"阶段。信息化战争强调对战场数据的实时获取、处理和传输能力，人工智能在这一时期的应用逐渐由后台的数据分析扩展到前线的实时决策支持。1991年的海湾战争是信息化战争的经典案例，美国军方通过综合运用卫星导航、精确制导武器、电子战等手段，展现了信息化对战场的巨大影响。这一时期，人工智能的应用集中在卫星图像分析、电子侦察、情报数据的自动化处理和精确打击中，显著提升了美军的作战能力。

在这一背景下，AI技术的快速发展使其在军事国防领域的应用日趋多样化。例如，基于神经网络和机器学习的图像识别技术被用于卫星图像分析和目标识别，大大提高了情报收集和战场监视的效率。同时，AI还被用于辅助决策系统，通过对大量战场数据的快速分析，为指挥官提供行动建议，从而缩短决策时间，提高作战反应速度。信息化战争阶段，人工智能逐渐成为军事指挥和控制体系中不可或缺的技术支撑。

3）人工智能推动智能化战争

21世纪以来，人工智能技术的飞速进步引领了军事领域向"智能化战争"的新阶段迈进。智能化战争的核心在于利用AI技术赋能军事装备和作战系统，使其具备自适应、自学习和自主决策的能力。具体来说，这一阶段的人工智能应用涵盖了无人作战平台、智能武器系统、网络安全防御和自主作战决策等方面。

4）人工智能+军事国防的全球格局与竞争态势

人工智能在军事国防领域的广泛应用，不仅改变了现代战争的形式，还引发了全球范围内的新一轮军备竞赛。中、美、俄等军事大国在这一领域投入大量资源，推动技术研发和装备应用。美国通过DARPA和国防创新实验室等机构，推动AI在军事领域的前沿研究，致力于在无人系统、智能指挥控制和网络战等领域保持领先地位。俄罗斯则注重AI在无人作战平台和网络战中的应用，并多次在演习中展示其AI军事能力。中国也在积极发展人工智能技术在军事国防中的应用，通过加快技术转化、推进军民融合，构建一体化的国家战略体系和能力。

5.4.2 无人机作战系统

无人机作战系统是人工智能在军事国防领域中最重要的应用之一。无人机（unmanned aerial vehicle,UAV）是指在不需人员直接操控的情况下，通过远程控制或自动控制完成飞行、侦察、打击等任务的飞行器。近年来，随着人工智能技术的快速发展，无人机已经从简单的远程控制平台，逐步演变为具备自主决策、目标识别和精准打击能力的智能化作战系统。

无人机作战系统的优势非常明显。首先，无人机可以替代人类执行一些危险的任务，比如进入高危作战区域、核生化环境或者敌方高强度火力的覆盖区域，减少人员伤亡风险。其次，无人机体积小、成本相对较低，且可以长时间滞空，具备较强的隐蔽性和灵活性，能够执行复杂的战术任务。此外，人工智能技术的引入，使得无人机具备自主导航、智能决策、目标识别等功能，大大提高了其作战效率。

1. 无人机的应用场景

无人机在军事作战中拥有广泛的应用场景，主要包括情报侦察、目标打击、战场监视与支援等。

（1）**情报侦察**：无人机在情报侦察任务中扮演着重要角色。现代战场对情报的需求越来越高，无人机可以通过高空飞行，实时获取目标区域的图像、视频和其他情报信息。人工智能算法则使得无人机具备自主分析情报的能力，自动识别敌方目标、武器装备等关键信息，帮助作战指挥官做出迅速决策。

（2）**目标打击**：无人机作战系统不仅用于侦察，还能够进行精准打击任务。在人工智能的辅助下，无人机可以自主规划打击路线、锁定目标并实施精准打击。以美国的"捕食者"无人机为例，这种无人机配备了地狱火导弹，可以在完成侦察任务后，迅速对目标实施打击。AI技术使得无人机具备了目标识别和跟踪能力，能够根据传感器收集的信息实时调整打击策略，实现更为精准的攻击。

（3）**战场监视与支援**：无人机还可以用于战场监视与支援任务。在战场上，无人机可以通过长时间滞空，实时监视敌方的动态，通过实时传输战场信息，不仅能够帮助指挥中心掌握战况，还可以为作战部队的行动提供有效的指引。

2. 人工智能在无人机中的应用

人工智能在无人机中的应用主要体现在自主飞行、智能决策、目标识别和群体协同等方面。

1）自主飞行与导航

传统的无人机需要依赖远程操作员进行控制，但随着AI的引入，无人机能够自主规划飞行路线、避开障碍物并实现精准的导航。例如，基于计算机视觉技术和深度学习算法，无人机可以通过摄像头、激光雷达等传感器感知周围环境，自主调整飞行姿态和航线，避开建筑物、树木等障碍物。这一技术的应用，不仅提升了无人机的自主作战能力，还能在复杂环境中执行任务，进一步减轻了操作员的工作负担。

2）智能决策与目标识别

人工智能还为无人机带来了智能化的决策能力。通过机器学习和神经网络等技术，无人机可以在战场上快速做出判断，识别并分类不同的目标，甚至可以根据实时数据自主调整作战策略。一个典型的例子是，美国的"猎户座"无人机系统采用了先进的AI算法，可以自主识别目标，并根据目标的性质自动选择适当的武器进行攻击。这种能力极大地提高了无人机在战场上的反应速度和作战精确度。

此外，无人机的目标识别技术也在快速发展。通过计算机视觉和深度学习模型，无人机可以快速分析摄像头捕捉到的图像，自动识别出敌方坦克、装甲车等目标，并实时将信息传回指挥中心。这一过程中，人工智能算法能够对图像进行精细分析，甚至在恶劣的天气条件下、复杂地形中依然能保持高效的目标识别能力。

3）无人机集群作战

无人机集群作战（swarm intelligence）是近年来备受关注的一种新型作战模式，如图5-27所示。通过人工智能技术,数十到数百架小型无人机可以组成一个协同作战的集群,在战场上分工合作,执行情报收集、战术支援和攻击等任务。每一架无人机相互通信,通过AI算法实现动态调整与协同,使整个集群具备更强的灵活性和战术优势。

无人机集群作战的优势在于,集群可以分散敌方火力,使单个无人机的损失对整体任务影响较小。此外,集群内的无人机还可以根据任务需求动态调整队形与分工,确保作战的高度灵活性和自主性。这种集群式作战为未来战争开辟了全新的战术思路,AI技术在其中扮演了关键的角色。

图5-27 无人机集群作战

5.4.3 智能武器与精确打击

智能武器与精确打击技术,作为现代军事力量的重要组成部分,利用AI技术来增强武器的自动化、智能化和作战效能,能够实现高效的战场响应和精准的打击效果。智能武器不仅具有自主识别、决策的能力,还能够在复杂战场环境中灵活应对,极大地提高了军事作战的精确度和效率。本小节将详细探讨智能武器与精确打击的应用,细分为智能武器系统、精确打击技术以及人工智能在战场决策中的作用。

1. 智能武器系统

智能武器系统是利用AI技术,使武器具备一定的自主性和智能决策能力的武器平台。这类武器通常配备传感器、雷达、计算机视觉等先进技术,可以自主进行目标搜索、识别、跟踪与打击,极大减少了人为操作的复杂性和时间延迟。

1)智能导弹与制导系统

智能导弹是智能武器系统中应用最广泛的类型之一。传统导弹依赖于远程控制或预设的飞行路径进行打击,而智能导弹则能够自主调整飞行路径,规避敌方防御系统,并最终命中目标。例如,现代的"巡航导弹"一般都具备先进的地形匹配制导系统(TERCOM)和全球定位系统(GPS)导航技术。AI技术的引入,使得这类导弹可以实时分析环境信息,避开防空系统并调整打击路径。此外,制导导弹系统中的目标识别技术通过深度学习算法,可以在飞行过程中自主识别并区分不同类型的目标,从而提高打击的准确性。

另一类重要的智能武器是反导系统,如我国的国家导弹防御系统利用AI技术对来袭导弹进行精确追踪和拦截。系统通过雷达和传感器捕捉来袭目标的信息,并利用高速数据处理与AI算法进行决策,从而在极短的时间内对导弹进行拦截。

2) 自主武器平台

自主武器平台是一种能够在没有人为干预的情况下，执行打击任务的武器系统。包括地面自主武器（如自主坦克）、空中自主武器（如无人战斗机）以及海上自主武器（如无人潜航器）。这些平台配备了各种传感器和AI控制系统，可以自主分析环境、识别目标，并做出决策。

例如，美国的"X-47B"无人战斗机就是一个自主武器平台的典型案例。这种无人机能够自主起降、自主规划任务，并在战场上自主寻找目标和实施打击。它配备了先进的计算机视觉和AI算法，能够识别敌方武器装备和军事设施，并在作战指挥系统的配合下，自主选择最佳打击时机。

2. 精确打击技术

精确打击技术是现代战争中至关重要的作战手段，它通过结合高精度武器和智能化的制导系统，实现对敌方目标的精准打击，减少附带损害并提高作战效率。随着AI的引入，精确打击技术得到了极大的提升，尤其是在识别、定位和打击移动目标的能力上。

1) 精确制导武器

精确制导武器依赖于各种高科技制导系统，如激光制导、红外制导、雷达制导和卫星制导，来实现对目标的精准定位和打击。人工智能在这一领域的作用主要体现在三个方面：实时数据处理、目标识别与跟踪、打击路径优化。

以美国的"联合直接攻击弹药"（JDAM）为例，该系统通过AI技术结合GPS导航，能够精确调整炸弹的飞行路径，使得炸弹能够命中预定目标。AI的引入可以在目标识别阶段进行更复杂的计算，如通过数据分析敌方目标的位置、移动模式等，自动调整制导路径，从而确保武器在最佳条件下命中目标。

此外，精确打击技术的另一个重大应用是对高速移动目标的打击。传统的打击手段难以对快速移动的目标实施有效攻击，但智能武器可以通过AI算法实时分析敌方的移动轨迹，预测其未来位置，并精准发动攻击。

2) 反恐与局部战争中的精确打击

精确打击技术在反恐和局部战争中得到了广泛的应用。过去，空袭和火力打击常常造成较大的附带伤害，但随着智能武器和精确打击技术的发展，军事行动中的附带伤害大幅减少。

3. 人工智能在战场决策中的作用

在智能武器与精确打击的应用中，人工智能不仅仅负责单个武器的控制，还在整个战场的决策过程中起到了重要作用。AI能够在大量数据中快速提取有用信息，帮助指挥官做出更精准的决策，尤其是在现代复杂的多维战场中，AI提供的辅助决策功能已经成为军事行动中不可或缺的一部分。

1) 战场态势感知与实时决策

战场态势感知是指通过对战场上各种信息的实时采集与分析，形成完整的战术态势图，从而为指挥决策提供支持。传统的战场态势感知依赖于人工分析和指挥系统，而AI技术的引入使得这一过程大大加速，并且能够处理海量信息。例如，现代作战中，无人机、卫星、雷达等多种传感器会同时采集数据，而AI能够将这些多源信息进行融合与分析，形成战场的全景图，为作战指挥官提供实时的态势感知。

2) 指挥与控制系统中的智能决策支持

除了态势感知，AI还在军事指挥与控制系统中扮演着决策支持的角色。通过模拟多种作战情景，AI可以为指挥官提供多样化的战术选择，并预估不同行动方案的结果。在复杂的现代战场上，AI的决策支持系统能够帮助指挥官迅速评估战场风险，做出高效的战略决策。

5.4.4 网络战与智能网络防御

1. 网络战

在当今的军事国防中，网络空间逐渐成为一个全新的战场，网络战（cyber warfare）作为一种新型战争形态，正深刻影响着国家安全和军事战略。网络战通过使用信息技术手段对目标的网络系统进行攻击、破坏、渗透或干扰，其目标往往是敌对国家的政府、军事机构以及重要的基础设施，如电网、通信系统、金融系统等。这种攻击手段极为隐蔽，往往不需要传统武力便能对敌人造成重大的损失。

网络战是一种通过计算机网络进行的军事行动，目的是破坏、控制或操纵敌对目标的网络系统。网络战可分为主动攻击和被动防御两类，具体包括以下几种主要形式。

（1）网络攻击：通过恶意软件（如病毒、蠕虫、木马等）、分布式拒绝服务攻击（DDoS）、网络钓鱼等手段，攻击目标的网络基础设施，导致其网络系统瘫痪，信息泄露或被篡改。

（2）网络间谍：黑客或情报机构渗透到敌对国家的网络系统中，窃取敏感的军事、政治、经济数据，甚至可以植入后门程序，以便随时进行远程控制和攻击。

（3）网络干扰：通过阻断、篡改或劫持通信链路，干扰对方的通信能力。例如，通过干扰敌方的卫星通信系统，使其指挥系统失效。

2. 智能网络防御

随着网络战威胁的日益严峻，各国军队和政府也加紧了对网络防御技术的研究和应用。传统的网络防御体系已经难以应对复杂多变的网络战威胁，人工智能（AI）技术因此被广泛应用于网络防御中，以实现更智能、更高效的防护措施。智能网络防御是指通过AI技术进行实时的网络监控、威胁检测、自动化响应与攻击溯源，以抵御潜在的网络攻击。

1）AI在威胁检测中的应用

传统的网络威胁检测依赖于已知的威胁模式和签名库，面对新型的攻击手段（如零日攻击），这些方法显得力不从心。AI技术的引入使得威胁检测更加智能化，它能够通过机器学习算法分析海量的网络数据，发现潜在的异常行为，并预测潜在的攻击。

（1）行为分析：AI系统能够通过分析正常的网络流量模式，自动学习每个系统、网络节点和用户的行为特征，一旦检测到异常行为（如访问异常的IP地址、异常的登录行为或数据传输等），系统会立即发出警报。相比于传统依赖规则的检测系统，AI可以更灵活地应对不断变化的威胁。

（2）恶意软件检测：AI算法（如深度学习、神经网络）能够分析程序的运行轨迹和行为模式，自动识别出恶意软件，即使是尚未出现的未知病毒，AI也能通过异常行为模式来进行早期预警。例如，AI可以分析文件中的二进制数据，检测其中是否隐藏有恶意代码，这种方法在防范APT（高级持续性威胁）攻击中尤为有效。

2）AI在自动化响应中的应用

除了威胁检测外，AI在自动化响应中的应用也正在改变网络防御的模式。传统的网络防御通常依赖人工响应，耗时长且容易出错，而AI能够通过自动化的方式迅速做出反应，从而将攻击的影响降至最低。

(1) 自适应防火墙：AI驱动的防火墙能够根据攻击模式自动调整防御策略。例如，面对DDoS攻击，AI系统可以根据流量变化自动调整带宽和流量过滤策略，阻止攻击流量进入目标网络。

(2) 自动化补丁管理：在许多网络攻击中，黑客利用系统漏洞进行入侵。AI系统能够自动扫描网络中可能存在的漏洞，并自动部署补丁程序，以阻止潜在的攻击。这种自动化过程减少了人力干预的时间，从而有效降低了被攻击的风险。

(3) 入侵自动隔离：当AI系统检测到入侵时，能够自动将受感染的部分网络节点隔离，防止攻击进一步扩散。这种自动化的隔离响应可以在数秒内完成，从而极大地减少了网络攻击对整个系统的影响。

3）攻击溯源与情报分析

攻击溯源是网络防御中的一个重要环节，它能够帮助识别攻击者的来源，并为后续的反制措施提供依据。AI在攻击溯源中扮演着关键角色，通过对海量网络数据进行分析，AI系统能够重现攻击路径，并迅速锁定攻击者的身份或位置。

(1) 大数据分析：AI通过对大量的网络日志、流量数据以及社交媒体情报进行分析，可以揭示攻击背后的复杂网络，并找到攻击的源头。大数据分析使得溯源工作从传统的手动排查转变为高度自动化的分析过程。

(2) 态势感知：通过AI的态势感知系统，能够实时监控全球范围内的网络威胁情报，帮助国家或军队在早期阶段识别潜在威胁。例如，美国国防部正在使用AI系统对全球网络威胁进行态势感知，以提前防范网络攻击。AI系统能够通过分析全球网络威胁情报来源，识别出哪些国家或组织可能发起网络攻击，并为政府决策提供依据。

5.4.5 自主作战决策

自主作战决策是人工智能技术在军事领域的前沿应用之一，旨在通过AI系统替代或辅助人类指挥官做出快速、精准的战术与战略决策。自主作战决策不仅涉及数据的快速处理与分析，更注重通过算法进行情境推理、敌情预判、资源调配等一系列复杂过程。随着现代战争信息化程度的提升，战场环境日益复杂，时间窗口越来越短，传统的作战决策模式已无法满足快速反应和精准打击的需求。AI的引入，极大地增强了军事指挥中的信息处理能力和决策效率。

在自主作战决策中，AI技术可以广泛应用于战场信息收集、情报分析、战术规划、敌情预测等各个环节。通过深度学习、机器学习等技术，AI系统能够从海量数据中提取关键信息，自动生成作战方案，并根据实时变化的战场情况进行动态调整。自主作战决策不但可以用于空中作战、海上作战、地面战斗等传统战场，还可以应用于网络战和空间战。

1. 无人作战系统中的决策应用

无人作战系统是当前自主作战决策的主要应用场景之一，涵盖无人机（UAV）、无人战车、无人潜艇等多种自动化作战平台。在现代战争中，无人作战系统已成为获取战场优势的重要工具，而AI赋予这些系统的自主决策能力，则进一步提升了它们的作战效率和灵活性。

(1) 无人机自主决策：无人机在现代战争中得到了广泛应用，尤其在情报侦察、精确打击等任务中发挥了不可替代的作用。传统无人机需要依赖地面操作员进行远程操控，面对复杂的战场环境，操作员的反应速度和判断能力有限。然而，AI技术的应用使无人机具备了一定的自主决策能力。例如，美国的"捕食者"（Predator）无人机可以通过AI系统自主分析目标区域的地形和敌方防空情况，实时调整飞行路线，并在发现目标时做出自主攻击决策。这种决策模式不仅减少了通信延迟,还能够在复杂环境下快速反应,提升了作战效率。

(2)无人战车的自主作战:无人地面车辆(UGV)也是自主作战决策的重要应用之一。以俄罗斯的"天王星-9"无人战车为例,该系统搭载了AI决策模块,能够在战斗中自主识别目标,进行路线规划和攻击任务。AI使得无人战车可以在敌方火力密集的区域执行危险任务,而无须依赖人工操控。这不仅降低了人员伤亡的风险,还能显著提升地面部队的战斗力。

(3)无人潜艇的自主行动:AI技术也被应用于海军的无人潜艇中,这些潜艇可以在深海中自主执行长时间的巡逻任务,监视敌方舰队动向,甚至执行打击任务。例如,美国海军正在开发的"幽灵舰队"无人潜艇,通过AI系统进行自主决策,不仅能够避开敌方的反潜侦察,还可以根据任务需求自主选择攻击时机。

2. 指挥与控制系统中的智能决策

在现代战争中,指挥与控制系统(command and control, C2)是实现全局作战协调与指挥的重要环节。AI技术的引入极大地提升了C2系统的自主决策能力,尤其是在多维度、多兵种联合行动中,AI能够通过实时数据分析、敌情预测和资源优化,辅助指挥官做出更为快速和精准的决策。

(1)战场信息融合与分析:现代战场中,指挥官需要处理来自各种来源的信息,包括卫星、雷达、无人机、地面部队的报告等。AI系统能够整合这些多源信息,并通过机器学习技术提取出最具价值的情报。以美国的"陆军战斗指挥系统"(army battle command system, ABCS)为例,该系依赖AI技术对战场数据进行整合与分析,自动生成敌方动向预测模型,从而为指挥官提供更具针对性的战术建议。

(2)智能资源调度与规划:AI系统不仅能够分析敌情,还可以对己方的资源进行智能化调度。例如,战场中的后勤供应、弹药调配、兵力部署等,AI可以根据实时战况和任务需求进行自动优化。

(3)实时指挥控制与调整:AI在C2系统中的应用,极大地增强了作战的灵活性与实时性。通过对敌方战术的实时分析,AI系统可以自动建议指挥官进行战术调整,例如改变进攻方向、调整兵力部署等。这种自主调整能力在时间紧迫的战斗场景中尤为关键,能够有效提高部队的生存能力和作战效率。

3. 战略层面的自主决策

除了战术层面,AI在战略决策中的应用也备受关注。战略决策通常涉及长期的规划与资源分配,AI系统通过对历史数据、敌情信息和全球态势的分析,能够为高层军事指挥者提供更加全面的情报支持,辅助战略规划。

(1)军事模拟与推演:AI在战略决策中的一个典型应用是军事模拟与推演。通过构建虚拟战场,AI系统可以模拟不同的作战方案,分析可能的战斗结果和敌方反应。例如,五角大楼开发的AI系统"战争模拟工具"能够模拟大规模战争情景,帮助美国国防部制定未来的军事战略。该系统不仅能够分析当前全球局势,还能够通过深度学习技术预测未来数年内的可能冲突点,并为应对这些冲突制定多种战略方案。

(2)全球态势监控与预测:AI系统可以整合来自全球的情报资源,实时监控全球热点地区的军事动态。例如,AI可以通过分析卫星图像、新闻报道、社交媒体等多种信息源,预测某地区的冲突风险并向军事指挥层提供预警。以中国的"天网"监控系统为例,该系统能够通过大规模的摄像头网络和AI算法实时监控国内外的安全动态,为国家安全决策提供情报支持。

单元 5　人工智能 + 城市管理

5.5.1　何为人工智能+城市管理

人工智能在城市管理中的应用标志着技术领域的一大进步，为城市规划与治理开辟了新的视角和解决方案。借助对海量数据的处理与分析能力，人工智能技术为城市管理带来了高效、精确且智能化的转型。从交通管理、环保监测到公共安全、资源分配等多个领域，AI技术均能实现全面优化与提升，有效应对城市化进程中日益严峻的交通拥堵、环境污染、资源短缺及公共安全等挑战。通过将智能化技术与城市基础设施深度融合，AI不仅显著提升了城市管理的效率，还增强了城市面对突发事件的能力及长期规划的前瞻性。

这一"人工智能+城市管理"的理念源自对现代城市运营复杂性的深刻认识及对技术创新的积极采纳。随着城市规模的迅速扩大和居民需求的多样化，传统管理模式在应对交通拥堵、环境污染、公共安全及服务效率低下等问题时显得力不从心。因此，引入人工智能技术被视为推动城市管理转型、提升治理效能与质量的关键路径。具体而言，通过运用机器学习、大数据分析、云计算等前沿技术，对城市运行中的庞大数据进行实时处理与分析，为城市管理者提供了更加迅速、精准的决策支持。图5-28所示为城市管理智能平台，该平台围绕城市运行、管理、服务，建成城市运行全息感知网络，实现环卫管理、垃圾分类、井盖管理、公厕管理、积水监控等城市管理业务的一体化监管、城市部件精细化管理和事件处置可视化联动。

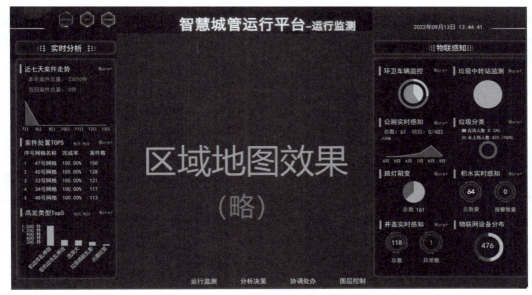

图5-28　城市管理智能平台

5.5.2　人工智能+城市管理的发展概况

人工智能在城市管理中的应用可以追溯到20世纪末，当时的技术主要集中于交通管理和基础设施维护。随着技术的发展，尤其是计算能力和数据存储能力的提升，人工智能在实际应用中取得突破性进展，其应用逐渐扩展到城市管理的各个领域。人工智能+城市管理的演变可以分为三个阶段。

1. 数据驱动的决策

进入21世纪后，物联网（IoT）的发展为城市管理引入了大量实时数据。传感器网络能够实时捕捉到大量与城市运行相关的数据，如空气质量、交通流量、能源消耗等。这些数据成为人工智能系统的"燃料"，为其分析和决策提供了坚实的基础。通过对这些数据进行处理和分析，人工智能可以帮助城市管理者做出更加精准和高效的决策。例如，通过分析交通摄像头和传感器的数据，人工智能可以优化交通信号灯的控制，以减少拥堵并提升交通流通效率。

2. 自动化与智能化的逐步深入

在初步成功的基础上，人工智能在城市管理中的应用逐步扩展到了更深层次的智能化和自动化领域。智能化意味着系统不仅能够自动执行特定任务，还能够在无人工干预的情况下根据实际情况进行自我调整。例如，垃圾处理系统可以根据垃圾桶的填埋状态自动安排清理路线，从而提高资源利用率并降低成本。再比如，智能建筑管理系统可以根据实时数据调整供暖、通风和空调（HVAC）系统的运行，从而在保证舒适性的同时减少能源消耗。

3. 大数据与预测分析的广泛应用

随着人工智能和大数据技术的进一步发展，城市管理逐渐开始依赖预测分析技术。利用历史数据，人工智能可以为城市管理者提供各种趋势预测和风险预警，帮助他们提前采取措施。例如，在环境监测方面，人工智能可以基于过去的空气质量数据预测未来的污染情况，为市民提供健康预警。在公共安全方面，人工智能可以通过分析历史犯罪数据来预测犯罪热点，从而帮助警察部门优化资源配置。

随着城市化进程的不断加快，交通拥堵、事故频发和环境污染等问题日益严重。交通管理是现代城市管理中最为复杂和关键的领域之一。人工智能技术在交通管理中的应用为解决这些问题提供了有效手段。通过智能分析、优化控制和预测能力，人工智能不仅提高了交通系统的效率，还显著改善了出行体验和城市环境。

5.5.3 人工智能在公共安全中的应用

公共安全是城市管理中至关重要的领域，涉及预防和应对犯罪、保护人民生命财产安全以及维护社会秩序。随着城市人口的增加和社会活动的复杂化，公共安全问题日益突出。传统的公共安全管理手段虽然能够提供一定程度的保障，但面临效率低下、应对不及时等挑战。人工智能技术的快速发展为公共安全领域提供了创新的解决方案，极大地提升了社会治理的精度、速度和效力。

1. 智能监控与识别技术

1）传统监控系统的局限性

在过去的几十年里，城市的监控系统大多依赖于闭路电视（CCTV）摄像头和人工监控，虽然能够覆盖大量公共场所，但局限性也非常明显。首先，人工监控效率低下，面对海量的监控视频数据，依靠人力很难及时发现潜在的安全隐患。其次，传统摄像头捕捉的图像质量和数据量有限，难以满足日益复杂的安全需求。

针对这些问题，人工智能技术引入了智能监控与识别系统，从而显著提升了公共安全的管理效率。

2）基于人工智能的智能监控系统

智能监控系统利用深度学习和计算机视觉技术，能够实时分析视频图像，识别出异常行为、可疑人物或危险物品。该系统通过训练模型来学习大量数据中的模式，从而能够准确识别面部特征、姿态、车辆牌照等信息，帮助警方或安全管理人员快速锁定潜在威胁，如图5-29所示。

图5-29 智能监控系统示意图

以中国深圳为例，公安部门部署了基于人工智能的智能监控系统，通过摄像头和AI技术对公共场所进行实时监控，如图5-30所示。系统使用了深度学习算法来识别犯罪嫌疑人的面部特征，并能在数秒钟内将其与数据库中的信息进行匹配。2017年，深圳警方利用这一系统成功逮捕了近百名在逃人员。这一案例显示了智能监控系统在实际公共安全管理中的强大作用。

图5-30 公共场所智能监控示意图

3）人工智能在人群管理中的应用

在人群密集的场所，如车站、体育场馆和购物中心，智能监控系统还可以通过人群密度检测技术，提前发现潜在的安全风险。通过分析人群的流动趋势，系统能够检测到异常集聚现象，及时发出警报，以避免踩踏事故或其他突发事件。

此外，智能监控还可以与智能感知系统集成。例如，某些系统能够通过红外线或其他传感器识别火灾、烟雾等潜在危险情况，迅速启动应急预案。这种技术不仅提高了监控的覆盖面，也增强了系统对突发事件的敏感性和反应速度。

2. 犯罪预测与预防

1）基于数据分析的犯罪预测模型

犯罪的发生往往具有一定的时间和空间分布规律。通过对历史犯罪数据的深入分析，人工智能可以挖掘出其中的隐藏模式，从而对未来可能发生的犯罪进行预测。这类技术被称为"预测性警务"（predictive policing），其核心是利用大数据分析和机器学习算法来识别犯罪高发区域和高危时段，从而帮助警方在犯罪发生之前部署资源。

美国洛杉矶警方采用的PredPol系统是一个著名的案例。该系统基于过去的犯罪数据，利用机器学习算法预测某一地区未来可能发生的犯罪行为。警方可以根据这些预测信息合理调配警力，提前加强犯罪高发区域的巡逻和监控。数据显示，PredPol系统的使用使得某些犯罪类型（如入室盗窃）显著下降。这一系统展现了人工智能在犯罪预防领域的巨大潜力。

2）人工智能在打击网络犯罪中的应用

除了现实世界的犯罪预防，人工智能在打击网络犯罪中也发挥了重要作用。网络犯罪的类型繁多，包括诈骗、黑客攻击、数据盗窃等，传统的网络安全防御系统已经难以应对日益复杂的网络攻击。人工智能通过自动化的数据分析和异常检测，能够识别出复杂的网络威胁并实时进行响应。

例如，IBM的人工智能安全系统Watson for Cyber Security利用自然语言处理和机器学习技术，能够分析大量网络安全威胁情报，并及时识别出潜在的攻击者行为。该系统可以从海量的网络数据中提取关键信息，从而帮助企业和政府机构防御网络攻击、保护重要数据。通过这种自动化的网络安全系统，AI技术显著提高了应对网络犯罪的效率和精准度。

3）社交媒体监测与犯罪预防

社交媒体的普及为犯罪分子提供了新的平台，也为公共安全管理者提供了新的监控工具。通过自然语言处理技术和社交网络分析，人工智能可以监测社交媒体平台上的潜在犯罪行为。例如，通过分析用户发布的文字、图片或视频，系统可以识别出潜在的暴力威胁、恐怖袭击或其他违法行为。

英国警方曾在2017年伦敦桥恐怖袭击事件中使用人工智能技术，通过分析社交媒体数据识别出袭击者的网络活动迹象，提前采取了一系列预防措施。这一案例展示了AI在犯罪预防和打击恐怖主义中的巨大潜力。

3. 应急响应系统

1）人工智能在灾难应对中的应用

在重大灾难（如地震、洪水或恐怖袭击）发生时，迅速有效的应急响应至关重要。人工智能通过实时数据分析、无人机图像处理和智能决策支持等手段，可以极大地提升应急响应的效率与准确性。例如，无人机结合AI图像识别技术，可以实时获取灾区的详细影像，帮助应急部门准确评估灾情并制定救援方案。

以2018年日本北海道地震为例，救援部门利用无人机和AI技术对灾区进行航拍，如图5-31所示，生成了高精度的地图，并通过图像分析识别出受灾最严重的区域。这些信息帮助救援人员迅速确定救援重点区域，大大提升了救援行动的效率。

图5-31 人工智能技术助力震后地图扫描工作

2）智能应急指挥系统

传统的应急指挥系统通常依赖于人工决策和有限的现场信息，这种方式在面对复杂的突发事件时往往反应不够及时和精准。人工智能技术的引入，为应急指挥提供了更为智能化的支持。智能应急指挥系统通过整合多种传感器和数据源，能够实时分析灾情、交通状况、资源配置等信息，并为指挥者提供最佳行动建议。

例如，中国某些城市已经建立了基于AI的智能应急指挥系统，这些系统通过城市物联网设备获取实时数据，并使用AI算法分析灾情发展趋势和资源需求。在洪水灾害中，系统可以实时监控水位变化，预测潜在的危险区域，提前部署救援力量。这种智能化的应急指挥大幅提高了应急响应的速度和准确性。

3）智能消防与应急响应

人工智能技术还被广泛应用于消防领域，帮助提升消防效率和安全性。通过智能火灾报警系统，AI可以对温度、烟雾浓度等传感器数据进行实时分析，快速发现潜在的火灾风险并触发报警。此外，AI技术还能帮助消防员制定更为有效的灭火策略。例如，人工智能可以通过分析建筑物的结构、火源位置和火势蔓延方向，提供最佳的救援和疏散方案。

我国某些消防部门已经开始使用AI系统来优化消防资源的调度。AI系统通过历史数据分析和实时监控，预测城市中火灾高发的区域和时间段，从而提前部署消防车辆和人员。这种智能化的调度方式缩短了响应时间，提升了灭火成功率。

单元6　人工智能＋养老

5.6.1　何为人工智能+养老

1. 人工智能+养老简介

随着全球人口老龄化趋势的不断加剧，各国社会对于养老服务的需求日益增长。传统的养老模式已逐渐难以满足老年人多样化、个性化的需求，因此各类创新科技正逐步融入养老产业中，以弥补现有服务的不足。人工智能作为当今最为重要的科技进步之一，通过其强大的数据处理能力、预测分析以及自动化执行能力，正在深刻地改变养老服务的形态，并提升养老服务的整体水平。"人工智能+养老"即是指将人工智能技术融入养老领域，通过大数据分析、智能设备以及机器学习等手段，来改善老年人的生活质量、提升养老服务的效率，并促进老年人身心健康的持续维护。

人工智能通识教育

人工智能在养老中的应用主要集中在三个方面：健康监测、日常生活辅助，以及心理关怀与社交互动，如图5-32所示。首先，通过可穿戴设备、智能传感器以及智能监控系统，AI可以实时采集并分析老年人的健康数据，包括心率、血压、体温等生命体征，从而提供个性化的健康管理方案，及时发现潜在的健康风险。其次，AI技术在智能家居系统和机器人助理的支持下，可以为老年人提供生活上的帮助，例如，自动提醒服药、控制家电设备等，从而让他们的日常生活更加便捷和安全。此外，AI可以通过情感识别技术和虚拟陪伴机器人等，帮助缓解老年人的孤独感，并促进他们与社会的联系。这些应用不仅能够减轻家庭及养老护理人员的负担，还能通过智能化手段提升养老服务的覆盖率和质量。因此，"人工智能+养老"代表了一种新型的养老模式，它为构建更高效、更具人性化的养老体系提供了新的路径与方向。

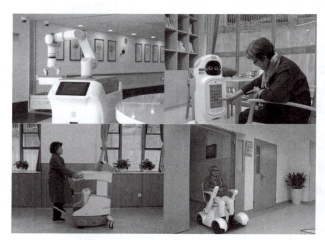

图5-32　智能机器人助力智慧养老

2. 人工智能+养老的发展概况

世界卫生组织的数据显示，全球65岁以上老年人口比例在逐年上升，预计到2050年，全球老年人口将达到16亿，占世界总人口的约17%。面对这种严峻的社会形势，传统的养老模式面临巨大压力。养老机构、家庭护理等传统方式在面对海量的老年人需求时，显得人力、物力有限。人工智能作为一项集大数据、机器学习、深度学习、自然语言处理等技术于一体的前沿科技，最初主要应用于工业自动化、数据分析和互联网技术中。然而，随着AI技术的不断发展和成熟，其应用场景逐渐扩展到医疗健康、智能家居、自动驾驶等领域，养老服务成为其中重要的应用场景之一。

（1）**早期阶段**：最早在养老领域中应用的人工智能技术主要集中于健康监测和智能家居领域。在20世纪90年代，随着可穿戴设备、智能监控设备的逐步发展，养老机构和家庭护理开始尝试使用这些设备对老年人的健康状况进行远程监控。例如，早期的心率监测器、紧急呼叫设备等，帮助护理人员和家属实时了解老年人的身体状况，并在紧急情况下提供及时的帮助。这些设备的智能化程度虽然较低，但它们为之后AI在养老领域的应用奠定了基础。

（2）**进入21世纪后的初步发展**：进入21世纪，随着计算能力的提升和互联网的普及，人工智能技术得到了迅速发展，尤其是机器学习算法的进步和大数据的积累，使得AI在健康数据处理、行为模式识别等方面的能力得到了显著提高。此时，养老产业开始积极引入更加智能化的设备，逐渐形成了"智能养老"的概念。通过智能传感器、智能手环等设备，AI能够自动采集老年人的生理数据，并利用大数据分析对老年人可能存在的健康风险进行预测和预警。

5.6.2 人工智能在健康监测中的应用

老年人的健康管理成为养老服务中最为关键的组成部分。传统的健康监测手段，如定期的医院检查、家庭护理等，往往难以满足日益增多的老年人口的需求，尤其是在应对慢性病管理和日常健康状况的实时监测上显得捉襟见肘。人工智能技术的快速发展，特别是在大数据、机器学习和传感器技术方面的进步，为健康监测提供了新的可能。通过将人工智能技术与先进的健康监测设备相结合，养老服务的健康监测模式正在向智能化、个性化和实时化方向迈进，大大提升了健康监测的效率和精度。

1. 基于可穿戴设备的健康监测

1）可穿戴设备

可穿戴设备是人工智能健康监测应用中最为常见的工具之一。这些设备通常以智能手表、智能手环、智能贴片等形式存在，能够实时监测佩戴者的各种生理参数，如心率、血压、血氧水平、睡眠质量等，如图5-33所示。通过内置的传感器，这些设备能够采集数据，并通过蓝牙、Wi-Fi等方式将数据上传至云端进行进一步分析。

图5-33　智能可穿戴设备测量血压

人工智能的引入使得这些可穿戴设备不仅仅是数据采集工具，更是智能化健康管理的中枢。例如，AI算法能够对监测到的数据进行实时分析，并识别出异常情况，从而向用户或医疗人员发出健康警报。这些设备通常还具有智能提醒功能，如当检测到佩戴者心率过高、血压异常时，设备会发出警告，提醒用户采取措施，甚至联系医疗服务提供者。

2）相关案例

Apple Watch是目前市面上应用最广泛的可穿戴设备之一，特别是在心脏健康监测方面，它已经帮助了许多用户避免了潜在的健康风险。Apple Watch配备了先进的心电图（ECG）功能和不规则心律检测技术，利用人工智能算法，能够识别出心房颤动（AFib）等心脏问题。

2. 远程健康监测与诊断

随着老年人口的不断增长，远程健康监测作为"人工智能+养老"模式中的一项重要技术，正迅速发展。远程健康监测是指利用传感器、通信技术和人工智能分析等技术，实时收集老年人的生理数据，并通过云平台与医疗服务提供者共享，医疗人员能够远程监控老年人的健康状况，进行健康指导或诊断。

这种模式的优势在于，老年人不再需要频繁前往医院进行例行检查，而是可以在家中接受持续的健康监测。特别是对于居住在偏远地区或行动不便的老年人，远程健康监测可以显著提高医疗资源的可达性。此外，远程监测技术还能提高慢性病管理的效率，如高血压、糖尿病等，这些疾病需要长期监控，远程监测系统能够通过人工智能技术分析数据，调整治疗方案或提示患者采取行动。

3. 健康数据的智能分析与预测

1）大数据和人工智能在健康数据分析中的作用

健康监测的关键不仅在于数据的采集，更在于如何对这些数据进行有效的分析和利用。传统的健康监测往往只能基于有限的指标进行判断，而人工智能的引入使得大数据和复杂的健康模式分析成为可能。通过机器学习和深度学习算法，AI能够处理大量健康数据，从中提取出有价值的健康趋势和潜在问题。

例如，老年人的慢性病管理需要对多项健康指标进行长期监测。通过AI技术，系统可以对数年甚至数十年的健康数据进行分析，识别出某些隐性健康问题。例如，一些老年人的血压、血糖等指标在短期内可能看似正常，但通过长期数据的模式分析，AI可能会发现潜在的健康风险，从而提前预警。

如IBM的人工智能系统Watson Health利用机器学习技术，能够处理海量的健康数据，并进行智能分析，从数百万的病例数据中找到最合适的治疗方案。虽然这一应用主要集中在医疗领域，但同样适用于养老健康监测中。

2）预测与预防：AI的前瞻性功能

除了数据分析，AI还具有强大的预测功能。通过对历史健康数据的深度学习，AI可以预测老年人未来可能面临的健康问题。例如，AI可以通过长期的心电数据分析，预测心血管疾病的发作风险，或者通过对睡眠质量的监测，预测老年人可能出现的认知障碍或心理健康问题。这种预测功能极大地提升了健康监测的价值，使得健康管理不再仅仅是事后干预，而是提前预防。通过AI的实时监测和预测，护理与医疗干预的结合可以变得更加主动。还可以通过持续的健康监测，提前识别老年人可能面临的风险，并通过警报或通知提醒护理人员或家属，从而提前采取预防措施。

3）相关案例

谷歌的AI健康部门Google Health致力于通过人工智能技术来改进医疗服务，其中一项重要的应用就是基于AI的预测模型。谷歌的研究团队利用深度学习模型，能够通过分析老年人长期的健康数据，预测各种潜在的健康风险。例如，研究人员通过AI算法分析了数千例病人的电子健康记录（EHR），能够准确预测病人未来30天内是否会因为心脏疾病住院。这种预测功能同样可以应用于老年人的健康监测中，帮助养老服务机构在疾病发作前进行预防性干预，极大地减少了突发健康事件的发生。

5.6.3 人工智能在日常生活辅助中的应用

人工智能在养老领域的应用不仅限于医疗健康监测，它还延伸到了老年人日常生活的方方面面。由于老年人随着年龄的增长，身体功能逐渐退化，他们在日常生活中的自理能力会有所下降。为了帮助老年人保持独立生活，改善他们的生活质量，人工智能技术逐渐被用于日常生活辅助中。

1. 智能家居设备的应用

随着物联网和人工智能技术的发展，智能家居设备在老年人日常生活中变得越来越普遍。这些设备不仅可以提升居家环境的舒适度，还能在确保老年人安全、协助其日常活动方面发挥关键作用。智能家居设备通过感应器和连接网络，能够自动执行任务、远程控制并与用户互动，极大地方便了老年人的生活，如图5-34所示。

1）智能照明和温控系统

老年人的行动通常会受到体力、平衡感下降等因素的限制，这使得他们在家中活动时容易遭遇摔倒等意外事故。智能照明系统可以通过感应老年人的活动自动调节光线，减少在黑暗中活动的风险。

智能温控系统同样可以根据老年人的生活习惯、偏好以及实时的环境变化来调节家中的温度。这对老年人尤其重要，因为他们的体温调节功能较弱，容易受到环境温度变化的影响。通过自动调节空调、暖气设备的运行，老年人可以在更舒适的环境中生活，减少因寒冷或高温引发的健康问题。

图5-34　智能家居

2）智能安防系统

为了保证老年人在家中的安全，智能安防系统得到了广泛应用。智能安防设备包括智能门锁、监控摄像头、门窗传感器等，它们通过与AI技术的结合，可以实时监控家中的安全状况，并在发生异常时及时通知老年人及其家属。

以智能门锁为例，老年人不再需要担心因忘记带钥匙而被锁在门外，智能门锁可以通过面部识别、指纹解锁等方式自动开锁。此外，这些门锁还可以通过手机应用程序进行远程控制，家属可以在必要时为老年人开门或查看门锁的历史记录。

在某些老年社区中，智能安防系统已经被广泛使用。例如，日本的一些养老公寓安装了智能监控和安防系统，可以监测老年人在家中的活动轨迹，并在发生异常情况时（如长时间没有活动）向护理人员或家属发出警报。这样的系统不仅可以保障老年人的居家安全，还能为他们提供更高的独立生活自由度，智慧养老安防系统如图5-35所示。

图5-35　智慧养老安防系统

3）智能家电与老年人辅助设备

智能家电通过语音控制或自动化操作帮助老年人更轻松地完成日常生活中的家务。例如，智能洗衣机、智能冰箱和智能烤箱可以通过预设程序自动执行相应任务，老年人只需下达简单的指令或依靠AI设备自动运行，无须进行复杂操作。

在老年辅助设备方面，智能轮椅等设备通过与AI系统的结合，能够根据老年人的需求自动导航。例如，部分智能轮椅可以通过传感器感应环境，帮助老年人避免障碍物并选择最合适的路径，极大地提高了行动不便老年人的独立性。

2. 人工智能助理的应用

人工智能助理（AI assistant）已经在全球范围内被广泛使用，它们能够通过自然语言处理技术与用户互动，为老年人提供日常生活中的各类帮助。无论是亚马逊的Alexa、苹果的Siri还是国内的"小度""天猫精灵"，这些AI助理不仅为老年人提供信息服务，还能协助他们管理日常事务和与外界保持联系，小度养老智能助手如图5-36所示。

图5-36 小度养老智能助手

1）日常生活提醒与管理

老年人常常面临记忆力下降的问题，忘记吃药、错过医生预约、忘记关灯等现象时有发生。AI助理可以通过语音提醒的方式帮助老年人管理日常事务、安排日程，例如，提醒他们准时赴约、进行锻炼或与亲友通话。

2）情感陪伴与沟通

独居老年人往往会感到孤独，尤其是在亲友无法经常探访的情况下。AI助理不仅能为老年人提供实用的生活帮助，还能扮演情感陪伴的角色。通过与老年人进行日常对话、播放音乐、讲故事等方式，AI助理可以在一定程度上缓解老年人的孤独感。

3）紧急情况下的帮助

AI助理还可以在紧急情况下提供及时的帮助。例如，老年人在家中发生摔倒或身体不适时，只需呼叫AI助理，系统就会自动联系紧急服务或家属。在这种情况下，AI助理不仅仅是生活中的助手，还可以成为老年人重要的安全保障。

在一些智能养老公寓中，AI助理与紧急呼救系统相结合，可以帮助老年人一键呼叫救护车或联系护理人员，如图5-37所示。例如，Google Home和亚马逊Alexa均有相关功能，老年人只需通过语音命令即可触发紧急响应程序，快速获得外界的帮助。

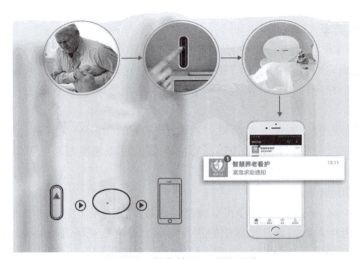

图5-37 紧急情况AI呼救系统

3. 智能护理机器人的应用

智能护理机器人是人工智能技术在养老领域应用的另一个重要方向。这些机器人不仅能够执行日常护理任务，还能通过智能传感器和AI算法与老年人互动，为他们提供生活、情感等方面的支持。

1）日常护理任务的执行

智能护理机器人可以帮助老年人完成一些基本的日常护理任务，例如，提供饮食、协助起居、整理家务等。例如，日本开发的护理机器人RIBA，可以在护理人员的协助下，帮助老年人从床上或轮椅上移动到指定位置。

2）情感陪护

除了执行日常任务，智能护理机器人还可以作为老年人的"情感陪护者"，帮助他们缓解孤独感。一些机器人可以与老年人进行日常对话、讲述故事、播放音乐或进行简单的游戏，从而丰富他们的生活。例如，Paro是一款仿真海豹形态的情感陪护机器人，可以通过触觉、声音等传感器与老年人互动，帮助他们保持心情愉快，同时减少焦虑和压力，主要用于为认知障碍或阿尔茨海默病患者提供情感支持，如图5-38所示。

图5-38　海豹机器人Paro在养老院陪伴老人

3）智能导航与监测功能

智能护理机器人可以通过内置的传感器和AI算法，实时分析老年人的活动轨迹，确保其在家中或养老院中的安全。例如，机器人可以帮助行动不便的老年人在家中移动时避开障碍物，自动调整路径，以防止发生磕碰或摔倒的事故。此外，机器人可以识别老年人在家中不同区域的活动习惯，智能规划导航路径，使老年人在日常活动中更加轻松和安全。

在健康监测方面，机器人可以利用多种传感器来监测老年人的生命体征数据，例如，心率、体温、血压等。当检测到异常时，机器人可以及时发出警报，并通过网络连接将数据实时传输给家属或医疗机构，以便他们及时采取措施。

例如，在中国的一些智能养老社区中，已经引入了具备智能导航与健康监测功能的机器人。这些机器人在日常巡逻时，不仅能与老年人互动，还能检测他们的活动情况以及室内环境，如温度、湿度等。如果老人摔倒或长时间未移动，机器人会自动发出警报，并通知社区的护理人员进行查看。这种应用大大提高了老年人在家中独立生活的安全性，也减轻了家属的担忧。

5.6.4　人工智能在心理关怀与社交互动中的应用

随着老年人群的增多，老年群体的心理健康问题也日益受到关注。孤独、焦虑、抑郁等心理问题在老年人群体中普遍存在，特别是那些与家人分开生活、生活环境较为单调的老年人，容易产生情感上的孤独感和社交隔离感。因此，在养老服务体系中，心理关怀与社交互动成为不可或缺的部分。

1. 情感支持型社交机器人

社交机器人是一种旨在通过自然语言处理、情感计算和语音识别等技术与人类互动的智能设备。与传统的电子设备不同，社交机器人不仅具备处理任务的能力，还能够感知、理解并回应使用者的情感状态。因此，社交机器人在心理关怀和情感支持方面有着广泛的应用前景。

例如，美国的Jibo机器人是一款外形类似于人类的社交机器人，能够与使用者进行对话、讲笑话、分享新闻等，如图5-39所示。虽然Jibo的功能并不复杂，但其自然的语音和友善的形象设计让它在陪伴老年人方面非常有效。Jibo能够主动识别使用者的情绪变化，并提供适当的对话和情感支持。这种陪伴式的互动，有助于缓解老年人日常生活中的孤独感。

2. 人工智能助力虚拟社交平台

虚拟社交平台是另一种利用人工智能技术帮助老年人参与社交互动的方式。由于行动不便或社交圈缩小，许多老年人的社交活动受限，导致他们逐渐脱离社会网络，陷入孤立。而人工智能通过虚拟社交平台为老年人提供了一个重新连接外界的桥梁。

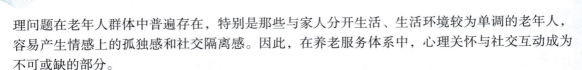

图5-39　Jibo机器人

在一些虚拟社交平台上，AI虚拟助理被引入以帮助老年人与家人和朋友保持联系。例如，Facebook等社交平台上提供的AI聊天助手能够帮助老年人轻松使用社交网络，发送消息、视频通话或发布状态更新。对于不熟悉智能设备的老年人来说，AI助理会引导他们完成各类操作，帮助他们适应数字世界。

此外，一些平台结合人工智能的推荐算法，根据老年人的兴趣和喜好，向他们推荐适合的社交活动或线上内容，帮助他们找到志同道合的朋友或群体，丰富他们的社交生活。

3. 心理健康管理与AI辅导

心理健康管理是老年人身心健康中不可忽视的一部分。随着老年人年龄的增长，他们的心理健康状况常常受到忽视。然而，人工智能技术在心理健康管理中正发挥着越来越重要的作用，特别是在老年人群体的心理辅导和关怀方面。

一些基于人工智能的心理健康辅导平台，专门为老年人设计，以帮助他们管理焦虑、抑郁和压力等心理问题。例如，Wysa是一款基于AI的聊天机器人，能够通过自然语言处理技术，为老年人群体提供7天24小时的即时心理支持，帮助他们释放情绪压力，提供应对孤独感的策略。

实 训 任 务

实训 5.1　AI 健康筛查

【实训目标】

使用AI健康筛查工具，学习如何输入和分析健康数据，理解AI在医疗诊断中的应用，掌握生成健康报告的过程，并能够提出合理的健康建议。

【实训步骤】

（1）选择工具：选择并访问一个在线AI健康筛查工具（如健康评估软件）。

（2）输入数据：输入模拟的健康数据，包括但不限于血压、心率、体重、年龄和性别等。
（3）生成报告：观察系统如何分析输入的数据，并生成健康报告。
（4）结果记录：将生成的健康报告结果记录在表格（见表5-2）中，并进行详细解读。
（5）结果分析：讨论AI分析结果的准确性及其对健康管理的影响，提出改善健康的建议。

表5-2 实训记录表

序号	健康数据	AI分析结果	结果解读	备注
1				
2				
3				
4				
5				
6				
7				
8				
9				
10				

【注意事项】
（1）确保输入的数据准确且符合实际情况，以便获得有效的分析结果。
（2）在讨论中，鼓励学生提出不同的观点，促进思维碰撞。
（3）注意保护个人隐私，使用模拟数据而非真实个人信息。

实训 5.2 智能教育问答助手

【实训目标】

使用在线智能问答平台，体验AI在教育中的应用，评估AI回答的质量，并学习如何利用AI工具提高学习效率。

【实训步骤】

（1）选择平台：选择一个在线智能问答平台（如ChatGPT）。
（2）输入问题：输入一系列常见的教育问题，涵盖不同学科和知识领域。
（3）记录结果并评分：在表（见表5-3）中记录AI系统的回答，并对每个回答进行质量评分。
（4）结果讨论：组织小组讨论，分享各自的评分标准和评价结果。
（5）总结与思考：总结AI回答的优缺点，探讨如何更好地利用AI辅助学习。

【注意事项】
（1）提出的问题应具有代表性，涵盖不同难度和类型。
（2）在评分时，鼓励学生根据准确性、完整性和实用性进行综合评估。
（3）讨论时，注意尊重他人的观点，保持开放的心态。

表5-3 实训记录表

序号	问题	AI回答结果	打分	备注
1				
2				
3				
4				
5				
6				
7				
8				
9				
10				

实训 5.3　智能环保助手

【实训目标】

选择碳足迹计算器或其他与环保相关的在线工具，输入相关生活习惯数据，了解个人生活习惯对环境的影响，并学习如何利用AI技术提出改善环保行为的建议。

【实训步骤】

（1）选择工具：选择并访问一个碳足迹计算器或其他环保评估工具。

（2）输入数据：输入个人的生活习惯数据，包括交通方式、能源使用、饮食习惯等。

（3）记录结果并分析：在表（见表5-4）中记录AI输出的结果，分析个人对环境的影响。

（4）结果讨论：根据分析结果，讨论并提出具体的改善建议，旨在减少碳足迹。

（5）整理与总结：整理讨论结果，形成个人环保行为改善计划。

表5-4 实训记录表

序号	个人习惯数据	AI输出结果	改善建议	备注
1				
2				
3				
4				
5				
6				
7				
8				
9				
10				

【注意事项】
（1）输入的数据应真实反映个人的生活习惯，以确保结果的准确性。
（2）在讨论中，鼓励提出创新的环保措施和可持续发展的想法。
（3）注意保护个人隐私，不分享敏感信息。

实训 5.4　智能提醒助手

【实训目标】

选择合适的AI助手产品进行信息提示测试，选择研究AI在养老服务中的应用，学生将理解人工智能如何改善老年人的生活质量，并提出相应的服务建议。

【实训步骤】

（1）案例调查：调查当前AI在养老领域的应用案例，如智能家居、健康监测等。

（2）选择产品：选择一款合适的AI助手产品，设定就医、服药等提示事项，测试AI助手的提示效果。

（3）过程分析：分析这些应用如何满足老年人的需求，提高生活便利性和安全性。

（4）讨论并记录：讨论AI在养老服务中面临的挑战，如技术接受度和隐私问题并记录在表（见表5-5）中。

（5）提出改进意见：提出改进AI养老服务的建议，形成小组报告。

表5-5　实训记录表

序　号	设定提醒事项	AI助手语音提醒记录	讨 论 结 果	备　　注
1				
2				
3				
4				
5				
6				
7				
8				
9				
10				

【注意事项】
（1）在调查过程中，注意尊重老年人的隐私和个人意愿。
（2）讨论时，关注技术的可用性和老年人的适应能力。
（3）鼓励学生提出创新的AI应用方案，促进养老服务的智能化发展。

自 我 测 评

一、选择题

1. 自动作业评阅系统主要依赖于（　　）技术来评阅主观题。
   A. 数据挖掘　　　　　　　　　　B. 自然语言处理
   C. 机器学习　　　　　　　　　　D. 图像识别
2. 智能考试系统的在线监考功能主要是通过（　　）技术实现的。
   A. 大数据分析　　　　　　　　　B. 计算机视觉技术
   C. 云计算　　　　　　　　　　　D. 人工智能
3. 在智能题库管理中，教师可以通过（　　）方式选择题目。
   A. 随机选择　　　　　　　　　　B. 根据教学目标选择
   C. 由学生选择　　　　　　　　　D. 由系统自动选择
4. 以下平台中，（　　）广泛应用了自动化评阅系统。
   A. Facebook　　　　　　　　　　B. Khan Academy
   C. LinkedIn　　　　　　　　　　D. Instagram
5. 在智能考试系统中，试卷生成模块的主要功能是（　　）。
   A. 监控学生　　　　　　　　　　B. 自动评分
   C. 自动生成试卷　　　　　　　　D. 提供学习反馈
6. 学生表现与反馈系统的核心功能之一是（　　）。
   A. 课程推荐　　　　　　　　　　B. 学习数据采集
   C. 自动批改作业　　　　　　　　D. 在线监考
7. 在编程作业的自动评阅中，系统主要通过（　　）方式判断代码的正确性。
   A. 代码结构分析　　　　　　　　B. 运行代码并对比输出
   C. 人工评阅　　　　　　　　　　D. 代码复杂度评估
8. 人工智能时代对教育领域的影响包括（　　）。（多选题）
   A. 个性化教学　　　　　　　　　B. 智能评估系统
   C. 减少教师需求　　　　　　　　D. 在线教育资源丰富
9. 以下选项中，不属于智能考试系统的功能的是（　　）。
   A. 自动生成考题　　　　　　　　B. 实时监考
   C. 人工评分　　　　　　　　　　D. 自动评阅答卷
10. 在虚拟环保小助手中，用户可以通过输入（　　）数据来监测自己的环保影响。
    A. 个人收入　　B. 生活习惯　　C. 健康状况　　D. 教育背景
11. 自动化评估与反馈的主要目的是（　　）。
    A. 增加教师的工作量　　　　　　B. 提高教育教学的效率和质量
    C. 降低学生的学习兴趣　　　　　D. 使评估过程更加主观

二、填空题

1. 自动作业评阅系统通常依托_____、图像识别以及机器学习等技术来进行作业的批改。

2. 智能考试系统的核心模块包括智能题库管理、试卷生成、在线监考和_____。
3. 在智能教育问答助手中，系统通过_____技术来理解用户的问题并生成答案。
4. 学生表现与反馈系统能够提供个性化的学习反馈，帮助教师及时了解学生的_____。
5. 在编程作业的自动评阅中，系统通过执行学生提交的代码，并与_____进行对比，来判断代码的正确性。

三、判断题

1. 自动作业评阅只能用于选择题和填空题，无法评阅主观题。　　　　　（　　）
2. 智能考试系统可以支持大规模的在线考试，并能够实时监考。　　　　（　　）
3. 智能教育问答助手只能回答与教育相关的问题，无法回答其他领域的问题。
　　　　　　　　　　　　　　　　　　　　　　　　　　　　　　　　（　　）
4. AI健康筛查的目的是提升医疗诊断的准确性和效率。　　　　　　　　（　　）
5. 虚拟环保小助手可以帮助用户监测和改善其环保行为。　　　　　　　（　　）
6. 自动评分模块可以帮助教师快速评阅学生的主观题答案。　　　　　　（　　）
7. 智能提醒助手只能用于设置待办事项，无法提供其他功能。　　　　　（　　）
8. 机器学习技术在智能题库管理中主要用于题目的分类和难度分级。　　（　　）
9. 计算机视觉技术在智能考试系统中用于监控学生的行为。　　　　　　（　　）
10. 自动化评估与反馈可以提高教育教学过程中的效率和质量。　　　　（　　）

四、简答题

1. 简述自动作业评阅系统的工作原理及其应用优势。
2. 简述智能考试系统在现代教育中的重要性及其对传统考试方式的影响。
3. 解释学生表现与反馈系统如何通过数据分析帮助教师进行针对性教学。

模块 6 人工智能前沿

学习目标

1. 掌握生成式人工智能、通用人工智能、具身智能、类脑智能等人工智能前沿技术的基本知识和前沿动向。
2. 了解量子计算、机器人流程自动化、3D打印等其他前沿科技与人工智能相互融合的情况。
3. 理解仿生计算的原理及意义。

学习重点

1. 生成式人工智能的典型应用场景。
2. 通用人工智能与狭义人工智能的区别。
3. 仿生计算的应用。

单元 1　生成式人工智能

在当今数字化时代，内容创作的需求呈爆发式增长。生成式人工智能（artifical intelligence generated content, AIGC）作为继专业生产内容（professinal generated content, PGC）和用户生产内容（user generated content, UGC）之后的新型内容创作方式，正以惊人的速度发展。随着深度学习技术的快速突破，AIGC的可用性不断增强。同时，日益增长的数字内容供给需求也为AIGC的发展提供了广阔的市场空间。目前，AIGC已经在媒体、电商、影视、金融、医疗等多个行业得到广泛应用，成为推动各行业数字化转型的重要力量。

6.1.1　AIGC的理论基础

1. AIGC的定义

AIGC是人工智能领域的一个新概念，是指基于生成对抗网络、大型预训练模型等人工智能的技术方法，通过已有数据的学习和识别，以适当的泛化能力生成符合用户需求和偏好的内容的技术。生成的内容可以是文本、图像、音频、视频等各种形式。

1）内容生产视角

AIGC在内容生产领域继PGC和UGC之后，为内容创作带来了新的活力。PGC通常由专业人士创作，质量较高但数量有限；UGC则由广大用户创作，数量众多但质量参差不齐。而AIGC则结合了人工智能技术，能够快速、高效地生成大量高质量的内容，规模生产能力强，还具有个性化定制能力、多媒体形态，以及持续学习与优化的特点。例如，在媒体行业，AIGC可以自动生成新闻报道、文章等内容，提高新闻的时效性和覆盖面；在电商行业，AIGC可以生成商品描述、广告文案等内容，提高商品的销售转化率。

2）技术层面定义

AIGC通过人工智能算法对数据库或媒体进行生产、操控和修改。它的核心在于利用机器学习模型，这些模型是基于大量数据进行预先训练的大模型。例如，在图像生成领域，AIGC可以通过对大量图像数据的学习，生成逼真的图像；在音乐生成领域，AIGC可以通过对大量音乐数据的学习，生成优美的音乐作品。

中国产学研各界认为，AIGC是利用人工智能技术自动生成内容的新型生产方式，它既是从内容生产者视角进行分类的一类内容，又是一种内容生产方式，还是用于内容自动化生成的一类技术集合，内容生产发展历程如图6-1所示。

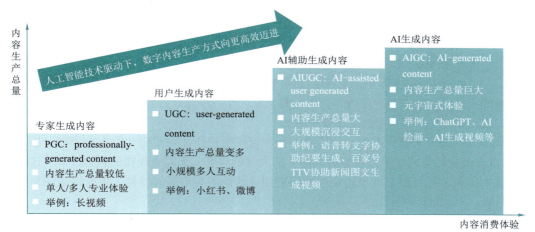

图6-1　内容生产发展历程

2. AIGC的特点

1）自生成与闭环学习

生成式人工智能技术的飞速发展，得益于其自生成模式和闭环学习体系的构建。算力、算法、数据是这种技术发展的三大核心要素。通过利用海量数据信息，自主学习要素，AIGC能够实现自生成模式，不断生成原创性的专业知识内容或产品，并可以进行自我升级迭代。例如，在创意产业中，AIGC可以自动生成图像、视频、音频等内容，为设计师提供灵感和创意。同时，AIGC还可以根据用户的反馈和需求，不断优化自己的生成结果，实现闭环学习。

2）多样性与创造力

与传统机器学习相比，AIGC具有更强的多样性和创造力。传统机器学习通常是基于预先定义的规则和模板进行学习和生成，生成的结果往往比较单一和缺乏创意。而AIGC则可以通过对大量数据的学习，挖掘出数据中的潜在模式和关联，生成更加多样化和富有创意的内容。

例如，在艺术创作领域，AIGC可以生成新的绘画作品、雕塑设计等，为艺术家提供新的创作思路和灵感。在音乐制作方面，AIGC可以帮助作曲家快速生成旋律或伴奏，提高音乐创作的效率和质量。如图6-2所示为将古诗《望庐山瀑布》生成图片。

图6-2　将古诗《望庐山瀑布》生成图片

3. AIGC的优势

相比于传统的PGC、UGC，AIGC具有诸多优势。

（1）AIGC具有高效自动化的特点：通过先进的算法和大数据分析，AIGC能够在短时间内完成大量的工作，高效率地生成内容。无论是文章创作、图像设计还是数据分析，AIGC都能够在瞬间完成，大大提高了企业的工作效率。

（2）AIGC具有规模生产能力：传统上，大规模生产往往需要庞大的人力和物力投入，但AIGC通过自动化的方式，可以在短时间内生成大量的内容，无须大规模的人力投入。这不仅使得生产成本得到了有效控制，也让企业能够更加灵活地应对市场的波动，更好地适应不断变化的商业环境。

（3）AIGC具有个性化定制能力：通过深度学习和分析用户行为，AIGC可以根据用户的需求和偏好，生成个性化的内容。无论是个性化推荐系统、定制化广告还是个性化的文案创作，AIGC都能够为用户提供更加贴合其兴趣和需求的内容，提升用户体验。

（4）AIGC具有多媒体形态：传统的人工智能生成内容主要以文本为主，但AIGC能够囊括多种形态，包括图像、音频、视频等多媒体形式。这种多媒体形态的特点使得AIGC更加丰富和灵活，能够适应不同的传播渠道和用户需求。图6-3所示为由AI模型Midjourney生成的画作《太空歌剧院》。

图6-3　由AI模型Midjourney生成的画作《太空歌剧院》

6.1.2 AIGC的核心技术

1. 自然语言处理

自然语言处理（NLP）在 AIGC 中起着至关重要的作用，它是人工智能领域中的一个重要分支，致力于让计算机理解、解释和生成人类语言。

1）核心技术

NLP的核心技术包括分词和词性标注、句法解析和依存分析、命名实体识别、情感分析以及语言模型等。

① 分词将连续的文本分割成独立的单词或短语。

② 词性标注为每个单词分配词性标签，有助于理解句子结构和意义。

③ 句法解析分析句子语法结构，确定单词之间的关系。

④ 依存分析确定句子中单词的依赖关系，对于理解复杂句子结构尤为重要。

⑤ 命名实体识别可识别文本中的实体，如人名、地名、组织名等，在信息抽取和问答系统中非常有用。

⑥ 情感分析检测文本中的情感倾向，广泛应用于社交媒体监控、市场研究和客户反馈分析。

⑦ 语言模型是NLP的核心，用于预测单词序列的概率，从而生成连贯的文本。现代深度学习语言模型，如GPT，显著提高了文本生成的质量和多样性。

以ChatGPT为例，它是OpenAI开发的一种语言生成模型，基于Transformer 架构，利用大量文本数据进行预训练，具备强大的语言理解和生成能力。ChatGPT首先在大规模文本数据上进行无监督预训练，学习广泛的语言知识和语法结构，然后在特定任务上进行有监督微调，以适应具体的应用场景，如问答系统、文本分类等。

2）应用领域

NLP在AIGC中的应用广泛，包括内容创作、智能对话系统、文本分析与理解、个性化推荐以及自动翻译等。

（1）内容创作：新闻机构可以利用NLP技术自动生成新闻报道，提高内容生产效率；博主和作家可以借助NLP技术快速生成文章草稿，提供创作灵感和文本润色。

（2）智能对话系统：聊天机器人利用NLP技术理解用户的自然语言输入，提供实时回答和建议；虚拟助手如Siri、Alexa依赖NLP技术进行语音识别和语言生成，为用户提供智能化服务。

（3）文本分析与理解：企业可以使用情感分析技术监控社交媒体上的用户反馈，了解客户情感倾向，优化产品和服务；政府和企业还可以利用NLP技术进行舆情监测，及时了解公众对特定事件或政策的态度。

（4）个性化推荐：NLP技术可以分析用户的兴趣和偏好，提供个性化的内容推荐和产品推荐，提升用户体验和销售转化率。

（5）自动翻译：NLP技术可以实现高质量的多语言翻译，支持多语言交流和沟通，消除语言障碍。

2. 生成算法

AIGC的核心算法包括大型语言模型（LLM）、预训练模型、多模态模型和基于人类反馈的强化学习等。

在文本生成方面，AIGC技术已经相对成熟，众多互联网公司已经发布了各种文本和图像生成模型，这些模型在不同应用领域取得了显著成果，并推出了许多软件和硬件产品。例如，基于深度学习的文本生成技术可以辅助用户快速生成文章、新闻稿和社交媒体帖子等内容，大大提高了内容生产的效率和可扩展性。

在图像生成领域，AIGC技术也取得了突破性进展。例如，DreamStudio平台利用稳定扩散技术，可以根据用户提供的短语或句子生成图像。此外，AIGC技术还被应用于音乐编辑和创作，辅助或自动化音乐创作和编辑过程。

AIGC视频算法可以大体分为文生视频、图生视频、视频编辑、视频风格化、人物动态化、长视频生成等方向。文生视频如CogVideo、IMAGEN VIDEO、Text2Video-Zero等，输入文本，输出视频。图生视频如AnimateDiff、VideoCrafter1、stable video diffusion等，输入图片（还有控制条件），输出视频。视频编辑主要是将深度图或者其他条件图，通过网络注入Diffusion model中，控制整体场景生成，并通过prompt设计来控制主体目标的外观，如Structure and Content-Guided Video Synthesis with Diffusion Models等。视频风格化如Rerender A Video、DCTNet等，基于SD+ControlNet，结合跨帧注意力（cross-frame attention）来风格化视频序列。人物动态化主要是通过人体姿态作为条件性输入，将一张图作为前置参考图，或者直接使用文本描述生成图片。如图6-4所示为由文生视频模型Sora生成的视频。

图6-4　由文生视频模型Sora生成的视频

3. 预训练大模型

在当今这个以数据驱动的时代，技术的迅猛发展，数据挖掘、数据分析以及大数据技术，为预训练大型模型的兴起提供了坚实的基础。这些模型代表了深度学习领域的一次重大突破，它们极大地简化了人工智能的开发和应用过程。作为计算能力和先进算法结合的产物，预训练大型模型不仅增强了深度学习的能力，还推动了人工智能技术的整体进步。

预训练大型模型是经过预先训练的模型，它们通过分析和吸收海量数据，已经达到了可以广泛部署和应用的成熟阶段。这些模型通过减少用户在模型构建和训练上的成本，为用户提供了极大的便利。

预训练大型模型是多种技术融合的结果，不仅依赖于深度学习算法，还依赖于大规模数据集、强大的计算能力和自我监督学习的能力。此外，它们还需要能够在多种不同的任务和场景中进行迁移学习，以确保它们能够灵活地应用于多样化的领域，为各个行业提供支持。

预训练大型模型作为深度学习领域的一种先进模型，拥有处理大量数据和提升模型精确度的显著优势。此外，预训练大型模型还为深度学习提供了强有力的支持，显著提高了训练过程的效率。

4. 多模态交互技术

多模态交互是指人通过声音、肢体语言、信息载体（如文字、图片、音频、视频等）、环境等多个通道与计算机进行交流,充分模拟人与人之间的交互方式。多模态交互主要包括文字、语音、视觉、动作四个方面的感官交互。跨模态生成方式分析见表6-1。

表6-1 跨模态生成方式分析

跨模态生成类型	代表性公司/产品	目前存在缺点	发展展望
文字生成图片	OpenAI(CLIP、DALL-E、DALL-E2)、Google(Imagen、AI绘画大师Parti)、Stability AI(Stable Diffusion)、盗梦师AI、意间AI、Tiamat等	生成的图像可能会显得有些机械和刻板,缺乏人类艺术家的创造力和灵感	基于Diffusion Model的兴起,AI绘画和AI生成视频有望在将来迎来较为广泛的规模应用
文字生成视频	Adobe(Project Morpheus)、Meta(Make-A-Video)、Google(Imagine Video、Phenaki)、StabilityAI(研发中)	由于模型限制,目前生成视频时间较短(Make-A-Video只可生成5 s视频)帧与帧连接可能存在动作不连贯、不协调等问题	

多模态交互技术是人工智能领域的一个重要分支,它涉及将多种不同类型的信息模态(如文本、图像、视频、音频等)融合在一起进行分析和处理,以实现更自然和高效的人机交互体验。这种技术的核心在于模拟人类的感知和认知方式,让机器能够更全面地理解和回应人类的指令和需求。

在AIGC领域,多模态交互技术的应用正在不断拓展。例如,通过结合文本和图像,可以生成更加丰富和生动的内容,如将一段文字描述转化为图像,或者将图像内容生成文字描述。此外,多模态技术还可以应用于音频和视频内容的生成,如根据文本提示生成音乐或根据图像内容生成视频。

多模态技术的发展也推动了虚拟数字人的进步。通过AIGC技术,可以将静态照片转化为动态视频,并实现人脸替换、表情变化等效果,让虚拟数字人更加逼真。同时,AI技术提升了虚拟数字人的多模态交互能力,使其能够无须人工干预即可实现自动交互,具有内在的"思考"能力。

在商业应用方面,多模态大模型与AIGC的结合为各行各业带来了变革。例如,在SaaS行业中,AIGC技术可以作为聊天机器人,提供个性化互动,并主动提供服务,使软件更易于访问和使用。

6.1.3 AIGC的典型应用场景

AIGC内容生成按技术场景划分,包括文本生成、音频生成、图像生成等多个种类,如图6-5所示。

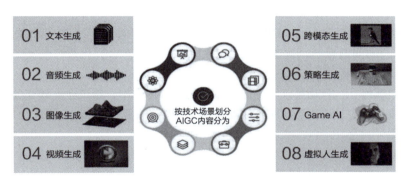

图6-5 AIGC内容生成种类

1. 文本生成

在文本生成领域，AIGC技术已经取得了显著的进展。AIGC技术可以基于给定的关键词、描述或样本，生成与之相匹配的文章、报告、故事等文本内容。这种技术的应用非常广泛，包括但不限于以下几个方面。

1）新闻报道

（1）新闻稿件撰写：能够快速生成时效性新闻稿件，例如，体育赛事结果、财经数据报道等常规性新闻。一些新闻机构利用AIGC技术，每天可以生成大量的基础新闻报道，减轻了记者的工作负担，提高了新闻发布的效率。

（2）新闻摘要生成：可以对长篇的新闻文章或复杂的信息进行提炼和总结，生成简洁明了的新闻摘要，方便读者快速了解新闻的核心内容。

2）广告营销

（1）广告文案创作：根据产品特点、目标受众和营销场景等因素，自动生成吸引人的广告文案。例如，为电商平台的商品生成促销文案，或者为品牌的推广活动创作宣传文案。这些文案可以突出产品的优势和独特卖点，提高广告的效果和转化率。

（2）个性化营销内容：基于用户的兴趣、行为和偏好等数据，生成个性化的营销文本。例如，为不同用户群体定制不同风格和内容的电子邮件营销文案，或者在社交媒体上为用户推送符合其兴趣的个性化广告文本。

3）文学创作

（1）小说写作：能够构思小说的情节、人物和对话等内容。创作者可以利用AIGC提供的创意和思路，快速生成小说的初稿，然后在此基础上进行修改和完善。一些写作辅助工具甚至可以根据用户设定的主题、风格和情节走向，生成完整的小说章节。

（2）诗歌创作：创作各种风格和主题的诗歌，包括抒情诗、叙事诗、哲理诗等。AIGC生成的诗歌在语言表达和韵律上可能具有一定的创新性，为诗人提供了新的创作灵感和参考。

4）学术研究

（1）论文写作辅助：帮助学者快速生成论文的大纲、摘要和部分内容。例如，在综述性论文的写作中，AIGC可以收集和整理相关领域的文献资料，并生成初步的综述文本，为学者节省大量的时间和精力。但需要注意的是，使用AIGC生成的学术内容仍需要学者进行严格的审核和验证，以确保其学术准确性和原创性。

（2）学术资料翻译：在跨语言的学术研究中，AIGC可以用于学术文献的翻译。它能够快速准确地将一种语言的学术论文翻译成另一种语言，方便学者获取和理解国际上的学术研究成果。

5）智能客服

（1）自动回复：根据用户的咨询问题，生成准确、恰当的回答。智能客服系统利用AIGC技术，可以理解用户的问题意图，快速检索知识库中的相关信息，并生成自然流畅的回复文本，提高客服的响应速度和服务质量。

（2）常见问题解答：自动整理和生成常见问题的解答文本，帮助企业建立完善的知识库。当用户提出常见问题时，智能客服可以直接提供准确的答案，减少人工客服的工作量。

6）教育培训

（1）教学材料生成：为教师生成教学课件、教案、试题、作业等教学材料。例如，根据教学大纲和知识点，自动生成练习题和测试题，帮助教师快速准备教学资源。

（2）学习辅导：为学生提供个性化的学习辅导，例如，根据学生的学习进度和薄弱环节，生成针对性的学习资料和辅导文本，帮助学生更好地理解和掌握知识。

2. 音频生成

在许多影视作品中，都出现过主人公利用先进设备随心所欲地模仿别人的声音的场景。如今，AIGC正在让类似的场景变为现实。AIGC在音频生成领域不仅能实现语音克隆，还能够合成不同风格的语音，甚至还能自动生成乐曲。

1）语音合成

（1）有声读物制作：可以将文字内容快速转换为高质量的语音，用于有声读物的制作。例如，一些音频平台利用AIGC技术，能够高效地生成大量的有声书内容，满足用户多样化的阅读需求，并且可以模仿不同的音色、语调、语速，让有声读物更具吸引力。

（2）语音播报：应用于新闻媒体、智能助手等场景，将新闻稿件、通知信息等文本自动转换为语音进行播报。这样可以方便用户在不方便阅读文字的情况下获取信息，如在开车、做家务时通过车载系统或智能音箱收听新闻、天气等信息。

（3）短视频配音：为短视频创作者提供便捷的配音服务。创作者只需输入文字，AIGC就能生成相应的语音，并且可以根据视频的风格和内容选择不同的声音类型，如搞笑、严肃、温柔等，大大提高了短视频的制作效率。

（4）虚拟角色配音：在游戏、动漫、影视作品中，为虚拟角色提供配音。可以根据角色的性格特点和设定，生成符合角色形象的语音，使虚拟角色更加生动、鲜活。例如，一些游戏公司利用AIGC技术为游戏中的非玩家角色（NPC）生成个性化的语音，增强游戏的沉浸感。

2）音乐合成

（1）音乐创作：能够自动生成各种风格的音乐，包括流行、古典、摇滚、电子等。创作者可以输入一些音乐元素，如旋律主题、节奏类型、情感倾向等，AIGC系统就会根据这些输入生成相应的音乐片段或完整的音乐作品。这为音乐创作者提供了新的灵感来源，也降低了音乐创作的门槛，使没有专业音乐训练的人也能尝试创作音乐。

（2）音乐编曲：根据已有的旋律或歌词，自动进行编曲。它可以快速生成多种不同的编曲方案，供音乐创作者选择和参考，帮助创作者节省编曲的时间和精力，同时也为音乐创作带来更多的可能性。

（3）音乐辅助创作：在音乐创作过程中，AIGC可以提供一些辅助功能，如和弦生成、节奏优化、旋律润色等。创作者可以利用这些功能对自己的音乐作品进行进一步的完善和优化。

3）音频特效生成

（1）音效合成：为影视作品、游戏、广告等制作各种音效。例如，生成风雨声、枪炮声、动物叫声等自然和环境音效，以及魔法、科幻等特殊效果的音效。这些音效可以增强作品的氛围和表现力，使观众或玩家更容易沉浸其中。

（2）声音风格转换：可以将一种声音的风格转换为另一种风格，例如，将一个人的声音转换为机器人的声音、卡通人物的声音等，或者将一首歌曲的风格从流行转换为摇滚、古典等。这种声音风格的转换为音频创作和娱乐领域带来了更多的创意和趣味性。

4）个性化音频内容生成

（1）个性化音乐推荐：根据用户的音乐偏好、收听历史等数据，生成个性化的音乐播放列表或推荐适合用户的新音乐。通过对大量音乐数据的分析和学习，AIGC系统能够准确地理解用户的音乐口味，为用户提供更加精准的音乐推荐服务。

（2）定制化音频故事：结合用户提供的故事主题、角色设定等信息，生成定制化的音频故事。例如，为儿童生成专属的睡前故事，或者为企业生成定制的宣传故事等，满足用户的个性化需求。

3. 图像生成

随着多模态大模型的发展，AIGC能够更好地理解用户的需求和输入信息，生成更加精准和高质量的图像。例如，用户只需提供简单的文字描述，AIGC就能生成具有丰富细节和逼真效果的图像。同时，AIGC生成图像的速度也将不断加快，为设计师、艺术家和广告从业者等提供更加高效的创作工具。

1）艺术创作

（1）绘画风格模仿：AIGC可以学习和模仿各种绘画风格，如印象派、抽象派、写实主义等。艺术家可以利用这一功能快速获得具有特定风格的作品，或者将不同风格融合，创造出新颖的艺术表达。例如，输入"模仿凡·高风格的星空下的城市"，AIGC系统就能生成具有凡·高绘画风格特点的城市夜景图像。

（2）创意灵感激发：为艺术家提供源源不断的创意灵感。当艺术家面临创作瓶颈时，AIGC可以根据给定的主题或元素生成大量的初步图像，帮助艺术家拓展思路，发现新的创作方向。这些生成的图像可以作为艺术创作的基础素材，经过艺术家的进一步加工和完善，成为独特的艺术作品。

2）设计领域

（1）平面设计：在海报、广告、书籍封面、包装等平面设计方面，AIGC能够根据设计需求快速生成多种设计方案。例如，为一款新产品的宣传海报生成不同风格、布局和色彩搭配的设计稿，设计师可以从中选择最满意的方案进行进一步优化。AIGC还可以根据品牌的风格指南和特定的设计要求，自动生成符合品牌形象的图形元素和图案。由AI工具生成的海报如图6-6所示。

图6-6 由AI工具生成的海报

（2）室内设计：帮助室内设计师快速生成室内空间的效果图。设计师只需输入房间的尺寸、风格偏好、家具需求等信息，AIGC就能生成相应的室内设计图，包括房间的布局、家具的摆放、装饰的选择等。这不仅可以帮助设计师在实际施工前向客户展示设计效果，还可以让设计师快速尝试不同的设计方案，提高设计效率。

（3）服装设计：根据设计师提供的款式、面料、颜色等要求，生成服装设计图。设计师可以通过AIGC快速预览不同设计方案的效果，减少实际制作样衣的成本和时间。此外，AIGC还可以根据时尚趋势和市场需求，生成新的服装设计创意，为设计师提供参考。

3）娱乐产业

（1）游戏开发：用于游戏场景、角色、道具等的设计。游戏开发者可以使用AIGC快速生成大量的游戏素材，如不同地形的游戏场景、各种风格的角色形象、独特的道具外观等。这不仅可以提高游戏开发的效率，还可以为游戏增加更多的创意和多样性。例如，生成一个奇幻风格的游戏场景，包括神秘的森林、古老的城堡、奇异的生物等。

（2）动漫制作：在动漫制作的前期，AIGC可以帮助创作者快速生成角色设计、场景设定、分镜头脚本等。这可以为动漫的制作提供初步的蓝图，减少创作的时间和成本。同时，AIGC还可以用于动漫的后期制作，如特效的添加、画面的修复和优化等。

（3）影视特效：为影视作品提供特效场景和虚拟角色。例如，生成宏大的战争场景、奇幻的魔法效果、逼真的动物形象等。AIGC生成的特效可以与实拍画面完美融合，增强影视作品的视觉效果和观赏性。

4）商业应用

（1）广告营销：根据广告的主题和目标受众，生成吸引人的广告图片。例如，为一款美容产品生成展示其效果的图片，或者为一家餐厅生成展示其美食的图片。这些图片可以用于线上广告、线下宣传海报等，提高广告的吸引力和影响力。

（2）电商领域：用于电商平台的商品图片生成和优化。商家可以使用AIGC快速生成商品的多角度展示图、细节图等，提高商品的展示效果。同时，AIGC还可以根据用户的需求和偏好，为用户生成个性化的商品推荐图片。

5）教育领域

（1）教学辅助：为教学提供丰富的图像资源，如教学课件中的插图、科学实验的演示图、历史事件的场景图等。教师可以根据教学内容的需要，使用AIGC快速生成相关的图像，帮助学生更好地理解和掌握知识。

（2）学生创作：激发学生的创造力和想象力，让学生通过AIGC进行图像创作。例如，在美术课上，学生可以使用AIGC作为创作工具，尝试不同的艺术风格和表现手法，培养学生的艺术素养和创新能力。

4. 视频生成

AIGC在视频生成方面的应用前景广阔。未来，AIGC生成的视频将具有更高的分辨率和逼真度，能够与人类制作的视频相媲美。如图6-7所示为利用AIGC可以改变表情。

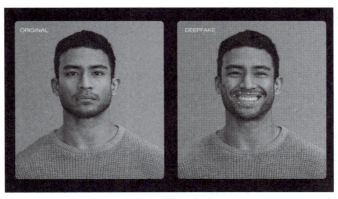

图6-7　改变表情

1）影视制作

（1）辅助创意构思：为影视创作者提供故事板、分镜头脚本等的初步构思。创作者输入故事梗概或关键情节，AIGC可以快速生成一系列的分镜头画面建议，帮助创作者拓展思路，激发创意灵感，节省前期策划的时间和精力。

（2）特效生成与增强：能够高效地生成各种逼真的特效场景，如爆炸、火灾、洪水等灾难场景，以及奇幻世界中的魔法效果、科幻电影中的未来科技场景等。相比传统的特效制作方法，AIGC大大降低了特效制作的成本和时间，同时还可以根据导演的需求进行实时调整和优化。

（3）虚拟角色创建：创建虚拟的演员角色。通过对大量真实演员的面部特征、身体动作等数据的学习，AIGC可以生成具有高度逼真度的虚拟角色，这些虚拟角色可以参与到电影、电视剧的拍摄中，为影视作品带来全新的视觉体验。并且虚拟角色的动作、表情可以根据剧本的要求进行精准地控制和调整。

AIGC在影视行业中的应用见表6-2。

表6-2　AIGC 在影视行业中的应用

前期创作阶段	中期拍摄阶段	后期制作阶段
语音转文本	虚拟场所生成	画质修复
		画质增强
		AI 视频画面剪辑
写作机器人		人脸替换、人声替换

（4）后期剪辑与优化：在后期制作中，AIGC可以辅助剪辑师进行视频的剪辑和拼接。它可以根据视频的内容、节奏、情感等因素，自动选择合适的片段进行剪辑，并对剪辑点进行优化，使视频的过渡更加自然流畅。此外，AIGC还可以对视频的色彩、对比度、亮度等进行自动调整和优化，提高视频的视觉质量。

2）广告营销

（1）广告创意生成：根据广告方的需求和产品特点，快速生成多种广告创意方案。例如，为一款化妆品生成不同风格、不同场景下的使用效果展示视频，或者为一款汽车生成动态的行驶、外观展示视频等。这些视频可以帮助广告更好地展示产品的特点和优势，吸引消费者的关注。

（2）个性化广告制作：利用AIGC技术根据用户的个人信息、兴趣爱好、浏览历史等数据，生成个性化的广告视频。例如，为不同年龄、性别、地域的用户生成符合他们喜好的广告内容，提高广告的针对性和有效性。

3）短视频创作

（1）内容快速生产：对于短视频创作者来说，AIGC可以帮助他们快速生成大量的短视频内容。创作者只需输入一些关键词、主题或描述，AIGC就能自动生成相应的视频脚本，并根据脚本生成视频。这大大提高了短视频的生产效率，使创作者能够更快速地发布内容，满足观众对短视频的海量需求。

（2）风格多样化：可以模仿各种不同的视频风格，如搞笑、感人、励志、科普等，创作者可以根据自己的需求选择合适的风格，使自己的短视频更具特色和吸引力。

4）视频新闻报道

（1）新闻视频自动生成：在新闻领域，AIGC可以根据新闻稿件的文字内容自动生成新闻视频。它可以将文字信息转化为图像和视频素材，并进行合理地排版和编辑，快速生成一段新闻视频。这对于一些时效性要求较高的新闻报道非常有帮助，可以在短时间内发布新闻视频，提高新闻的传播速度和影响力。

（2）数据可视化新闻：将复杂的数据信息转化为直观的视频形式进行展示。例如，对于经济数据、统计报表等信息，AIGC可以生成相应的数据可视化视频，使观众更容易理解和接受新闻中的数据信息。

5）教育领域

（1）教学视频制作：教师可以使用AIGC生成教学视频，例如，讲解知识点的动画视频、实验演示视频等。这些视频可以帮助学生更好地理解和掌握知识，提高教学效果。同时，教师也可以根据学生的反馈和需求，对生成的视频进行调整和优化。

（2）在线教育课程定制：在线教育平台可以利用AIGC为学生定制个性化的学习视频。根据学生的学习进度、知识水平、兴趣爱好等因素，AIGC可以生成适合学生的学习视频，满足学生的个性化学习需求。

6）游戏开发

（1）游戏过场动画生成：为游戏中的过场动画提供快速的制作方案。游戏开发者可以输入游戏的剧情、角色、场景等信息，AIGC就能生成相应的过场动画视频，使游戏的剧情更加生动、连贯，增强玩家的游戏体验。

（2）游戏角色动画生成：帮助游戏开发者生成游戏角色的动画动作。通过对角色的动作捕捉数据或动作描述的学习，AIGC可以自动生成角色的各种动作动画，如行走、奔跑、攻击、防御等，提高游戏开发的效率。

6.1.4 AIGC面临的挑战

AIGC的发展在带来诸多机遇的同时，也面临着一系列严峻挑战。

（1）数据质量与偏差问题不容小觑：AIGC的性能极大程度地依赖于训练数据，一旦数据出现质量欠佳、不准确或是不完整的状况，就极有可能致使生成的内容出现错误。与此同时，数据中的偏差可能会被模型所学习，并在生成的内容中得以体现，例如，在性别、种族等方面存在偏见，这很可能引发社会公平性方面的问题。

（2）知识产权问题尤为突出：AIGC生成的内容或许与已有的作品相似，要明确界定其原创性和版权归属颇具难度。这既给创作者和版权所有者带来了困扰，也可能引发法律纠纷。并且，在确定侵权行为以及进行责任划分方面存在一定的困难。

（3）伦理道德挑战不可忽视：例如，AIGC可能被用于恶意目的，如生成虚假新闻、诈骗信息或者有害的图像、视频内容等，从而对社会秩序和公共安全构成威胁。同时，随着AIGC生成的内容愈发逼真，可能会引起人们对现实与虚拟的混淆，进而影响人们的认知以及价值观判断。

（4）技术局限性亦是一个难题：当前的AIGC模型在处理复杂任务以及理解深层语义方面仍存在不足。例如，在生成长篇连贯的故事或是进行深度的学术论述时，可能会出现逻辑不严密、内容空洞等问题。而且，模型对计算资源的需求较大，训练和运行成本较高，这限制了其广泛应用与发展。

（5）AIGC的发展还面临着人才短缺的挑战：既需要具备人工智能专业知识的技术人才来开发和优化模型，也需要跨领域的人才来确保生成内容的质量以及应用的合理性。如何培养和吸引这些人才，是AIGC发展过程中亟待解决的重要问题。

单元 2　通用人工智能（AGI）

随着科技的飞速发展，人工智能（AI）已经成为当今社会最具影响力的技术之一。从早期的基于规则的系统到如今的深度学习算法，AI在各个领域取得了显著的成就。然而，目前的AI大多是狭义的，只能在特定任务或领域中表现出色。通用人工智能（AGI）作为人工智能的一个更高目标，旨在使机器具备与人类同等的智能水平，能够理解、学习和处理各种不同类型的任务和情境。

近年来，通用人工智能技术取得了突破性进展，正以惊人的速度改变着我们的生活和社会。随着科技的不断进步，通用人工智能在各个领域的应用日益广泛，其重要性也愈发凸显。当前，通用人工智能的研究现状复杂多样，众多科研机构和企业纷纷投入大量资源进行研发。从大语言模型的爆发式增长到多模态智能体的探索，从行业智能化升级到物联网的深度融合，通用人工智能的发展呈现出蓬勃的态势。

6.2.1　AGI的理论基础

1. AGI的定义

通用人工智能，又称强人工智能，是指能够执行任何人类智能活动的计算机系统。它能够像人类一样进行思考、学习、推理和决策，具备广泛的通用性和灵活性。与人类智能类似，AGI可以在不同的领域和任务中灵活应用，适应各种复杂的环境和问题。例如，它可以模拟人类的思考过程，分析问题、提出解决方案，并根据实际情况进行调整和优化。同时，AGI还能够像人类一样进行学习，通过不断地接触新的知识和经验，提高自己的能力和水平。

2. 通用人工智能的特征

通用性：能够处理多种类型的任务，包括认知、感知、决策等，而不是局限于某一类特定任务。

自主性：可以自主地进行学习、推理和决策，不需要人为过多的干预和指导。

适应性：能够适应不同的环境和情境变化，调整自己的行为和策略。

理解能力：具备对自然语言、图像、声音等多种信息的深刻理解能力，而不仅仅是表面的模式识别。

创造力：能够产生新的想法、概念和解决方案，具有一定的创新能力。

3. 与狭义人工智能的区别

AGI与狭义人工智能在通用性和灵活性上存在显著差异。狭义人工智能，也称为专用人工智能，是指专门为执行特定任务而设计的人工智能系统。这种系统在特定领域内表现出色，但无法处理超出其设计范围的任务。相比之下，AGI具有更广泛的通用性和灵活性，能够处理多种不同类型的任务，而不仅仅是专门领域的任务。例如，一个图像识别的狭义人工智能系统只能识别特定类型的图像，而AGI可以不仅能够识别图像，还能够进行图像分析、理解图像的内容，并根据图像的信息进行决策和行动。

6.2.2　AGI的发展现状

1. 历史回顾

AGI的概念可以追溯到20世纪中叶，当时人工智能领域的先驱们就提出了构建具有人类智能水平机器的愿景。然而，在随后的几十年里，由于技术限制和对智能本质理解的不足，研究进展相对缓慢。早期的研究主要集中在符号推理、知识表示和逻辑规划等方面，但这些方法在处理复杂的现实世界问题时遇到了很大的困难。

2. 当前进展

1）算法与模型的突破

（1）深度学习的广泛应用：近年来，深度学习技术在AGI发展中占据了核心地位。卷积神经网络（CNN）在图像识别和处理领域取得了巨大成功，如人脸识别准确率大幅提高，能够在复杂场景中准确识别个体。循环神经网络（RNN）及其变体长短时记忆网络（LSTM）和门控循环单元（GRU）在自然语言处理方面表现出色，使得机器能够理解和生成自然语言文本，如语言翻译的质量显著提升，接近人类专业翻译水平。生成对抗网络（GAN）则为数据生成和模拟提供了强大工具，可用于生成逼真的图像、音频等数据，为AGI的多模态学习提供了丰富的素材。

（2）强化学习的进展：强化学习通过智能体与环境的交互来学习最优策略，在游戏、机器人控制等领域取得了显著成果。例如，AlphaGo系列通过强化学习算法击败了人类顶尖棋手，展示了机器在复杂策略游戏中的强大学习能力。OpenAI的Gym平台为强化学习研究提供了标准化的环境和工具，促进了相关算法的发展和应用。

2）计算能力的提升

（1）硬件技术的发展：高性能图形处理单元（GPU）的广泛应用为深度学习等计算密集型任务提供了强大的计算支持。GPU的并行计算能力使得大规模神经网络的训练时间大幅缩短，从数月缩短至数天甚至数小时。此外，云计算技术的发展使得研究人员能够轻松获取海量的计算资源，进一步推动了AGI相关研究的开展。量子计算作为未来计算技术的潜在突破方向，虽然目前仍处于发展初期，但已经展示出在某些特定问题上超越传统计算的潜力，有望为AGI提供更强大的计算能力。

（2）分布式计算与集群技术：为了应对大规模数据和复杂模型的训练需求，分布式计算和集群技术得到了广泛应用。研究机构和企业通过构建大规模的计算集群，实现了数据和计算任务的分布式处理，提高了计算效率和系统的可扩展性。例如，谷歌的TensorFlow分布式训练框架和Facebook的PyTorch分布式版本，使得研究人员能够在多个计算节点上并行训练大型神经网络模型。

3）数据资源的丰富

（1）大数据的积累：随着互联网和物联网的普及，海量的数据被生成和收集。这些数据涵盖了各个领域，如文本、图像、音频、视频、传感器数据等，为AGI的训练提供了丰富的素材。大型数据集的出现，如ImageNet（图像数据集）、COCO（通用物体图像数据集）、Wikipedia（文本数据集）等，推动了计算机视觉、自然语言处理等领域的研究进展。通过对这些大规模数据集的学习，模型能够获取更广泛的知识和模式，提高其泛化能力和智能水平。

（2）数据标注与预处理技术的发展：为了使数据能够被机器有效利用，数据标注和预处理技术变得至关重要。人工标注数据虽然耗时耗力，但对于训练监督学习模型仍然是不可或缺的。同时，自动化的数据标注技术和数据增强方法也在不断发展，以提高数据标注的效率和质量。例如，通过图像旋转、裁剪、翻转等数据增强操作，可以增加数据集的规模和多样性，提高模型的鲁棒性和泛化能力。

4）研究机构与企业的积极投入

（1）国际知名研究机构的贡献：许多国际顶尖的研究机构在AGI研究方面发挥了重要作

用。例如，美国的斯坦福大学、麻省理工学院、卡内基梅隆大学等，在人工智能的各个领域开展了深入的研究，包括认知科学、机器学习、计算机视觉等，为AGI的发展提供了理论基础和技术支持。OpenAI作为一家专注于人工智能研究的非营利组织，致力于推动AGI的安全和有益发展，其开展的多项研究项目和发布的研究成果在全球范围内引起了广泛关注。

（2）科技企业的推动：科技巨头如谷歌、微软、亚马逊、Facebook等也在AGI领域投入了大量资源。这些企业拥有雄厚的技术实力和丰富的数据资源，通过内部研发和收购创新型公司，不断推进AGI技术的应用和创新。例如，谷歌的DeepMind团队在强化学习、人工智能伦理等方面取得了一系列重要成果；微软在自然语言处理、知识图谱等领域进行了深入研究，并将AGI技术应用于其产品和服务中。

6.2.3 AGI的技术瓶颈

尽管取得了一定进展，但实现AGI仍然面临诸多技术瓶颈。

1. 认知架构的设计

如何构建一个能够模拟人类认知过程的统一架构，使机器能够像人类一样进行感知、思考、记忆和决策，仍然是一个尚未解决的难题。目前的深度学习架构虽然在某些方面取得了成功，但它们大多是针对特定任务设计的，缺乏对认知过程的全面模拟。研究人员正在探索新的认知架构，如基于神经网络和符号处理相结合的方法，以及借鉴人类大脑结构和功能的神经形态计算模型。

2. 自我学习与适应的局限

目前的机器学习算法在自我学习和适应新环境方面还存在不足，需要大量的数据和计算资源，且容易受到数据偏差和过拟合的影响。虽然无监督学习、迁移学习等方法在一定程度上缓解了对标注数据的依赖，但在复杂环境下的学习效率和泛化能力仍有待提高。此外，机器的学习过程往往是被动的，缺乏主动探索和发现新知识的能力。

3. 常识推理的困难

人类在日常生活中能够运用常识进行推理和判断，但让机器理解和掌握常识知识是非常困难的，因为常识往往是模糊、不确定且具有情境依赖性的。目前的AI系统在处理常识推理问题时往往表现不佳，容易出现不合理的判断和决策。为了让机器具备常识推理能力，需要构建大规模的常识知识库，并开发能够有效利用这些知识进行推理的算法。同时，还需要研究如何让机器从日常经验中自动学习和积累常识知识。

4. 情感与社会智能的缺失

情感和社会交互在人类智能中起着重要作用，但目前的AI系统大多缺乏对情感和社会因素的理解和处理能力。实现具有情感与社会智能的AGI需要解决多个方面的问题，如情感识别、情感表达、情感理解和情感交互等。此外，还需要研究机器如何理解社会规范、文化背景和人际关系，以便在社会环境中进行有效的沟通和协作。

6.2.4 跨学科视角下的AGI

1. 认知科学的贡献

认知科学为AGI的研究提供了关于人类认知过程的理论和实证基础。通过研究人类的感知、注意、记忆、思维、语言等认知能力，认知科学家可以为AGI的认知架构设计和算法开发提供启示。例如，认知心理学中的注意力机制和记忆模型可以被借鉴到人工智能系统中，以提高机器的信息处理效率和学习能力。同时，认知科学的研究方法也可以用于评估和改进AGI系统的性能，使其更接近人类的智能水平。

2. 神经科学的影响

神经科学对AGI的发展有着重要的影响。研究人类大脑的神经元结构、神经网络连接和神经信息处理机制，可以为构建人工智能算法和模型提供生物学依据。近年来，基于神经科学原理的深度学习技术取得了巨大成功，如卷积神经网络和循环神经网络等，它们在模拟大脑的视觉和语言处理方面表现出了强大的能力。未来，随着神经科学研究的不断深入，有望进一步启发新的AGI算法和架构，例如，神经形态计算和类脑智能系统的研究。

3. 心理学的角色

心理学在AGI研究中扮演着重要的角色。它关注人类的思维、情感、动机、行为等方面的规律，为理解人类智能的本质提供了重要的视角。心理学的研究成果可以帮助设计更符合人类认知和情感特点的AGI系统，提高人机交互的效率和质量。例如，通过研究人类的学习动机和学习策略，可以为AGI的自我学习算法提供参考；研究人类的情感状态和情感表达，可以使AGI系统更好地理解和回应人类的情感需求。

4. 计算机科学与AGI

计算机科学是AGI实现的核心技术支撑。它涵盖了算法设计、软件开发、计算架构、数据存储与处理等多个方面。计算机科学家致力于开发高效的算法和软件系统，以实现AGI的各种智能功能。同时，计算机科学也在不断推动硬件技术的发展，如高性能计算芯片、量子计算等，为AGI的计算需求提供强大的支持。此外，计算机科学还关注AGI系统的安全性、可靠性和可扩展性等问题，确保AGI能够在实际应用中稳定运行。

6.2.5 AGI的未来发展方向

1. 技术路线图

未来AGI的发展需要在多个技术方向上取得突破。首先，继续深入研究认知架构和学习算法，提高机器的智能水平和学习能力。其次，加强对常识推理、情感与社会智能等方面的研究，使AGI更接近人类的智能表现。此外，还需要关注量子计算、边缘计算等新兴技术对AGI的影响，探索如何利用这些技术提升AGI的计算性能和应用范围。同时，推动多模态智能的发展，使机器能够更好地融合和处理视觉、听觉、语言等多种信息，提高对复杂环境的感知和理解能力。

2. 政策与法规

政府应制定相关政策和法规，引导和规范AGI的发展。一方面，加大对AGI研发的支持力度，鼓励产学研合作，促进技术创新和产业发展。另一方面，加强对AGI技术的监管，建立健全的伦理审查机制和风险评估体系，确保AGI的应用符合社会公共利益和人类价值观。同时，积极参与国际合作，共同制定AGI的国际标准和规则，推动全球AGI的健康发展。

3. 教育与培训

为了适应AGI时代的到来，需要改革和完善教育与培训体系。在学校教育中，加强对人工智能相关知识的普及和教育，培养学生的计算思维、创新能力和跨学科素养。在职业教育和培训中，针对不同行业和职业的需求，开展针对性的技能培训和再教育，帮助劳动者提升在AGI环境下的就业能力。此外，还需要鼓励终身学习，提高全民的数字素养和适应能力，以应对技术变革带来的挑战。

4. 国际合作

AGI的发展是一个全球性的挑战和机遇，需要各国加强合作，共同推进。国际合作可以在技术研发、数据共享、人才培养等方面发挥重要作用。通过建立国际合作平台和项目，各国可以共享研究成果和经验，共同攻克AGI发展中的难题。同时，也可以避免因技术竞争而导致的资源浪费和重复建设，实现全球范围内AGI的可持续发展。

单元 3　机器人流程自动化（RPA）

2024年，人工智能热度不减，其中，机器人流程自动化（robotic process automation, RPA）颇受关注。随着科技的不断发展，RPA与AI正日益成为企业数字化转型的关键要素。

在当今的数字化时代，企业面临着越发激烈的市场竞争以及不断变化的客户需求。为了提升效率、降低成本并增强竞争力，企业纷纷踏上数字化转型之路。而RPA和AI的出现，为企业提供了强有力的技术支撑。

RPA作为一种自动化技术，能够模拟人类在计算机上的操作，完成重复性、规则性的任务。它可以快速、准确地处理大量数据，提高工作效率，减少人为错误。而AI则具备强大的学习、理解和分析能力，能够处理复杂的任务，为企业提供智能化的解决方案。

6.3.1　企业数字化转型

根据行业研究数据显示，全球RPA的业务增速以60%的速度发展。随着越来越多企业开始接受与应用RPA，这种非侵入式的自动化技术正逐步成为企业组织的一项基本能力。弗雷斯特研究公司也曾预测，2020年超过40%的企业将通过结合AI和RPA来创建自身的"超级数字员工"。

目前，中国RPA市场规模已超过20亿元，渗透率远低于美国、欧洲等地区，中国RPA行业发展潜力巨大。同时，中国企业的数字化转型、上云比例仍较低，RPA为企业提供了实施周期短、可快速部署的解决方案，将享受中国企业数字化浪潮的红利，获得长足的发展动力。

RPA与AI的融合为企业带来了巨大的价值。RPA能够高效地执行重复性任务，而AI则赋予了系统智能分析和决策的能力。两者结合，不仅可以提高企业的运营效率，降低成本，还能提升企业的竞争力。

在实际应用中，RPA+AI可以帮助企业实现跨系统数据整合，打破数据孤岛。例如，在金融行业，RPA可以自动处理大量的交易数据，而AI则可以通过分析这些数据，识别潜在的风险，为企业提供决策支持。在制造业，RPA可以去除自动化生产流程中的重复性任务，而AI则可以通过对设备数据的分析，预测设备故障，提高生产效率。

此外，RPA+AI还可以为企业提供个性化的服务。通过对客户数据的分析，AI可以了解客户的需求和偏好，而RPA则可以根据这些信息，自动为客户提供个性化的服务，提高客户满意度。

未来，随着技术的不断发展，RPA与AI的融合将更加深入。RPA将更加智能化，能够处理更加复杂的任务；AI将更加普及，为企业提供更加精准的决策支持。两者的融合将为企业带来更多的价值，推动企业的数字化转型和发展。

6.3.2 RPA理论基础

1. RPA的概念

RPA是一种先进的软件技术，旨在通过模拟人类在计算机上的操作行为，以软件形式集成于办公环境之中，实现业务流程的自动化。RPA的发展经历了多个阶段。

在规则引擎时代，RPA主要用于简单的辅助人工操作，如数据录入、文件打开等标准化桌面工作。这个阶段的RPA几乎涵盖了桌面自动化软件的全部操作，但整个工作过程离不开人工干预，无法自动执行，效果往往是辅助单个员工提升较小幅度的工作效率。RPA的定义和能力如图6-8所示。

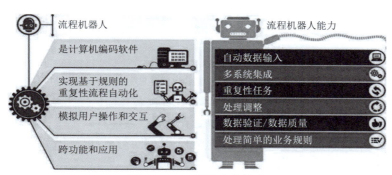

图6-8 RPA的定义和能力

随着技术的发展，RPA进入了智能化时代。如今的RPA工具功能更加丰富，场景更加多样实用，定制化程度高，针对性更强。它不仅可以模拟人类操作，还能利用和融合现有各项技术，实现其流程自动化的目标。例如，RPA可以结合光学字符识别（OCR）技术从不断变化的网站中捕获数据，提供拖放功能，并使用人工智能技术提升数据处理的准确性和效率。

2. RPA的发展历史

1）RPA兴起的原因

RPA的兴起并非偶然，而是多种因素共同作用的结果。首先，随着全球经济的发展，企业面临着日益激烈的市场竞争，提高效率、降低成本成为企业生存和发展的关键。RPA能够自动执行重复性、规则性的任务，大大提高工作效率，降低运营成本，因此受到企业的青睐。

其次，人口红利逐渐消失，人工成本不断上升。在这种情况下，企业需要寻找一种能够替代人工的技术，RPA正好满足了这一需求。麦肯锡的数据显示，超过70%的500强企业都在运用RPA，以减少对人力的需求，降低运营成本。

此外，信息技术的快速发展也为RPA的兴起提供了技术支持。随着计算机技术、互联网技术、人工智能技术等的不断发展，RPA能够更好地模拟人类操作，实现更加复杂的业务流程自动化。例如，RPA可以结合光学字符识别技术、自然语言处理技术等，从不同的数据源获取数据，并进行整理、分析和处理，提高数据处理的准确性和效率。图6-9所示为技术突破和企业需求促使RPA需求增长。

2）RPA的发展历史

RPA的发展历史可以追溯到20世纪90年代。当时，计算机开始出现在日常办公中，一些软件和工具身上已经具备RPA的雏形，如屏幕抓取类、流程自动化工具类等。

屏幕抓取技术是第一种能在不兼容的两个系统之间建立桥梁的技术，可提取关键术语，扫描大量静态信息等数据。这种数据抓取、数据分类、数据分析的能力是目前RPA的核心功能之一。

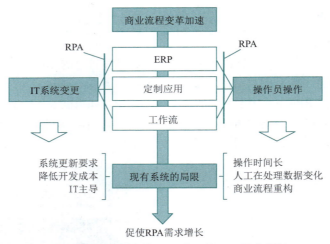

图6-9 技术突破和企业需求促使RPA需求增长

流程自动化工具类从20世纪90年代开始，各类工作流程自动化软件可以通过捕获某些特定字段的办法来帮助处理订单。首先获取数据，例如，客户联系信息、发票总额和订购的项目清单等；然后形成数据库；最后通知相应的员工。流程自动化存储数据替代手动数据录入的方式提高了订单处理的速度，效率和准确性。

RPA一词出现在2000年。此时的RPA已经比之前的"类RPA"有所不同，它将人工智能技术和自动化技术有效结合，其中应用最多的还是OCR技术，这让RPA软件不再依赖于代码进行屏幕抓取，而是允许用户以可视化的方式来使用拖放功能，建立流程管理工作流，并且将重复劳动自动化。

随着RPA开始通过简单的操作系统解决更复杂的任务，并且操作容易上手，越来越多的行业大规模投入使用。例如，BPO（business process outsourcing，业务流程外包）将RPA视为提升效率和生产力的关键驱动因素。两者相辅相成，借助RPA，BPO以更低成本效益、更快响应能力的优势快速实现办公自动化。同时，RPA也得以在外包领域落地。

在2010年后，随着"互联网+"和"智能+"提上发展日程，RPA这项技术在各行各业实现了快速增长，特别是在保险、医疗保健、银行、新零售等行业。RPA的实施大幅降低了人力成本，提高了生产力，同时减少了错误。

3. RPA相关技术

RPA主要应用了多项先进技术，为其在企业中的广泛应用提供了有力支持。

1）流程挖掘技术

流程挖掘技术就如同盖房子前先画好图纸。对于RPA来说，它首先要明确业务流程的步骤和规则，清晰地描绘出流程，这样RPA才能准确地知道该如何操作。例如，在订单处理流程中，从接收订单、核对信息到安排发货，每个环节都需要精心设计。通过流程挖掘技术，RPA可以深入了解业务流程的全貌，为后续的自动化操作奠定基础。

2）界面自动化技术

这项技术使RPA能够像人一样操作计算机上的各种软件界面。它知道如何点击按钮、填写表单、打开和关闭窗口等。例如，在登录系统时，RPA可以自动输入用户名和密码并点击登录按钮。界面自动化技术极大地提高了RPA的操作灵活性和适应性，使其能够在不同的软件环境中顺利执行任务。

3）数据抓取和处理技术

通常包括OCR、NLP等技术，让RPA能够从不同的数据源获取数据，如网页、文档、数据库等，然后对这些数据进行整理、分析和处理。例如，在处理大量文档时，RPA可以利用OCR技术识别文档中的文字信息，再结合NLP技术分析语义，提取关键数据。据统计，采用RPA的数据抓取和处理技术后，企业的数据处理效率可以提高数倍甚至数十倍。

4）工作流引擎技术

工作流引擎技术就像一个指挥中心，协调和控制RPA各个任务的执行顺序、条件判断和异常处理。如果某个步骤出现错误，RPA能根据预设的规则采取相应的措施，如重新执行或者跳过这个步骤。例如，在复杂的业务流程中，工作流引擎技术可以确保RPA按照正确的顺序执行任务，提高业务处理的准确性和稳定性。

4. RPA的用途

RPA能够记录员工在计算机桌面上的各类操作行为，涵盖键盘录入、鼠标移动与单击，触发调用Windows系统桌面操作（如文件夹和文件操作等），以及触发调用各类应用程序，收发Outlook邮件、进行Word/Excel操作、执行网页操作、打印文档、进行录音/录屏、打开摄像头、远程登录服务器、进行SQL Server客户端操作、通过Lync客户端发送信息、开展SAP客户端操作、进行业务应用客户端操作以及在ERP系统上的操作等。并且，它可以将这些操作行为抽象化，转化为计算机能够理解和处理的对象，随后按照约定的规则在计算机上自动执行这些对象。

5. 传统RPA的应用

在财务领域，RPA有着广泛的应用。例如，在会计流程自动化方面，RPA可以自动完成大量重复性的任务，如发票处理、财务报表生成等。对于企业来说，每天可能会收到大量的发票，传统的人工处理方式不仅耗时费力，还容易出现错误。而RPA可以自动识别发票上的关键信息，如发票号码、金额、日期等，并将这些信息录入到财务系统中，大大提高了工作效率和准确性。

此外，RPA还可以在财务报表生成方面发挥重要作用。财务人员通常需要从多个系统中收集数据，然后进行整理和分析，最后生成财务报表。这个过程非常烦琐，而且容易出现错误。RPA可以自动从不同的系统中提取数据，并按照预设的规则进行整理和分析，最后生成准确的财务报表。这样不仅可以节省时间和精力，还可以提高财务报表的准确性和可靠性。

以某企业为例，该企业在引入RPA之前，财务部门每月需要花费大量的时间和人力来处理发票和生成财务报表。引入RPA后，发票处理时间从原来的几天缩短到了几个小时，财务报表生成时间也从原来的一周缩短到了一天。同时，错误率也大大降低，提高了企业的财务管理水平。图6-10展示了RPA带来的时间效益。

图6-10 RPA带来的时间效益

6.3.3 RPA与AI的融合机制

1. RPA与AI的互补性

1）RPA的执行能力

RPA在流程自动化中展现出了强大的高效执行作用。RPA擅长处理重复性、规则性的任务，能够以高速度和高精度执行这些任务，极大地提高了工作效率。例如，在数据录入方面，RPA可以快速准确地将大量数据输入到系统中，避免了人工录入可能出现的错误和低效率。据统计，一个RPA机器人可以在一天内处理数千甚至数万条数据，而人工处理可能需要数天甚至更长时间。

RPA的执行能力还体现在其稳定性和可靠性上。一旦设定好流程，RPA机器人就会严格按照流程执行任务，不会受到疲劳、情绪等因素的影响。这使得企业可以放心地将重复性任务交给RPA机器人，确保业务流程的稳定运行。

2）AI的智能决策支持

AI则为RPA提供了强大的智能决策支持。AI具备学习、理解和分析能力，可以处理复杂的任务和数据。例如，在金融领域，AI可以通过分析大量的市场数据和客户信息，RPA提供决策支持，帮助RPA机器人在贷款审批等业务中做出更准确的判断。

AI可以利用机器学习算法，不断学习和优化决策模型，提高决策的准确性和效率。同时，AI还可以结合自然语言处理技术，理解客户的需求和问题，为RPA提供更个性化的服务支持。例如，在客户服务领域，AI与RPA的结合可以实现自动回复客户咨询和快速处理订单。通过使用AI技术进行语言分析，RPA可以智能地理解客户问题，并给出相应回复或转交给专业人员处理。这种智能化的客户互动大大提升了客户满意度，并且释放了人力资源，让员工有更多时间专注于复杂问题的解决。RPA与AI的关系如图6-11所示。

图6-11 RPA与AI的关系

总之，RPA和AI具有很强的互补性。RPA的高效执行能力和AI的智能决策支持相结合，可以为企业提供更高效、更智能的解决方案，推动企业的数字化转型和发展。

2. 融合的技术实现方式

RPA与AI的融合为企业带来了更高效、更智能的解决方案。目前RPA与AI融合有以下两个具体技术路径。

1）自然语言处理与RPA的结合

自然语言处理在RPA中的应用为智能客服领域带来了重大变革。在智能客服场景中，RPA通常负责处理一些重复性的任务，如查询订单状态、解答常见问题等。然而，当客户的问题较为复杂或非结构化时，传统的RPA可能无法准确理解和处理。这时，自然语言处理技术就发挥了关键作用。

例如，当客户提出一个复杂的问题时，自然语言处理技术可以对客户的问题进行语义分析和理解，提取关键信息，并将其转化为RPA可以处理的结构化数据。RPA则根据这些结构化数据，自动查询相关信息并给出准确的回复。据统计，引入自然语言处理技术后，智能客服的问题解决率可以提高30%以上，客户满意度也显著提升。

此外，自然语言处理技术还可以帮助RPA进行文本分类和摘要生成。在处理大量的客户反馈和投诉时，RPA可以利用自然语言处理技术对这些文本进行分类，以便快速识别出关键问题和热点问题。同时，自然语言处理技术还可以生成文本摘要，帮助客服人员快速了解客户的主要问题和需求，提高工作效率。

2）机器学习在RPA中的应用

机器学习技术可以使RPA更智能地适应业务场景。机器学习算法可以通过对大量数据的学习，不断优化和改进RPA的决策模型，提高其准确性和效率。

例如，在财务领域，RPA可以利用机器学习算法对历史财务数据进行分析，预测未来的财务趋势和风险。通过不断学习和优化，RPA可以更加准确地预测财务风险，为企业提供及时的预警和决策支持。据研究表明，引入机器学习技术后，RPA在财务风险预测方面的准确率可以提高20%以上。

此外，机器学习技术还可以帮助RPA进行异常检测和处理。在生产制造领域，RPA可以利用机器学习算法对设备运行数据进行实时监测，及时发现异常情况并采取相应的措施。例如，当设备出现故障时，RPA可以自动通知维修人员进行维修，减少停机时间，提高生产效率。

总之，自然语言处理和机器学习等技术的应用，为RPA与AI的融合提供了具体的实现方式。这些技术的结合可以使RPA更加智能、高效地适应不同的业务场景，为企业带来更多的价值。

6.3.4 RPA+AI融合创新的企业应用案例

1. 财务领域的应用

在企业财务流程中，RPA与AI的融合展现出了强大的财务自动化效果。

1）会计科目维护自动化

RPA可以自动收集企业财务数据，包括各种交易记录、凭证信息等。AI则通过对大量历史财务数据的学习，理解不同业务场景下的会计科目使用规律。当有新的业务发生时，RPA迅速收集相关数据并传递给AI，AI进行分析后给出合适的会计科目建议。例如，对于一些复杂的跨境交易，AI可以结合不同国家的会计准则和税收政策，为RPA提供准确的会计科目选择方案。这样一来，不仅提高了会计科目维护的准确性，还大大减少了人工干预，降低了错误率。据统计，采用RPA与AI协同进行会计科目维护后，企业的会计科目错误率降低了80%以上，工作效率提高了数倍。

2）纳税申报流程优化

在纳税申报过程中，RPA可以自动收集企业的税务相关数据，如销售额、进项税额等。AI则利用机器学习算法对这些数据进行分析，识别潜在的税务风险和优化点。例如，AI可以通过分析企业的历史纳税数据，预测未来的税务负担，为企业提供合理的税务筹划建议。同时，RPA可以根据AI的建议自动填写纳税申报表，确保申报的准确性和及时性。通过自动执行基于规则的重复任务，如数据输入、数据协调和报告生成，RPA消除了错误，简化了流程。而AI的运用则使税务机关能够分析纳税人数据、识别模式并发现潜在的税收缺口或欺诈行为。

例如，软通动力携手华为的"AI+RPA"智能自动化解决方案涵盖税务管理等多场景，年处理单据200万个，成本节约达880万元。可见，RPA与AI的融合在纳税申报流程优化中具有巨大的应用价值。

2. 保险行业的应用

保险行业作为金融领域的重要组成部分，面临着大量复杂的业务流程和数据处理需求。RPA与AI的融合为保险行业带来了新的机遇和变革。

1）保险索赔处理自动化

在保险索赔处理过程中，RPA与AI的融合发挥了重要作用。RPA可以自动收集索赔相关的数据，如医疗记录、受损车辆照片等，整合来自多个来源的索赔信息。例如，结合RPA和AI的保险理赔业务处理方法，RPA机器人基于光学字符识别技术，对目标理赔资料进行文本识别，在第一识别结果不满足预设条件的情况下，向人机协同平台下发目标理赔资料关联的协同识别任务，并将目标理赔资料保存到预设位置。人机协同平台基于目标理赔资料对协同识别任务进行处理，得到目标理赔资料对应的第二识别结果，将第二识别结果保存到预设位置，RPA机器人从预设位置获取第二识别结果，并根据第二识别结果进行理赔。这种方式实现了保险理赔业务的自动化处理，降低了人工成本，提高了业务处理效率。

同时，AI可以协助核实索赔和防止欺诈索赔。通过对扫描的纸质索赔进行分类并正确输入系统来处理这些索赔，识别任何缺失的信息，并提请工作人员注意此问题。

例如，加拿大索赔管理提供商SCM Insurance Services为FNOL实现了完全自动化的数据输入，这使得索赔的完成速度提高了80%。美国一家大型财产和意外险保险公司EXL在保险索赔处理中部署RPA后的前四个月内，可以将工人赔偿索赔处理时间减少60%。

2）客户关系管理优化

RPA与AI的融合技术对保险客户关系管理也有显著的提升。AI可以通过对客户数据的分析，了解客户的需求和偏好，RPA则可以根据这些信息，自动为客户提供个性化的服务。例如，在保单管理和取消方面，保险RPA解决方案可以接收保单持有人的电子邮件，提取数据，做出所需的更改，如银行授权和地址更改，并发送确认函。在机器学习和自然语言处理的支持下，RPA可以更好地理解客户的需求，为客户提供更加便捷、高效的服务，提高客户满意度。

总之，RPA与AI的融合在保险行业的应用具有巨大的潜力和价值。通过提高保险索赔处理效率和优化客户关系管理，为保险行业的发展带来了新的动力。

3. 制造业的应用

在制造业领域，RPA与AI的融合也发挥着重要作用。

1）生产流程优化

制造业通常涉及复杂的生产流程，其中包含大量重复性、规则性的任务。RPA可以自动执行这些任务，如数据录入、设备监控等。例如，在生产线上，RPA可以自动收集设备运行数据，并将其传输到监控系统中。同时，AI可以通过对这些数据的分析，预测设备故障，提前进行维护，减少停机时间。据统计，引入RPA和AI后，制造业企业的设备故障停机时间可减少50%以上。

2）供应链管理

在供应链管理方面，RPA可以自动收集供应商数据、订单信息等，并进行数据整理和分析。AI则可以利用机器学习算法，对市场需求进行预测，优化库存管理。例如，一家制造企业通过

RPA和AI的融合，实现了对供应商订单的自动处理和库存的智能管理。RPA自动收集订单信息，并将其传递给AI，AI分析历史销售数据和市场趋势，预测未来需求，为企业提供合理的库存建议。这样一来，企业不仅降低了库存成本，还提高了供应链的响应速度。

3）质量检测

在质量检测环节，RPA可以自动采集产品质量数据，如尺寸、外观等。AI则可以通过对这些数据的分析，识别产品质量问题，并进行分类。在汽车制造行业，RPA可以自动采集汽车零部件的尺寸数据，AI利用图像识别技术对零部件外观进行检测，及时发现质量问题，提高产品质量。据研究表明，引入RPA和AI后，制造业企业的产品质量检测准确率可提高30%以上。

总之，RPA与AI的融合在制造业中具有广泛的应用前景。通过优化生产流程、加强供应链管理和提高质量检测水平，为制造业企业带来了更高的效率、更低的成本和更好的产品质量。

6.3.5 RPA+AI的未来

随着技术的不断发展，RPA与AI的融合将迎来更多的创新和应用拓展机会。

1. 技术创新方面

1）深度融合多模态人工智能技术

除了现有的自然语言处理、机器学习等技术，未来可以进一步融合图像识别、语音识别等多模态人工智能技术，使RPA能够处理更加复杂多样的任务。例如，在制造业中，通过图像识别技术对产品外观进行更精准的检测，结合语音识别技术实现生产现场的智能指挥和调度。

2）强化自主学习和自适应能力

目前RPA与AI的融合主要依赖预先设定的规则和模型，但未来可以通过强化自主学习和自适应能力，使系统能够根据不断变化的业务环境自动调整和优化。例如，当业务流程发生变化时，RPA能够自动识别变化并调整执行策略，AI则能够根据新的数据不断学习和改进决策模型。

3）提升安全性和可靠性

随着RPA与AI在企业中的广泛应用，安全性和可靠性将成为关键问题。未来的研究可以致力于开发更加安全可靠的技术，如加密技术、身份认证技术等，确保数据的安全和系统的稳定运行。同时，建立完善的风险评估和应急响应机制，以应对可能出现的安全问题。

2. 应用拓展方面

1）拓展到更多行业领域

目前RPA与AI的融合主要应用于金融、保险、制造业等行业，但未来可以拓展到更多的行业领域，如医疗、教育、交通等。在医疗行业，RPA可以自动处理病历数据、预约挂号等任务，AI则可以辅助医生进行疾病诊断和治疗方案制定。

2）实现跨企业协同应用

随着供应链的全球化和企业间合作的日益紧密，未来可以探索RPA与AI的跨企业协同应用。通过RPA实现供应链上各企业之间的数据自动交换和业务流程协同，AI则可以进行供应链风险预测和优化决策，提高整个供应链的效率和竞争力。

3. 推动智能城市建设

RPA与AI的融合也可以在智能城市建设中发挥重要作用。通过RPA实现城市管理中的数据自动采集和处理，AI则可以进行城市交通流量预测、环境监测等任务，提高城市管理的智能化水平。

单元 4　　量子计算

量子计算和人工智能作为当今科技领域的热门研究方向,发展迅速且备受关注。20世纪80年代,理论学家提出了量子计算的基本概念,20世纪90年代出现量子算法,2019年谷歌宣布实现量子霸权,引发全球关注。

目前,人工智能则已在图像识别、自然语言处理、无人驾驶等领域取得巨大成功。然而,传统计算机在处理某些复杂问题时计算能力不足,量子计算利用量子比特的叠加和纠缠特性,能在特定任务上实现更高效计算。二者的结合为技术创新和应用开辟了新的可能性,具有重要意义。

量子计算与人工智能的结合,有望在处理海量数据和复杂算法时提供更快速准确的计算能力,提升人工智能系统的整体性能。同时,量子计算在解决优化问题和模式识别方面的优势,结合人工智能算法和技术,可能带来更为智能化的解决方案。然而,二者结合也面临诸多挑战,如量子计算技术发展仍处于初级阶段,硬件稳定性、纠缠态保持时间等问题需进一步突破;量子计算的软件开发与编程模型也需与人工智能需求相契合,对人才队伍素质提出更高要求。

6.4.1　量子计算的概念与特点

1. 量子计算的基本概念

量子计算是一种遵循量子力学规律调控量子信息单元进行计算的新型计算模式。它以量子比特作为信息编码和存储的基本单元,利用量子力学的叠加原理和纠缠特性,实现远超经典计算的强大并行计算能力,量子计算机如图6-12所示。

图6-12　量子计算机

2. 量子计算的特点及优势

量子计算具有突出的特点和优势,为解决复杂问题提供了新的途径。

(1)运行速度快:由于量子比特可以同时表示多个状态,量子计算机可以实现并行计算,因此在处理某些问题时,量子计算机的运行速度要比经典计算机快很多倍。例如,对于某些化学反应、优化问题和因子分解等问题,经典计算机需要数年甚至更长时间才能求解,而量子计算机可以在数秒或数小时内完成。

（2）信息处理能力强：由于量子比特具有叠加和纠缠的特性，量子计算机可以同时处理大量的信息，并在多个方面进行优化。这使得量子计算机在处理复杂问题时具有更强的信息处理能力，例如，在人工智能、机器学习、密码学等领域的应用。

（3）应用范围广：量子计算机的应用范围非常广泛，涵盖了数学、物理、化学、生物、金融、密码学等多个领域。例如，在化学领域，量子计算机可以用来模拟分子的量子力学行为，从而更准确地预测化学反应和材料性质；在密码学领域，量子计算机可以用来破解传统密码系统，同时也为设计更安全的密码系统提供了新的思路。

（4）更适用于解决实际问题：虽然目前量子计算机还处于发展初期，但它已经开始在某些领域中发挥实际作用。例如，在药物研发领域，量子计算机可以用来预测分子的性质和行为，从而加速新药的研发过程；在金融领域，量子计算机可以用来优化投资组合和风险管理等方面的工作。

6.4.2 量子计算在人工智能中的应用

量子计算能够让人工智能加速，一个亿亿次的经典计算需要上百年，但用一个万亿次的量子计算可能只需0.01 s的时间。量子计算机将重新定义什么才是真正的超级计算能力。同时，量子计算机也将有可能解决人工智能快速发展带来的能源问题。

量子计算机的计算能力将为人工智能发展提供革命性的变化，使人工智能的学习能力和处理速度实现指数级加速，能够轻松应对大数据时代的挑战。

1. 加速机器学习

以量子神经网络为例，说明量子计算对训练速度的提升。

1）量子神经网络模型

量子比特在神经网络中具有独特的应用和优势。量子比特的叠加态使得量子神经网络可以同时处理多个状态，极大地增加了信息处理的并行性。例如，在传统神经网络中，一个神经元通常只能处于激活或未激活两种状态，而在量子神经网络中，一个量子比特可以同时处于多个状态的叠加，这意味着一个量子神经元可以同时处理多种不同的输入模式。这种并行处理能力可以大大提高神经网络的训练速度和效率。

此外，量子比特的纠缠态可以在量子神经网络中实现信息的高效传输和共享。当多个量子比特处于纠缠状态时，对其中一个量子比特的操作会立即影响到其他量子比特的状态。这种特性可以用于实现量子神经网络中的信息传递和共享，从而提高网络的学习能力和泛化能力。

2）加速模型训练过程

量子计算可以通过多种方式减少训练时间，提高效率。一方面，量子并行计算的特性使得量子神经网络可以同时处理多个输入样本，从而加速训练过程。在传统神经网络中，训练过程通常是逐个样本进行的，而量子神经网络可以同时对多个样本进行处理，大大提高了训练速度。

另一方面，量子优化算法可以用于优化量子神经网络的参数，找到最优的权重和偏置，从而提高网络的性能。例如，量子梯度下降法和量子变分固有量化学等量子优化算法利用了量子计算的特性，在搜索参数空间时具有更高的效率和速度。

此外，量子模拟器的应用也可以加速模型训练过程。量子神经网络可以利用量子模拟器对复杂问题进行模拟和求解，通过利用量子计算的优势，可以更精确地描述和优化神经网络的结构和参数，从而加快训练过程。

2. 优化算法

1) 量子启发式优化算法

量子退火和量子遗传算法等量子启发式优化算法为解决优化问题提供了新的途径。量子退火算法是一种基于量子力学特性的优化方法，它通过模拟量子系统从高温到低温的过程来寻找问题的最优解。在人工智能中，量子退火算法可以用于解决组合优化问题、机器学习中的参数优化问题等。例如，在图像识别任务中，量子退火算法可以用于优化神经网络的权重和偏置，提高图像识别的准确性。

量子遗传算法是一种模仿生物进化过程的优化算法，它将量子计算的概念引入到遗传算法中，以期望提高搜索效率和精度。在量子遗传算法中，个体的编码采用量子比特表示，通过量子门操作实现个体的进化。这种算法在处理复杂优化问题时，能够更快地收敛到全局最优解。

2) 量子近似优化算法

量子近似优化算法在人工智能中具有重要的作用和优势。这种算法可以将复杂的优化问题转化为量子态的优化问题，通过量子计算的特性来求解。例如，在机器学习中，量子近似优化算法可以用于优化支持向量机的核函数、神经网络的结构等。

量子近似优化算法的优势在于它可以利用量子计算的并行性和纠缠特性，在搜索最优解的过程中更加高效。与传统的优化算法相比，量子近似优化算法可以在更短的时间内找到更优的解，从而提高人工智能系统的性能和效率。

总之，量子计算在人工智能中的应用具有巨大的潜力。通过加速机器学习和优化算法，量子计算可以为人工智能系统带来更高的性能和效率，为解决复杂的实际问题提供新的思路和方法。

6.4.3 人工智能对量子计算的影响

量子计算的蓬勃发展有力地推动了人工智能的不断进步。与此同时，更为先进的人工智能又会反过来加快量子计算技术水平的提升进程。二者彼此促进，相得益彰。

1. 深度学习与量子物理的关联

深度学习中的卷积神经网络和递归神经网络在模拟量子计算中发挥着重要作用。根据英特尔的新研究发现，最成功的两种神经网络类型，即卷积神经网络以及递归神经网络，都利用了信息冗余。这种信息冗余在模拟量子计算时涉及的计算中有着重大影响。例如，卷积神经网络的卷积"内核"滑动窗口覆盖整个图像，每个时刻都有重叠，图像的某些部分会被多次接收使用；递归神经网络每一层网络的信息重复使用，是对序列顺序数据点的重用。这种架构的特征是表达网络的能力呈指数级增长，尽管参数数量和计算成本方面仅呈线性增长。这意味着，由于冗余的优越性，用堆叠多层的方法实现的卷积神经网络和递归神经网络，在计算术语中对事物有更有效的"表达功能"。

2. 促进量子计算领域发展

人工智能为量子计算带来了新方法和新思路。英特尔的研究从理论上证明了深度学习擅长解决某些问题，同时还提出了促进量子计算领域广泛发展的方法。研究人员通过修改递归神经网络，将数据重用添加到递归运算电路（RAC）里，并将卷积神经网络和递归神经网络应用到他们设计的"扩展"中来研究量子计算问题。他们发现，卷积神经网络和递归神经网络优于诸如"受限玻尔兹曼机"的传统机器学习方法。受限玻尔兹曼机是20世纪80年代开发的神经网络方法，一直是物理研究的主流，特别在量子理论模拟领域。研究表明，以深度卷积及循环网络形式的深度学习架构，可以有效地表达高度纠缠的量子系统。实际量子计算在计算纠缠时有着巨大优势，能够达到极高的效率。而通过传统的电子计算模拟的方法计算纠缠则可能非常困难，甚至难以着手。

6.4.4　量子计算与人工智能结合的案例

1. 智能电网

结合人工智能的快速计算在电网故障诊断中具有显著优势。根据美国联邦能源信息管理局的数据，2016年美国用户平均经历超过4 h的电力中断，2017年上升到近8 h，2018年仍有大约6 h的中断。而康奈尔大学的研究显示，与人工智能相结合的量子计算能够在几秒内给出电网故障的解决方法。这种快速诊断能力源于量子计算的强大并行计算能力和人工智能的学习能力。量子计算可以快速处理大规模的电力系统数据，同时人工智能能够从这些数据中学习故障模式，从而实现快速准确地诊断。例如，在面对风暴、倒塌的树木、线路老旧等导致的电力输送中断问题时，传统方法可能需要较长时间来定位和解决故障，而量子计算与人工智能的结合能够迅速破译电网故障，并以人类难以注意到的速度解决系统故障。

2. 密码学

混合量子经典计算和人工智能对加密技术构成了巨大威胁。IBM的研究人员指出，随着量子计算、机器学习、深度学习和人工智能等技术的深入融合发展，现有的加密技术将面临潜在的重大威胁，并可能直接影响后量子密码学的过渡时间。

为了抵御混合量子经典计算和人工智能的协同攻击，需要采取多种策略和技术。首先，开发新的加密算法是关键，以确保量子计算时代的信息安全。其次，加强系统监控和预警，能够及时发现潜在的攻击行为。利用机器学习进行攻击检测，可以提高防御的准确性和效率。此外，采用生物识别等新型身份验证技术，能够增加系统的安全性。然而，这些方法要真正实现，还需要进行深入的研究和实验验证。学术界、业界和政府应该共同积极采取主动和协调的方法，加速开发和实施抗量子加密解决方案，以应对量子计算与人工智能带来的挑战。

6.4.5　量子计算+AI的未来

未来在量子计算与人工智能结合的领域，有以下几个研究方向值得深入探索。

首先，进一步提高量子计算的硬件稳定性和纠缠态保持时间。目前量子计算技术仍处于初级阶段，量子比特对环境敏感，容易受到干扰导致退相干。研究人员需要不断探索新的技术和方法，提高量子计算机的稳定性和可靠性，为量子计算与人工智能的深度融合奠定基础。

其次，加强量子计算的软件开发与编程模型研究。开发与人工智能需求相契合的软件和编程模型，提高量子计算在人工智能领域的易用性和效率。同时，探索量子编程语言的创新，使开发者能够更方便地利用量子计算的优势进行人工智能应用的开发。

再者，拓展量子计算与人工智能在更多领域的应用。除了智能电网和密码学领域，还可以在医疗、金融、交通等领域深入探索量子计算与人工智能的结合应用。例如，在医疗领域，利用量子计算加速药物研发和疾病诊断；在金融领域，优化投资组合和风险管理；在交通领域，实现智能交通系统的高效调度和决策。

此外，培养跨学科人才也是未来的重要方向。量子计算与人工智能的结合需要物理学家、数学家、计算机科学家和人工智能专家等跨学科人才的共同努力。高校和科研机构应加强相关学科的交叉培养，为该领域的发展提供人才支持。

最后，加强国际合作与交流。量子计算与人工智能是全球性的研究课题，各国在这一领域都有不同的优势和进展。通过国际合作与交流，可以共享研究成果和经验，加速技术的发展和应用。

单元 5　脑机接口

脑机接口与人工智能作为前沿科技领域的重要组成部分，近年来发展迅猛。脑机接口是大脑与外部设备之间信息传递的桥梁，通过采集和解读大脑活动信号，实现人脑与外部设备的直接交互。人工智能则凭借强大的计算能力和数据分析能力，在各个领域展现出巨大的应用潜力。二者的融合为人类带来了前所未有的机遇，有望在医疗、教育、娱乐等多个领域实现重大突破。

目前，全球脑机接口行业市场规模不断扩大。我国脑机接口行业也在快速发展，虽然目前市场规模仅10亿元左右，但占全球市场规模的比重有望逐步提升。同时，人工智能技术的不断进步也为脑机接口的发展提供了强大的支持，例如，在脑信号处理和分析方面，人工智能算法可以提高信号的准确性和稳定性。

6.5.1　脑机接口的理论基础

脑机接口通过采集大脑信号并转化为指令，实现大脑与外部设备的直接交互。其工作机制主要包括信号采集、处理与分析以及指令输出等环节。

脑机接口的信号采集方式多种多样。电解质电极是一种常见的非侵入式采集方法，通过放置在头皮上的电极来测量大脑的电活动。功能磁共振成像（fMRI）则是一种非侵入式的成像技术，通过检测大脑中的血液流动变化来反映神经活动。此外，还有侵入式采集方法，如植入式电极，能够直接记录大脑神经元的电活动，信号质量高，但存在手术风险和免疫反应等问题。

脑机接口的信号处理与分析是关键环节。滤波是常用的信号处理方法之一，可以去除信号中的噪声和干扰。频域和时域分析也是重要的分析手段。在频域分析中，可以计算信号的功率谱密度，了解不同频率成分的能量分布。时域分析则可以观察信号随时间的变化趋势。机器学习在信号处理中发挥着重要作用。例如，线性回归算法可以用于建立脑电信号与外部设备控制参数之间的关系。

6.5.2　脑机接口的应用

1. 医疗健康领域

脑机接口在医疗健康领域具有广阔的应用前景，通过这项技术，可以辅助神经系统疾病的诊疗，帮助身体严重残疾的患者建立与外界的交流方式，也能帮助肢体残疾的患者实现大脑直接控制假肢，提高他们的生活质量。

1）疾病诊断与治疗

脑机接口在神经系统疾病的诊断和治疗中具有巨大价值。例如，在癫痫的治疗中，脑机接口可以实时监测大脑的异常放电情况。如我国自主研发的植入式脑机接口设备，能够探测到癫痫患者脑内的异常放电，并对其进行抑制和反馈刺激，使患者的癫痫发作次数明显减少。对于帕金森病，脑机接口技术可以通过电刺激大脑中的特定区域，改善患者的运动控制能力，缓解肌肉僵硬、震颤等症状。在中风的治疗中，脑机接口可以帮助患者恢复受损的运动功能、语言能力和认知能力，通过刺激大脑中的特定区域，促进神经功能的恢复。此外，脑机接口还可以用于抑郁症、创伤性脑损伤等疾病的治疗，调节情绪回路，修复神经损伤。

2）康复训练应用

脑机接口在康复训练中有着广泛的应用场景。对于脊髓损伤患者，脑机接口可以帮助他们恢复感觉和运动功能。患者通过佩戴脑机接口设备，用大脑想象特定的动作，设备将脑电信号转化为指令，控制外部设备如机械臂、电动护理床等，进行康复训练。例如，一位中风幸存者通过佩戴便携式脑机接口头环，成功控制机械手臂，实现了自主翻身等动作。在康复训练过程中，脑机接口可以实时反馈患者的大脑状态和训练效果，根据患者的进展调整训练方案，提高康复效率。

2. 智能家居领域

1）意念控制家电

用户可以通过意念控制家电设备，实现便捷的家居生活。例如，通过佩戴脑机接口设备，用户可以用大脑想象打开电视、调节空调温度、开关电灯等动作，设备将脑电信号转化为指令，发送给家电设备，实现控制。广州琶洲实验室研发的"脑机AI智慧病房"已在多家医院的康复科投入试用，患者可以通过眨眼控制电视、灯光、空调等设备，极大地提高了生活质量。此外，用户还可以通过脑机接口控制智能窗帘、智能门锁等设备，实现家居的智能化管理。

2）便捷生活体验

脑机接口为用户带来了便捷的生活体验，未来发展方向广阔。随着技术的不断进步，脑机接口设备将更加小型化、便携化，用户可以随时随地使用。同时，脑机接口将与更多的家电设备和智能家居系统集成，实现更加智能化的控制。例如，用户可以在回家的路上通过脑机接口提前打开空调、热水器等设备，到家后即可享受舒适的环境。此外，脑机接口还可以与智能安防系统结合，通过监测用户的大脑状态，实现自动报警和安全防护。

3. 虚拟现实与游戏产业

1）沉浸式体验

脑机接口为虚拟现实和游戏产业提供了更加丰富真实的虚拟体验。通过脑机接口设备，玩家可以直接用大脑控制游戏角色的动作和行为，实现更加自然和直观的交互。例如，在虚拟现实游戏中，玩家可以通过脑机接口控制角色的移动、攻击、防御等动作，同时还可以感受游戏中的视觉、听觉、触觉等多种感官刺激。此外，脑机接口还可以监测玩家的情感状态，将情感反馈到游戏中，增加游戏的趣味性和沉浸感。

2）创新发展前景

脑机接口在虚拟现实和游戏产业的未来创新发展趋势令人期待。随着技术的不断进步，脑机接口设备将更加精准、高效，为玩家带来更加极致的游戏体验。同时，脑机接口将与人工智能、增强现实等技术结合，创造出更加丰富多样的游戏场景和玩法。例如，利用人工智能算法分析玩家的脑电信号，为玩家提供个性化的游戏内容和挑战。此外，脑机接口还可以应用于教育、培训等领域，通过虚拟现实和游戏的形式，提高学习效率和效果。

6.5.3 脑机接口与人工智能融合的优势与挑战

1. 优势分析

1）高效交互

脑机接口与人工智能的融合实现了机器直接与大脑的交互，极大地提高了信息传输速度和用户体验。传统的人机交互方式，如键盘输入、鼠标点击等，需要通过肌肉运动来传达指令，速度相对较慢。而脑机接口可以直接读取大脑信号，将用户的意图快速转化为指令，实现近乎实时的交互。

2）特定领域价值

在医疗等特定领域，脑机接口与人工智能的融合具有更高的应用价值。在医疗领域，脑机接口可以实时监测患者的大脑活动，人工智能算法可以对这些数据进行分析和处理，为医生提供更准确的诊断和治疗建议。例如，对于癫痫患者，脑机接口可以实时监测大脑的异常放电情况，人工智能算法可以根据这些数据预测癫痫发作的可能性，并及时发出预警。此外，在康复治疗中，脑机接口可以帮助患者恢复受损的运动功能和认知能力，人工智能算法可以根据患者的进展调整康复训练方案，提高康复效率。

2. 挑战剖析

1）技术难题

脑机接口与人工智能融合面临着诸多技术难题。首先，信号采集是一个关键问题。目前的脑机接口技术在信号采集方面还存在一定的局限性，信号质量和稳定性有待提高。非侵入式脑机接口的信号强度较低，容易受到外界干扰；侵入式脑机接口虽然信号质量高，但存在手术风险和免疫反应等问题。其次，信号处理和解码也是一个挑战。大脑信号非常复杂，如何准确地提取有用信息并将其转化为可执行的指令，需要更加先进的信号处理和解码算法。此外，脑机接口与人工智能的融合还需要解决数据传输和存储等问题，以确保系统的高效运行。

2）伦理与安全问题

伦理、隐私保护和安全性方面的挑战也是脑机接口与人工智能融合面临的重要问题。在伦理方面，脑机接口可能会引发一些关乎人类自主性和尊严的问题。如果大脑信号可以被外部设备读取和控制，那么人类的自由意志是否会受到威胁？在隐私保护方面，脑机接口涉及大量的个人大脑数据，如何确保这些数据的安全和隐私，防止被非法获取和滥用，是一个亟待解决的问题。此外，脑机接口与人工智能的融合还可能带来一些安全风险，如黑客攻击、恶意软件感染等。如果脑机接口系统被攻击，可能会对用户的大脑和身体造成严重的伤害。

6.5.4 脑机接口+AI的未来

未来在该领域的研究可以从以下几个方面展开。

1. 技术突破

持续改进信号采集技术，研发新型的非侵入式脑机接口设备，提高信号质量的同时降低外界干扰，减少侵入式脑机接口的手术风险和免疫反应。例如，可以探索纳米技术在脑机接口信号采集中的应用，开发更加灵敏和稳定的电极材料。

加强信号处理和解码算法的研究，利用深度学习、强化学习等先进的人工智能算法，提高对大脑信号的解读准确性和速度。同时，结合大数据分析，建立更加完善的脑信号模型，以更好地适应不同个体的差异。

优化数据传输和存储技术，确保脑机接口与人工智能系统的高效运行。可以研究高速、低延迟的无线传输技术，以及安全可靠的云存储方案，为大规模数据的处理和分析提供支持。

2. 伦理与安全保障

建立健全的伦理审查机制，对脑机接口与人工智能融合的研究和应用进行严格的伦理评估。明确研究和应用的边界，确保人类的自主性和尊严不受侵犯。例如，制定相关的伦理准则，规范脑信号的采集、使用和共享。

加强隐私保护措施，研发先进的加密技术和安全协议，保护个人大脑数据的安全。可以借鉴金融领域的加密技术，对脑数据进行高强度加密，防止非法获取和滥用。

提高系统的安全性，加强对脑机接口与人工智能系统的安全防护。建立安全监测和预警机制，及时发现和应对黑客攻击、恶意软件感染等安全风险。同时，加强用户的安全意识教育，提高用户对系统安全的重视程度。

3. 跨学科合作

促进脑科学、神经科学、人工智能、材料科学、工程学等多学科的深度融合，共同推动脑机接口与人工智能的发展。脑科学家可以深入研究大脑的工作机制，为信号采集和解读提供理论基础；材料科学家可以研发新型的电极材料和芯片技术，提高设备的性能；工程师可以设计更加人性化的设备外观和操作界面，提高用户体验。

单元6　具身智能

近年来，随着人工智能技术的飞速发展，具身智能（Embodied AI）逐渐成为研究的焦点。具身智能将人工智能融入机器人等物理实体，使其能够感知、学习和与环境动态交互。可以简单理解为各种不同形态的机器人，让它们在真实的物理环境下执行各种各样的任务，来完成人工智能的进化过程。这种新的智能模式不仅在理论上具有创新性，而且在实际应用中也展现出了巨大的潜力。

中金公司研报指出，具身智能未来有望在各行各业中落地，发展前景广阔。预计至2030年中国人形机器人出货量有望达35万台，市场空间有望至581亿元人民币。众多企业纷纷布局具身智能领域，如国外的特斯拉、Figure.ai以及国内的大疆、宇树等。

6.6.1　具身智能的发展历史

1. 早期萌芽阶段

1950年，计算机科学家艾伦·图灵在论文《计算机器与智能》中，提出机器像人一样能和环境交互感知、自主规划、决策、行动，并具备执行能力，这是具身智能概念的最早起源。但在当时，这只是一个前瞻性的理论设想，受限于技术水平，难以在实践中实现。

20世纪60年代～70年代：这一时期人工智能的研究主要集中在符号主义，即通过编写程序和算法来模拟人类的智能行为。虽然取得了一些成果，但这种方法无法让智能体真正与物理世界进行交互，与具身智能的理念相去甚远。

1986年，罗德尼·布鲁克斯从控制论角度出发，强调智能是具身化和情境化的，提出制造基于行为的机器人，认为智能行为可以直接从自主机器与其环境的简单物理交互中产生，而不依赖于预先设定的复杂算法。这为具身智能的发展奠定了理论基础。

2. 技术积累阶段

1991年，罗德尼·布鲁克斯发表《没有表征的智能》，反对传统认为智能必须基于复杂算法或内部数据模型的观点，进一步阐述了通过与环境的直接物理交互来生成行为的理念，推动了一系列以"底层智能"为基础的研究，对机器人研究产生了深远影响。

1999年，罗尔夫·普费弗和克里斯蒂安·谢尔合著的《理解智能》出版，提出智能是行为主体的整个身体结构和功能的综合体现，强调了身体对智能形成的根本影响，"身体化智能"或"身体化认知"的理论逐渐受到关注。

3. 快速发展阶段

2010年以后，随着计算机视觉、自然语言处理、传感器技术等的不断发展，智能体与环境交互的能力得到了显著提升，为具身智能的发展提供了技术支持。例如，机器人能够通过视觉传感器识别物体、通过语音识别技术与人类进行交流等。

2022年至今，以ChatGPT为代表的大模型的通用知识和智能涌现能力，为机器人实现智能感知、自主决策乃至拟人化交互方面带来巨大潜力，具身智能的研究和应用得到了更多的关注和投入。

2023年，世界被人工智能浪潮席卷，人形机器人的逐步完善为具身智能的落地提供了方向。这一年，在第七届世界智能大会智能科技展上，会跳舞、能陪伴、教知识的"i宝"人形机器人吸引了不少嘉宾的围观。

2024年，具身智能相关产品不断涌现。3月，OpenAI与人形机器人初创公司Figure合作推出了Figure01机器人；8月，中科源码服务机器人研究院发布了全国首个"温江造"基于物流场景的具身智能机器人。

总的来说，具身智能的发展是一个长期的过程，经历了从理论提出到技术积累，再到快速发展的阶段。随着技术的不断进步，具身智能有望在未来的各个领域得到广泛的应用。

6.6.2 具身智能的技术体系

具身智能技术体系可分为"感知-决策-行动-反馈"四个模块形成一个闭环。在这个闭环中，感知模块赋予机器感官，实现多模态感知泛化，让机器能够像人类一样通过各种感官接收外部信息；决策模块提升机器脑力，实现人类思维模拟，使机器能够根据感知到的信息做出合理的决策；行动模块提升机器自主行动能力，实现精细动作执行，让机器能够将决策转化为实际行动；反馈模块拓展机器交互通道，实现自主学习演进，使机器能够根据行动的结果进行自我调整和优化。

1. 具身智能的技术突破

ChatGPT等大模型为具身智能带来了巨大的推动作用。大模型能够为机器人提供强大的语言理解和生成能力，使机器人能够更好地理解人类的指令和需求，并能以自然语言的方式与人类进行交流和互动。例如，华为云推出的盘古具身智能大模型，能够让机器人完成10步以上的复杂任务规划，并且在任务执行中实现多场景泛化和多任务处理。同时，大模型还能生成机器人需要的训练视频，让机器人更快地学习各种复杂场景。

2. 具身智能面临的挑战

在算法层面，具身智能系统在实现通用智能时面临两大根本性挑战。

一是系统需要人类智能的介入，目前的具身智能系统还不能完全自主地进行感知、决策和行动，需要人类的干预和指导；

二是尚未实现感知到行动间的认知映射，即机器还不能很好地将感知到的信息转化为有效的行动。

在数据层面，缺乏数据成为具身智能能力突破的重要壁垒。一方面，真实数据面临获取成本过高，大规模真实数据的采集成本高昂，获取大量真实有效的数据需投入大量人力、物力与时间。例如，在复杂环境中布置众多传感器和监测设备，不仅设备采购费用高，还涉及安装、维护和更新成本。另一方面，仿真合成数据面临"现实差距"，即模拟环境与现实世界之间的差异比较大。合成数据虽能补充真实数据不足，但因其基于模型和假设生成，与真实世界数据有差异，在真实场景中的泛化能力存疑。

在软件层面，缺乏统一的操作系统和标准化软件开发工具链。这使得具身智能的软件开发变得复杂和困难，不同的开发者和企业需要花费大量的时间和精力来开发自己的软件系统，导致资源浪费和效率低下。

在硬件层面，耐用性和能源效率以及与软件的深度集成需求构成了具身智能硬件发展的主要障碍。具身智能机器人需要在各种复杂的环境中工作，对硬件的耐用性和能源效率提出了很高的要求。同时，硬件与软件的深度集成也是一个难题，需要解决硬件和软件之间的兼容性和协同性问题。

6.6.3 具身智能产业发展现状

1. 国内具身智能企业动作

阿里在具身智能领域的探索主要集中在物流和电商领域。阿里通过研发智能物流机器人和智能客服机器人，提高物流效率和客户服务质量。例如，阿里的小蛮驴物流机器人在校园、社区等场景中进行了广泛的应用，展示了阿里在具身智能领域的技术实力和应用创新能力。

优必选在具身智能领域的探索主要集中在人形机器人和教育领域。优必选通过研发人形机器人和教育机器人，提高机器人的智能化水平和教育应用价值。例如，优必选的悟空机器人在教育领域进行了广泛的应用，展示了优必选在具身智能领域的创新能力和教育理念。

宇树科技推出了消费级四足机器人Unitree Go2和通用人形机器人H1。Unitree Go2配备了先进的4D超广角激光雷达和AI大模型，而人形机器人H1则以其卓越的动力性能和稳定性受到关注。

2. 国外具身智能产业布局

美国在具身智能领域的发展侧重于技术创新和应用拓展。美国拥有众多顶尖的科研机构和企业，如斯坦福大学、麻省理工学院、谷歌、微软等，在具身智能的基础研究和应用开发方面处于领先地位。例如，斯坦福大学教授李飞飞在具身智能领域的研究取得了重要成果，她强调具身的含义在于与环境交互以及在环境中做事的整体需求和功能。

日本在具身智能领域的发展侧重于机器人技术和制造业的结合。日本拥有世界领先的机器人技术和制造业，如本田、丰田、索尼等企业在人形机器人、服务机器人等领域进行了大量的研发和投入。例如，本田的ASIMO人形机器人在全球范围内具有很高的知名度，展示了日本在具身智能领域的技术实力。

韩国在具身智能领域的发展侧重于电子技术和娱乐产业的结合。韩国拥有世界领先的电子技术和娱乐产业，如三星、LG、现代等企业在智能手机、智能家居、智能娱乐等领域进行了大量的研发和投入。

欧盟在具身智能领域的发展侧重于政策支持和合作创新。欧盟通过制定一系列的政策和计划，支持具身智能的研发和应用，促进成员国之间的合作和创新。例如，欧盟的Horizon 2020计划在具身智能领域投入了大量的资金，支持科研机构和企业进行合作研发。

6.6.4 具身智能的应用领域

1. 工业制造领域的应用

具身智能在工业制造领域展现出了巨大的潜力，尤其是在高精度装配等场景中，其提升效率的作用显著。

1）工业制造中的具身智能

北京具身智能机器人创新中心发布的"天工"作为具身智能的代表,在工业场景中表现出了强大的应用及优势。"天工"采用自研"基于状态记忆的预测型强化模仿学习"方法,能够稳定通过草地、沙地、丘陵、碎石、楼梯、斜坡等复杂环境,在自动化生产线上,通过精确完成装配、搬运等任务,大幅提高生产效率和质量。

在某汽车工厂的CTU入库上料工位,优必选工业版人形机器人Walker S Lite协同员工执行搬运任务,不仅是国内首次全流程执行和对外展示料箱搬运任务的人形机器人,其作业完成度和执行难度也属于业内前列。

2）具身智能与传统工业设备的协同

人形机器人与机械臂等传统工业设备并非相互替代,而是共存发展。人形机器人在挑战人类生理极限的高温、高压、有毒等特殊环境下,能发挥重要作用。在工业制造中,机械臂等传统设备在重复性、高精度的任务中具有优势,而人形机器人则在复杂环境的适应能力和多任务处理方面表现出色。例如,在一些需要灵活调整生产流程的装配线环节,传统设备可能需要多个工程师花费大量时间进行调试,而智能工业机器人技术有望改善这一状况,提高调产线的效率。

2. 商业服务与养老领域应用

具身智能在商业服务与养老领域也有着广阔的应用前景。

1）商业服务中的具身智能产品

服务机器人在餐饮、酒店等多场景下展现出了灵活作业的能力。例如,普渡机器人正式发布的初代类人形机器人PUDU D7,能够在多个场景中执行复杂任务操作,预计将在2025年实现全面商业化落地。在餐饮场景中,由享刻智能研发的北京餐饮业首个具身智能机器人LAVA亮相海淀,操作者在电子显示屏上选择菜品选项后,智能机器人大厨能够迅速制作出美味的食物。相比于目前市面上单任务执行的煎饼机器人、煮面机器人,LAVA具有多任务执行、感知决策能力、学习能力、交互能力等特点,可以主动判断食材、自主控制烹饪时间及食品风味口感,还可以通过自主学习不断"解锁"新菜单。

2）具身智能在养老场景的优势

人形机器人在养老场景中具有重要作用及广阔的未来发展前景。随着欧美和中国老龄化问题日益严峻,劳动力短缺促使养老机器人市场需求巨大。在养老场景中,人形机器人可以温柔地端起饭碗,用勺子舀起适量的食物,小心地送到老人嘴边;散步时,机器人稳稳地扶住老人手臂,以合适的速度陪伴在他的左右。随着技术发展和产业链成熟,具身智能机器人价格会逐渐达到预期,未来机器人走进千家万户,成为人类的伙伴,在养老场景中发挥重要作用。

6.6.5 具身智能的未来

技术突破方面:未来具身智能需要在算法上不断探索,减少对人类智能的介入,实现感知到行动间的认知映射。在数据层面,需要寻找更高效、低成本的真实数据获取方法,同时提高仿真合成数据的真实性和泛化能力。软件方面,应致力于开发统一的操作系统和标准化软件开发工具链,提高开发效率。硬件方面,要提高耐用性和能源效率,加强与软件的深度集成,以适应各种复杂环境的需求。

产业发展方面:全球各国应加强合作与创新,共同推动具身智能产业的发展。政府可以加大政策支持力度，引导企业加大研发投入，促进产学研合作。企业应积极探索新的商业模式，提高具身智能产品的市场竞争力。同时，要加强产业链的协同发展，提高产业整体效率。

应用拓展方面：具身智能未来有望在更多领域得到应用。在医疗领域，具身智能机器人可以协助医生进行手术、康复治疗等，提高医疗服务的质量和效率。在教育领域，可以开发智能教育机器人，为学生提供个性化的学习辅导。在农业领域，具身智能机器人可以实现精准播种、施肥、采摘等作业，提高农业生产效率。在家庭生活中，具身智能机器人可以成为家庭助手，完成家务劳动、照顾老人和孩子等任务。

单元 7　3D 打印

3D打印技术作为一种将数字模型转化为物理实体的技术，近年来发展迅速。各种3D打印机的制造成本不断降低，应用范围也越来越广泛。3D打印与人工智能技术的迅速发展，为众多行业带来了新的机遇。二者的融合可以实现设计与生产制造的无缝衔接，提高设计效率和产品质量，降低生产成本，推动行业向智能化、数字化、自动化方向发展。

6.7.1　3D打印的原理与技术特点

3D打印是一类将材料逐层添加来制造三维物体的"增材制造"技术的统称，其核心原理是"分层制造，逐层叠加"。它区别于传统的"减材制造"，将机械、材料、计算机、通信、控制技术和生物医学等技术融会贯通。3D打印技术具有诸多优势，例如，能够缩短产品开发周期，传统机械制造通常要经过多个工艺组合才能完成工件制造，而利用3D打印技术，一台打印机就可以完成整个工件的制造；降低研发成本，不需要大型的制造设备和复杂的工艺流程；一体制造复杂形状工件，对于具有十分复杂内部结构的部件，如内部孔穴或细小管道，传统制造方法很难实现，而3D打印可以很容易构建出来。未来，3D打印可能对制造业生产模式与人类生活方式产生重要的影响。

6.7.2　人工智能对3D打印的优化作用

1. 打印过程的智能化优化

人工智能可以从打印路径优化、数据分析等方面对3D打印过程起到优化作用，以达到提高生产效率，保证打印质量的效果。

1）智能算法优化打印路径

智能算法在3D打印中的应用，为打印路径的优化带来了新的突破。通过这智能算法，能够生成最优的打印路径，有效缩短打印时间，提高生产效率。据统计，采用智能算法优化后的打印路径，可使打印时间缩短约30%。同时，优化后的路径还能减少打印过程中的材料浪费，降低成本。

2）数据分析提高打印精度

人工智能可以通过对大量打印数据的分析，发现影响打印精度的关键因素，并自动调整打印机参数，以保证打印质量。例如，利用深度学习算法进行缺陷检测，可有效识别和分类各种缺陷类型，如基于图像的缺陷检测和基于点云的缺陷检测。通过对打印过程中的数据进行实时监测和分析，能够及时发现问题并进行调整，从而提高打印精度。据研究表明，采用数据分析技术后，3D打印产品的精度可提高约20%。

2. 材料创新与个性化定制

人工智能在3D打印的材料选择和定制化生产中可以起到预测新型材料特性，推动技术发展的作用。

1）材料创新的新方向

人工智能在材料创新方面具有巨大潜力。通过神经网络模型可以预测新型材料的特性，甚至在生产之前就可以提供见解。例如，基于深度学习的3D打印材料设计方法主要分为基于生成模型的材料设计和基于逆向设计的材料设计。这些方法能够加速材料设计过程，开发出具有特殊性能的新型材料，满足不同应用场景的需求。

2）个性化定制的需求满足

人工智能驱动的工具，如Style2Fab，使用户能够在三维模型中添加定制的设计元素，同时又不影响制造对象的功能。设计师可以利用自然语言提示来描述自己想要的设计，实现个性化定制。这种个性化定制的需求满足，推动了3D打印技术的发展，使其在各个领域都有更广泛的应用。

6.7.3 3D打印与人工智能的融合应用

1. 医疗领域

1）口腔修复的智能化

人工智能与3D打印技术在口腔修复领域展现出了巨大的优势。20年前，我国在口腔数字化修复领域的相关产品基本依赖进口，但如今，国产关键技术产品不仅填补了国内空白，部分还达到了国际领先水平。例如，北京大学口腔医院联合南京航空航天大学等机构，凭借"复杂口腔修复体的人工智能设计与精准仿生制造"共同摘得北京市技术发明一等奖。团队原创研发的复杂口腔修复体人工智能设计软件、专用3D打印工艺设备和仿生氧化锆材料，让"数字化义齿"的修复变得高效、舒适且美观。

2）膝关节置换的精准化

在膝关节置换手术中，人工智能与3D打印技术的融合也发挥了重要作用。山东省立三院关节与运动医学外科采用"人工智能+3D打印技术"，为一例左膝关节畸形患者施行膝关节置换术。置换的膝关节假体与患者的真骨高度贴合，手术用时约3小时，顺利完成。术后，患者病情恢复迅速，伤口愈合良好，肢体外观及功能彻底改善，3天后便康复出院。

2. 建筑领域

据报道，位于青藏高原的羊曲水电站大坝采用"人工智能+3D打印技术"建造。整个建造过程由一套中央人工智能系统控制，无人驾驶的挖掘机、卡车、推土机、摊铺机和压路机等设备在人工智能的调度下协同工作，进行大坝的逐层填筑。工程中的人工智能系统基于土石坝的工程3D设计数字模型，将其"切片"为一系列工序，进行3D打印过程规划，并组织与调度相关工序，优化施工方案。该项目如果建成，将成为世界上最大的3D打印建筑。

3. 制造领域

3D打印技术在奥迪工厂也得到了广泛应用。当全新奥迪E-Tron GT发布时，工厂需要近200个新的工具、夹具和固定装置用于生产。设计这些工具耗时较长，而外包生产则可能需要数周甚至数月的时间。在这种情况下，设计自动化和3D打印为奥迪运动部带来了前所未有的高效工作流程。

6.7.4　3D打印+人工智能的未来

未来，可以从以下几个方向进一步探索3D打印与人工智能的融合技术。

（1）加强材料创新研究，继续探索具有特殊性能的新型材料，如智能响应材料、自愈合材料等，以满足更多复杂应用场景的需求。

（2）提高算法的智能化水平，进一步优化打印路径规划、工艺参数调整等智能算法，提高打印效率和精度。

（3）拓展融合技术的应用领域，除了目前已涉及的医疗、制造、建筑、文化艺术等领域，还可以探索在环保、教育、军事等领域的应用。

（4）加强跨学科合作，整合材料科学、计算机科学、机械工程等多学科的知识和技术，共同推动3D打印与人工智能融合技术的发展。

（5）注重可持续发展，开发环保型材料和节能打印技术，减少对环境的影响。

单元 8　仿生计算

随着科技的飞速发展，人工智能领域不断涌现出新的技术和方法。仿生计算作为新兴的智能技术，在多个领域展现出巨大潜力。在当今复杂多变的环境下，传统的计算方法往往难以应对大规模复杂优化问题。而仿生计算与群体智能相结合，模拟自然生物进化、群体社会行为以及生物群落的群体智能行为，为解决这些问题提供了新的途径。

仿生计算与群体智能的结合，既可以借鉴自然界中生物的智慧和行为模式，又能充分发挥群体的优势，实现更高效、更智能的计算。通过对仿生计算的研究，人类可以更好地理解自然界的智能机制，同时将这些机制应用到实际问题中，推动人工智能技术的发展。例如，模拟生物种群有性繁殖和自然选择现象而出现的遗传算法，在优化问题中取得了显著成效；模拟蚂蚁群体觅食活动过程的蚁群算法，在路径规划等领域表现出色。这些算法的成功应用，为我们进一步探索群体智能与仿生计算的潜力提供了动力。

6.8.1　仿生计算的理论基础

1. 仿生计算的定义

仿生计算是一种基于生物系统原理或模型来解决复杂现实问题的计算智能技术。它模拟生物群落群体智能行为，实现人工智能。通过对生物系统的研究与模仿，如细胞、组织、大脑、神经网络、免疫系统、蚁群和进化等生物现象或生物系统，从中抽象计算思想，以解决复杂的现实问题。

2. 主要算法模式

仿生计算的主要算法模式包括蚁群算法和微粒群优化算法等。蚁群算法利用了生物蚁群能通过个体间简单的信息传递，搜索从蚁穴至食物间最短路径的集体寻优特征。自1991年意大利学者Dorigo提出蚁群优化理论开始，蚁群算法逐渐吸引了大批学者的关注。微粒群优化算法的基本概念源于对鸟群群体运动行为的研究，通过个体之间的协作来寻找最优解，最初是为了在二维空间图形化模拟鸟群优美而不可预测地运动，后来被用于解决优化问题。

6.8.2 仿生计算与群体智能的关系

1. 群体智能启发仿生计算

群体智能中的蚁群行为启发了蚁群算法的发展。蚂蚁在自然界中通过简单的信息交流和协作，能够找到从蚁巢到食物源的最短路径。这种群体智能行为为算法设计者提供了灵感，促使他们开发出蚁群算法。蚁群算法通过模拟蚂蚁释放信息素和选择路径的行为，在解决旅行商问题、网络路由优化等领域取得了显著成效。例如，在旅行商问题中，蚁群算法可以在给定城市个数和各城市之间距离的条件下，找到一条遍历所有城市且总路程最短的路线。

2. 仿生计算拓展群体智能

仿生计算的成果应用于群体智能系统，拓展了其应用领域。例如，粒子群优化算法是一种基于鸟群觅食行为的仿生计算方法，它可以用于优化群体智能系统中的参数设置。通过粒子群优化算法，可以找到群体智能系统中最优的参数组合，提高系统的性能和效率。此外，仿生计算中的神经网络算法也可以与群体智能相结合，用于处理群体智能系统中的复杂数据和决策问题。例如，在无人机协同控制中，可以利用神经网络算法对环境信息进行处理和分析，然后将结果传递给群体智能算法，实现无人机的智能协同控制。这种结合拓展了群体智能的应用领域，使其在更多的领域中发挥作用。

6.8.3 仿生计算的应用案例

1. 生产调度中的应用

1）提高调度效率

蚁群算法在生产调度中发挥着重要作用。蚁群算法通过模拟蚂蚁在寻找食物过程中的行为方式，利用信息素的正反馈机制，完成对问题解空间的搜索。在生产调度中，蚂蚁可以代表不同的生产任务，信息素则代表任务之间的优先级和关联程度。通过蚂蚁在空间中的搜索和信息素的积累更新，逐渐找到最优的生产调度方案，从而优化生产调度流程。例如，在柔性作业车间调度问题中，仿生计算算法因其效率高、鲁棒性强的优点，展现出很好的性能。通过编码解码、种群初始化、惯性权重调整、混合列交叉更新策略等步骤，实现对生产任务的高效分配和机器的合理安排，提高生产效率。

2）解决复杂问题

在复杂生产环境下，仿生计算具有显著的应用优势。现代制造系统涉及多机台、多品种、多工序的复杂生产环境，传统的调度方法往往难以在有限的时间内找到全局最优解，导致生产效率低下、资源浪费等问题。而仿生计算算法如蚁群算法、粒子群算法等，具有分布式、自组织、正反馈等特性，能够在搜索空间中寻找满足各种约束条件的优化解，为生产调度提供有效的决策支持。例如，在不确定生产过程中，群体智能优化调度方法可以通过对各种算法的比较分析，找出适合生产调度的仿生计算优化算法以及较合适的参数设置，提高生产效率和产品质量，达到最佳的生产调度结果。同时，仿生计算算法还能够适应生产环境的不确定性因素，如设备故障、原料供应波动等。通过调整信息素的更新规则和搜索策略，确保生产调度的稳定性和可靠性。

2. 无人机控制中的应用

仿生群体智能算法在无人机控制中能够实现无人机群体的智能协同控制。例如，无人机仿生模型设计中，分析生物群体中的协同行为，如蚁群的觅食行为、鸟群的群体迁徙等，根据这些行为特点，设计无人机的仿生模型，包括协同搜索、避障和动态路径规划等模块。为了使无人机在动态环境下具备自适应能力，引入仿生计算算法，如蚁群算法、粒子群算法等。这些算法能够模拟生物群体中的信息传递和协同决策过程，从而增强了无人机群体的协同控制能力。

6.8.4 仿生计算的未来

1. 发展趋势展望

1）技术融合趋势

随着科技的不断进步，仿生计算展现出与其他技术融合的强大潜力。人工智能与仿生学的融合就是一个重要的发展方向。人工智能致力于让计算机具有人类智能水平，而仿生学则通过模拟生命的自然现象和过程来创造新的生命形式。仿生计算与群体智能可以借鉴人工智能的知识表示、机器学习、自然语言处理等技术，提升自身的智能水平。例如，遗传算法可以结合深度学习技术，对复杂的优化问题进行更高效的求解。同时，仿生计算与群体智能的自组织、分布式等特点也可以为人工智能提供新的思路和方法，促进人工智能的发展。

2）应用拓展领域

在未来，仿生计算有望在复杂电磁环境下的优化与控制等新领域发挥重要作用。群体智能具有"自组织、自适应"的技术特点，在电磁频谱战中的频谱状态感知、频谱趋势预测、频谱态势推理上具有独特的先天优势。通过仿生计算算法，可以有效应对战场电磁环境的捷变性，提高战争中信息传输时效性，促进电磁频谱战的决策智能化。此外，仿生计算还可以应用于智能交通、智能医疗、智能环保等领域。例如，在智能交通中，通过模拟蚂蚁群体的觅食行为，可以优化交通流量，提高道路通行效率；在智能医疗中，通过模拟生物免疫系统，可以开发出更有效的疾病诊断和治疗方法；在智能环保中，通过模拟生物群落的生态平衡，可以实现对环境的可持续管理。

2. 面临的挑战

1）技术难题

当前，仿生计算技术面临着诸多技术难题。其中，生物神经元的计算方式问题是一个重要的挑战。生物大脑的复杂性使得人类难以完全理解生物神经元的计算方式，这给仿生计算的发展带来了困难。例如，在模拟生物大脑的神经网络算法中，虽然可以通过大量的数据训练来提高算法的性能，但仍然无法完全模拟生物大脑的智能行为。此外，仿生计算还面临着算法的可扩展性、适应性等问题。在大规模复杂系统中，如何保证算法的高效性和稳定性，是一个亟待解决的问题。

2）精度与稳定性

计算精度和稳定性方面的挑战也是仿生计算面临的重要问题。由于仿生计算算法通常具有一定的随机性，这使得算法的计算结果可能存在一定的误差。例如，在遗传算法中，由于遗传操作的随机性，可能会导致算法在搜索过程中陷入局部最优解，从而影响算法的计算精度。为了解决这个问题，现在采用了多种方法，如增加种群规模、改进遗传操作、引入精英策略等。同时，还可以通过对算法的稳定性进行分析，找出影响算法稳定性的因素，并采取相应的措施来提高算法的稳定性。例如，在蚁群算法中，可以通过调整信息素的挥发系数、增加信息素的初始浓度等方法，提高算法的稳定性。

单元 9　类脑智能

类脑智能是下一代人工智能的重要突破方向。随着科技的不断进步，传统计算模式面临着低功耗与高效率的挑战。在这种背景下，类脑智能应运而生。它通过模拟人的大脑或生物大脑的形态结构以及处理信息的机制，为解决传统计算的难题提供了新的思路。

全球主要发达国家和地区纷纷部署类脑智能研发计划和项目，如美国瞄准"跨尺度大脑连接图谱绘制"和"可搜索高分辨脑细胞图谱绘制"；欧盟围绕数字大脑研究推动神经科学领域研究，开发类脑智能新模型、新算法；日本则以脑科学方面的研究为基础，聚焦类脑智能产品以及社会应用。

我国也在"十三五"启动了中国"脑计划"，在"十四五"中布局类脑智能未来产业，将类脑计算和脑机融合研究作为未来重要的技术方向。据统计，全国有类脑智能企业276家，上市的、专精特新的以及高新技术企业占了近七成，产业专利集中在发明方面。从产业布局来看，已有上海、成都、深圳、武汉、广州、南京等超10个城市明确提出重点布局类脑智能，企业主要聚集在广东省、江苏省、北京市、上海市、浙江省和福建省。

类脑智能的发展旨在实现信息处理机制上类脑、认知行为表现上类人、智能水平上达到或超越人的目标，为人类的生产生活带来更多的便利和创新。

6.9.1　类脑智能的理论基础

1. 类脑智能的定义与内涵

1）什么是类脑智能

类脑智能是受大脑神经运行机制和认知行为机制启发，以计算建模为手段，通过软硬件协同实现的人工智能。它具备信息处理机制上类脑、认知行为表现上类人、智能水平上达到或超越人的特点。例如，类脑智能的芯片模仿人脑，把人脑运算和信息传输的机制进行数字化，大脑之间的通信是通过电信号进行神经元之间的链接，通过神经元之间的脉冲信号进行计算。

2）与传统人工智能的区别

与传统人工智能相比，类脑智能在低功耗、高效率等方面具有显著优势。传统人工智能更多是偏向统计学，利用概率上的一些模型达到智能，需要海量数据和高质量的标注，且计算资源消耗比较大，缺乏逻辑分析和推理能力，仅具备感知识别能力，时序处理能力弱，仅解决特定问题，适用于专用场景智能。而类脑智能可处理小数据、小标注问题，适用于弱监督和无监督问题，更符合大脑认知能力，自主学习、关联分析能力强，鲁棒性较强，计算资源消耗较少，人脑计算功耗约20瓦，类脑智能模仿人脑实现低功耗，逻辑分析和推理能力较强，具备认知推理能力，时序相关性好，可能解决通用场景问题，实现强人工智能和通用智能。

2. 类脑智能的关键技术

1）神经形态工程

（1）神经形态芯片研发：这是类脑智能硬件层面的核心技术。神经形态芯片模拟大脑神经元和突触的结构与功能，在芯片上构建类似于生物神经网络的结构，实现信息的并行处理和分布式存储。例如，脉冲神经网络芯片可以处理脉冲信号，其信息传递和处理方式更接近大脑中神经元的工作方式，具有低功耗、高效能的特点，能够在处理复杂任务时降低能耗，提高计算效率。

（2）新型器件研制：如忆阻器、忆容器、忆感器等。忆阻器可以模拟生物突触的可塑性，其电阻值会根据通过的电流或电压的历史而改变，从而实现对信息的存储和处理；忆容器和忆感器等新型器件也具有类似的特性，能够为类脑计算提供更接近大脑的物理基础，有助于构建更高效、更智能的类脑计算系统。

2）脑机接口技术

（1）信号采集：通过各种传感器，如电极、传感器阵列等，准确地采集大脑产生的脑电信号、神经信号等。这些信号包含了大脑的活动信息和意图，是实现脑机交互的基础。例如，在医疗领域中，通过植入式或非植入式电极采集患者的脑电信号，用于监测癫痫发作、分析大脑功能等；在智能控制领域，通过头戴式脑电传感器采集用户的脑电信号，实现对设备的控制。

（2）信号处理与解码：对采集到的脑信号进行预处理、特征提取和模式识别等操作，将脑信号转化为计算机可以理解的指令或信息。这需要运用先进的信号处理算法和机器学习技术，对脑信号进行分析和解读，提取出其中的关键特征和意图信息，然后将其转化为相应的控制信号或决策指令。

（3）反馈与交互：将计算机处理后的结果反馈给大脑，实现双向交互。例如，在康复训练中，当患者通过脑机接口控制外部设备完成某个动作后，设备会将动作的结果反馈给患者的大脑，帮助患者更好地理解和掌握自己的动作，促进康复训练的效果。

3）类脑算法与模型

（1）脉冲神经网络：是一种基于大脑神经元工作原理的神经网络模型。神经元通过脉冲信号进行信息传递和处理，与传统的人工神经网络中基于连续数值的信号处理方式不同。脉冲神经网络具有更强的生物真实性和时间敏感性，能够更好地处理时间序列数据和具有时间相关性的任务，如语音识别、动作预测等。

（2）增强学习：让智能体在与环境的交互中通过不断地尝试和学习，选择最优的行动策略以获得最大的奖励。在类脑智能中，增强学习算法可以模拟大脑的学习和决策过程，使智能体能够自主地探索环境、学习经验，并不断优化自己的行为。例如，智能机器人通过增强学习算法可以在复杂的环境中自主学习行走、抓取物体等技能。

（3）对抗神经网络：由生成器和判别器组成，通过两者之间的对抗博弈来学习数据的分布和特征。在类脑智能中，对抗神经网络可以用于生成逼真的图像、语音等数据，也可以用于提高智能体的学习能力和鲁棒性。例如，在图像生成领域，对抗神经网络可以生成与真实图像非常相似的假图像，为图像编辑、虚拟现实等应用提供技术支持。

4）多模态融合感知

（1）数据融合：将来自不同模态的信息，如视觉、听觉、触觉、嗅觉等信息进行融合处理。不同模态的信息具有不同的特点和优势，通过融合可以实现信息的互补，提高智能体对环境的理解和认知能力。例如，在自动驾驶领域，车辆需要同时融合视觉传感器获取的图像信息、雷达传感器获取的距离信息、超声波传感器获取的障碍物信息等，才能更准确地感知周围环境，做出正确的驾驶决策。

（2）特征提取与融合：对不同模态的信息进行特征提取，然后将提取出的特征进行融合。这需要运用先进的特征提取算法和融合策略，将不同模态的特征进行有效地整合，以便智能体能够更好地理解和处理多模态信息。例如，在语音识别与图像识别相结合的应用中，需要将语音的特征和图像的特征进行融合，实现对多模态信息的综合分析和理解。

5）数字孪生脑技术

（1）大脑建模：利用计算机技术和数学模型，对大脑的结构、功能、神经元连接等进行建模和模拟。通过对大脑的建模，可以深入了解大脑的工作原理和信息处理机制，为类脑智能的发展提供理论支持。例如，构建大脑的神经网络模型，模拟神经元之间的连接和信息传递过程，研究大脑的学习、记忆、决策等功能。

（2）仿真与验证：在数字模型的基础上，进行仿真实验和验证。通过对数字孪生脑的仿真，可以模拟各种大脑疾病的发生机制、治疗方法的效果等，为医学研究和临床治疗提供参考；也可以模拟智能体在不同环境下的行为和决策过程，为智能系统的设计和优化提供依据。

6.9.2 类脑智能的发展现状

1. 全球类脑智能产业布局

1）主要发达国家和地区的计划

美国在未来五年瞄准"跨尺度大脑连接图谱绘制"和"可搜索高分辨脑细胞图谱绘制"，投入研究经费总计高达近50亿美元，设立了生成多尺度大脑图谱、认清人脑基本功能及工作原理等宏大且具象的科学目标。

欧盟的计划是围绕数字大脑研究推动神经科学领域研究，开发类脑智能新模型、新算法。欧盟的"人脑计划"首期获得了来自"未来和新兴技术旗舰项目"10亿欧元的资助，在神经科学、计算机以及与脑科学相关的医学领域开展为期10年的科学探索和研发创新。

日本则是充分利用人工智能优势以脑科学方面的研究为基础聚焦类脑智能产品以及社会应用，于2014年发布了名为"综合神经技术用于疾病研究的脑图谱"的脑科学计划，由相关部门在10年内提供3.65亿美元经费，用于绘制灵长类动物（狨猴）的脑图谱，为精准了解人脑机理打下科学基础。

2）全球顶尖高校和技术公司的参与

全球顶尖高校和技术公司纷纷加入类脑计算和类脑智能布局。例如，IBM推出了TrueNorth类脑芯片，试图抢先打造类脑计算系统；微软提出了意识网络架构，声称是具备可解释性的新型类脑系统；谷歌在现有谷歌大脑基础上结合医学、生物学积极布局人工智能。这些高校和技术公司的参与，为类脑智能的发展提供了强大的技术支持和创新动力。

2. 我国类脑智能研究进展

1）"中国脑计划"的实施

我国也正在加快类脑智能战略发展。2017年，我国提出2030年类脑智能领域取得重大突破的发展目标。2021年，科技部发布了"脑科学与类脑研究"重大项目相关申报指南，部署了近60个研究方向，立足于探索大脑奥秘和攻克大脑疾病的脑科学研究以及建立发展人工智能技术的类脑研究，被各界形容为"中国脑计划"。近年来，国家还成立了类脑智能技术及应用国家工程实验室等机构。2024年，"问天I"类脑计算机技术成果在江苏南京发布，该计算机模拟大脑神经网络运行，是国内目前技术领先、规模最大的类脑计算机。

2）企业发展情况

我国类脑智能产业起步较晚，产品处于研发及优化的雏形阶段，消费端市场仍不成熟。

神经形态芯片领域，寒武纪科技公司在2016年注册成立时即推出"寒武纪1A"处理器，成为世界首款终端人工神经网络处理器，在性能和功耗上明显优于当时的其他计算硬件，在计算机视觉、语音识别、自然语言处理等机器学习任务上能实现性能最优化。2019年，清华大学类脑计算研究中心与北京灵汐科技有限公司合作，共同发布类脑计算芯片"天机芯"。该芯片是面向人工通用智能的世界首款异构融合类脑计算芯片，是我国类脑计算及神经形态芯片领域产品研发的标志性阶段成果。

脑机接口领域，相关产品在残疾人康复、老年人护理等医疗领域具有显著优势，是我国近年发展相对较快的类脑智能子领域。浙江大学的侵入式脑机接口技术和上海交通大学念通智能公司在行业内取得领先，上海念通智能公司脑电帽从大脑表皮采集和保存用户的脑电波信号，目前已进入临床试验阶段。除此之外，博睿康科技、宁矩科技公司等部分研发脑机接口底层技术初创企业逐步加入类脑智能产业竞争赛道。

类脑机器人领域，大部分产品仍处于研发阶段，上市产品较少。西安臻泰智能公司开发的脑控下肢康复机器人较为领先，该产品基于稳态视觉诱发电位、运动想象、注意力、精神状态监测等技术，允许患者通过意念控制机器人，强化神经中枢刺激反馈进行神经康复。

6.9.3 类脑智能发展面临的挑战

"类脑智能"若要成功落地，在技术水平、数据治理以及伦理安全监管等方面依旧面临众多挑战。

其一，当前相关研究尚处于起步阶段，研究范畴仍有待拓展。类脑智能的探究涵盖神经科学、信息科学、材料科学以及机械学等诸多学科知识，必须整合各类前沿科学成果并加以深度融合。与此同时，现今人类大脑的开发程度尚不足5%，神经元连接极为多样且富于变化，精确建模难度极大。

其二，伴随各国脑计划的持续推进，全球脑科学领域已然产生了海量的脑图谱与脑监测数据。如何高效且安全地运用这些数据，成为该领域面临的重大挑战，进而催生了对数据治理的迫切需求。

此外，一旦计算机跨越人类与技术的界限，道德伦理问题便接踵而至。例如，"类脑器官"能否感知外部环境、能否产生意识并实现思考，以及细胞捐赠者享有哪些权利等。

当下，国际脑行动计划已发布文件，呼吁强化脑科学的数据治理，并提出如下建议。首先，制定国际数据治理原则；其次，开发与数据治理相关的实用工具及指南；最后，加强数据治理教育，提升认识水平。同时强调，未来各国脑科学领域需进一步重视数据治理，制定出全球统一且协调的数据治理原则与框架。

英国议会《脑机接口》报告表明，脑机接口领域面临的伦理挑战涵盖安全性、隐私保护、获取脑机接口产品的公平性、风险与收益评估以及脑机接口参与的相关行为的权责问题等。未来，以脑机接口为代表的类脑智能产品的广泛应用，必将带来更多的伦理安全问题。目前，各国已采取初步行动，包括开展神经伦理学研究以及加强相关概念的宣传。我国也于2022年颁布了《关于加强科技伦理治理的意见》。可以预见，类脑智能伦理安全监管有望愈发规范化，最终实现全球共识。

实 训 任 务

实训 6.1 人工智能辅助高效学习

【背景描述】

假设你是一名在校大学生，想以毕业前考取人工智能训练师（三级/高级工）证书为目标进行学习。因此需要使用AIGC设定学习目标、制定并优化一份合理的学习计划。

【实训工具】

Kimi.ai。

【实训目标】

理解学习计划的五个步骤；能使用大模型确定学习目标、制定并优化学习计划。

【实施步骤】

用AIGC辅助高效学习、制定学习计划，包括设定学习者身份、确定学习内容、制定学习目标、生成学习计划、优化个人学习计划五个步骤，如图6-13所示。

图6-13 制定学习计划的步骤

（1）设定学习者身份：确定学习者的身份和背景是制定个性化学习计划的第一步。这包括了解学习者的年龄、教育水平、学习风格和动机，以便更好地适应其需求和偏好。

（2）确定学习内容：用AIGC介绍考取为人工智能训练师（三级/高级工）所要掌握的知识与技能，明确学习内容是制定计划的核心。这涉及选择学习的主题或领域，以及搜集必要的学习资料，确保覆盖所有需要掌握的知识点。

（3）制定学习目标：两年内考取人工智能训练师（三级/高级工）证书。制定清晰、具体的学习目标是推动学习进程的关键。学习目标应足够具体以免增加学习负担。

（4）生成学习计划：利用AIGC工具，创建一个详细的学习时间表和活动列表，为实现学习目标提供清晰的路线图。包括安排每天或每周的学习时间，规划阅读、写作、讨论和练习等学习活动。

（5）优化个人学习计划：学习计划应该是动态的、个性化的，能够根据学习者的进度和反馈进行调整。这包括评估学习效果，识别需要改进的地方，并根据个人的学习习惯和生活节奏调整计划，以确保计划的可行性和有效性。

【注意事项】

（1）学习内容、学习目标务必要符合学习者的身份。

（2）学习计划要贴合实际，充分考虑到生活作息等，可执行性强。

（3）学习计划中要包含多种学习形式，如阅读、讨论、实操等。

实训6.2　人工智能助力轻松工作

【背景描述】

投递简历是我们求职过程中必不可少的一个关键环节，各种大模型可以帮助我们优化自己的简历。但直接在大模型中输入制作简历并不能直接生成令人满意的简历。需要合理使用提示词，利用AI工具为自己撰写一份亮点突出的个人简历。

【实训工具】

文心一言等AI工具。

【实训目标】

理解制作简历的七要素和五原则，会使用亮点加强法则；能使用模板完成对提示词的优化；能使用投喂数据完成对简历的优化。

【实施步骤】

（1）**利用AI工具，使用亮点加强公式书写自我介绍**：针对自己的工作状态，总结个人优势或关键点。再采用亮点加强公式，把需要重点表现的内容总结成小短句，填充到公式中再输入文心一言等AI工具中，尝试使用AI工具一键生成自我介绍。

（2）**优化简历**：在自我介绍的基础上，利用AI工具完成个性化简历的设计。

【注意事项】

（1）简历中不得存在大量错别字、语法错误以及明显的排版错误。

（2）借助大模型与亮点加强公式进行优化，撰写出一份臻于完美的自我介绍。

亮点加强公式是一种较为实用的自我介绍方法。亮点加强公式如下。

① 自我介绍：运用简洁的言辞介绍自身身份以及专业所属领域。

② 突出亮点：着重凸显你最为突出的一项技能或者成就。

③ 突出亮点：突出展现一个与目标职位紧密相关的亮点。

④ 结尾：对自我介绍进行总结，着重强调你能为公司带来的价值。

（3）数据投喂对简历生成起着至关重要的作用，直接关乎生成结果的精确程度，AI工具的数据投喂示例如下。

① 向AIGC提供一份PDF文档，要求其自动生成内容摘要等相关内容；

② 给予AIGC一份文件，要求其从中找出最关键信息；

③ 给AIGC一份表格，要求其分析表格中的数据变化；

④ 向AIGC提供一份文本，要求其总结并模仿相似风格；

⑤ 给AIGC一本书，要求其快速阅读并总结书中讲解的内容。

自我测评

一、选择题

1. 内容创造方式不包括（　　）。
   A. AIGC　　　　B. PGC　　　　C. UGC　　　　D. FGC
2. 在制造业领域，RPA+AI的应用包括（　　）。（多选题）
   A. 生产流程优化　　　　B. 供应链管理
   C. 质量检测　　　　　　D. 降低成本
3. 以下选项中，具身智能的技术体系是（　　）。
   A. 感知-决策-行动-反馈　　　　B. 感知-行动-决策-反馈
   C. 感知-反馈-决策-行动　　　　D. 决策-感知-行动-反馈

二、简答题

1. 平时在节目中看到的数字虚拟人，其背后有哪些技术驱动？
2. 通用人工智能与狭义人工智能有什么区别？

模块 7
人工智能与社会

学习目标
1. 深入了解人工智能给人类工作带来的改变。
2. 了解人工智能训练师这一新职业。
3. 了解人工智能给人类社会带来的安全、伦理及隐私等问题。

学习重点
1. 人工智能对社会带来的冲击。
2. 人工智能训练师的工作内容以及需要具备的能力。

人工智能作为21世纪最具颠覆性的技术之一，正以前所未有的速度改变着我们的社会和生活。从智能语音助手到自动驾驶汽车，从医疗诊断辅助到金融风险预测，AI的应用已经渗透到各个领域，对人类的工作、生活、教育、医疗、社交等方面都产生了深远的影响。

人工智能的迅速发展，不仅带来了巨大的机遇，也带来了一系列的挑战。一方面，人工智能的应用可以提高生产效率，改善生活质量，促进社会进步；另一方面，人工智能的发展也可能导致就业岗位的减少、隐私和安全问题的加剧、伦理和道德问题的出现等。

单元 1　人工智能改变人类工作

7.1.1　工作岗位的替代

随着人工智能技术的不断发展，越来越多的工作岗位面临着被替代的风险。根据相关研究，人工智能将影响全球近四成工作岗位。在英国、美国等发达经济体中，约60%的工作岗位或将受到人工智能的影响；在新兴市场国家和低收入国家中，这一比例分别约为40%和26%。

一些重复性、规律性强的工作最容易被人工智能替代。例如，电话营销人员、打字员、会计、保险业务员、银行职员、政府基础职员（临时工）、司机、教师、新闻记者、工厂工人等岗位被人工智能取代的风险较大。以电话营销人员为例，大型语言模型使计算系统能够与客户交谈、回答问题、解决疑问，其被AI取代的概率高达99.0%。打字员随着语音识别技术的普及，工作也岌岌可危，被AI取代的概率高达98.5%。会计工作中许多基础任务可以被自动化软件处理，被AI取代的概率高达97.6%。表7-1为人工智能替代职业的概率排名情况（数据来源：牛津大学、麦肯锡、普华永道和创新工厂研究报告）。

表7-1 人工智能替代职业的概率排名情况

工作消失概率前十名	工作消失概率后十名
材料和木料机操作工 96.5%	人工智能科学家 0.1%
装配工和常规程序操作工 96.7%	创业者 0.1%
财务类行政人员 96.9%	心理学家 0.1%
银行或邮局职员 97.1%	宗教教职人员 0.1%
簿记员、票据管理员或工资结算员 97.3%	酒店与住宿经理或业主 0.1%
流水线质检员 97.5%	首席执行官 0.1%
常规程序检查员和测试员 97.7%	首席营销官 0.1%
过秤员、评级员或分类员 97.9%	卫生服务与公共卫生管理或主管 0.1%
打字员或相关键盘工作者 98.5%	教育机构高级专家 0.1%
电话营销人员 99.0%	特殊教育教师 0.1%

此外，入门级编程、数据分析和Web开发角色、入门级写作和校对、翻译工作、数据录入员、行政支持工作、法律助理、包装工、初级人力资源工作等岗位也有很大可能被人工智能替代。如入门级写作和校对工作，人工智能是完成基本写作任务和校对的绝佳工具，不涉及深入研究、人类观点或深入分析的写作任务在未来几年很容易被夺走。翻译工作中，与传统的翻译软件相比，ChatGPT在翻译方面表现更好，在未来，对入门级翻译的需求将会下降。

然而，虽然这些工作可能会受到人工智能的影响，但并不意味着它们会完全消失。在许多情况下，人工智能将与人类工作者合作，以提高效率和质量。例如，在会计工作中，复杂的会计和审计工作可能仍然需要人类专业知识。同时，新的职业和技能也将不断涌现，以适应技术的发展。

7.1.2 工作方式的改变

人工智能的发展不仅带来了工作岗位的替代，也极大地改变了人们的工作方式。

一方面，人工智能使得工作更加高效和精准。例如，在数据分析领域，人工智能算法可以快速处理大量数据，提取有价值的信息，为决策提供支持。相比传统的人工分析，不仅速度更快，而且准确性更高。据统计，使用人工智能进行数据分析的企业，决策的时效性平均提高了50%以上。

在制造业中，自动化生产线和机器人的应用，使得生产过程更加标准化和高效化。工人不再需要从事繁重的重复性劳动，而是转向对生产过程的监控和管理。以汽车制造为例，一些先进的汽车工厂已经实现了高度自动化生产，生产效率大幅提升，同时产品质量也更加稳定。

另一方面，人工智能促进了远程办公和协作的发展。随着智能办公软件和视频会议工具的不断完善，人们可以在不同的地点进行实时协作，打破了时间和空间的限制。近年来，这种远程办公模式得到了广泛应用，许多企业发现远程办公不仅可以提高员工的工作效率，还可以降低办公成本。

此外，人工智能还为个性化工作提供了可能。通过对员工工作习惯和能力的分析，人工智能可以为员工提供个性化的工作建议和任务分配，提高员工的工作满意度和绩效。例如，一些智能办公平台可以根据员工的工作历史和技能水平，为其推荐适合的项目和任务，帮助员工更好地发挥自己的优势。

总之，人工智能正在深刻地改变着人们的工作方式，带来了更高的效率、更好的协作和更个性化的工作体验。但同时，也对员工的技能和素质提出了更高的要求，需要不断学习和适应新的工作方式。

单元2　未来新的工作机会

任何一场技术革命都势必会取代一部分岗位，同时也会创造出另一些岗位。据罗兰·贝格咨询公司研究表明，每破坏掉100份工作，人工智能便会直接创造出16份新工作，而这些工作机会主要集中在对人工智能解决方案进行设计、执行以及维护的岗位上，主要有以下几种。

（1）数据科学家：大数据领域的高级职位，他们运用统计学、机器学习、人工智能等技术方法，探索和建立复杂的数据模型和预测模型。他们不仅挖掘大数据中的潜在模式和关联，还为企业提供战略和业务方向上的决策支持。

（2）机器学习工程师：负责开发和实施机器学习算法，解决各种问题。他们利用机器学习技术来改进和优化系统的性能和功能，在金融、医疗保健、零售、制造业等领域有广泛应用。

（3）自然语言处理工程师：负责研发与实现自然语言处理相关的技术和应用。主要参与智能对话系统、语义理解和机器翻译等项目的研发。研究和开发各种语义理解算法，如情感分析、文本摘要等。设计并实现自然语言对话机器人。

（4）算法工程师：负责研究和开发高效的算法，以解决现实问题。包括设计和实现算法，优化算法性能；进行数据分析和模型建立，利用机器学习和深度学习技术解决问题；对算法进行验证和评估，确保其性能和可靠性。

（5）人工智能运维工程师：负责确保AI系统的稳定运行和高效性能。包括管理和监控AI系统，确保其高效稳定地运行；识别和解决系统故障，进行必要的软件和硬件修复或升级；通过系统性能监控和瓶颈分析来优化性能。

（6）数据标注员：负责对原始数据进行标注、整理和分类。他们根据项目需求筛选和清洗数据，并与团队协作完成数据标注任务。这一岗位对于机器学习和人工智能项目的成功至关重要，因为他们提供的数据是训练模型的基础。

（7）AI硬件专家：负责创建AI硬件（如GPU芯片）的工业操作。随着大科技公司对专业芯片的需求增长，AI硬件专家的角色变得越来越重要，他们不仅需要设计高效的硬件解决方案，还要确保其与软件系统的兼容性。

（8）数据保护专家：负责确保数据的安全和隐私保护。他们制定和实施数据隐私政策，并确保合规性审查和安全措施的有效执行。在数据泄露风险日益增加的背景下，数据保护专家的角色变得尤为关键。

数字经济时代催生的新职业，在2019年4月，人力资源和社会保障部（以下简称人社部）等部门公布了13个新职业，其中人工智能相关职业被着重提及，涵盖人工智能工程技术人员、物联网工程技术人员、大数据工程技术人员、云计算工程技术人员、无人机驾驶员等。2020年2月，人社部再度向社会发布了未来急需的16个新职业如图7-1所示，人工智能训练师、智能制造工程技术人员、工业互联网工程技术人员以及虚拟现实工程技术人员等均位列其中。这些新职业的诞生恰恰是新产业、新业态、新技术背景下企业的迫切需求。

人工智能训练师的定义由阿里巴巴集团率先提出，其被形象地称作"机器人饲养员"。这也是人工智能技术广泛应用所带来的首个非技术类新职位。众所周知，人工智能的应用需要大量数据作为支撑，然而在各个行业获取到的原始数据无法直接用于模型训练，必须经过专业标注和加工后才能投入使用。但倘若标注人员对行业具体的应用场景缺乏了解，那么对数据的理解以及标注质量将会存在巨大差异，进而导致整体标注工作的效率和效果都不尽人意。因此，人工智能训练师应运而生。这并非一个人工智能技术岗位，而是人工智能与专业应用相结合的新岗位。

人工智能训练师是指运用智能训练软件，在人工智能产品实际使用过程中负责数据库管理、算法参数设置、人机交互设计、性能测试跟踪以及其他辅助作业的人员。简而言之，就是让人工智能更加"懂"人，通"人"性，从而更好地为人们服务。在人们所熟悉的天猫精灵、菜鸟语音助手、小爱同学等智能产品背后，都能看到人工智能训练师的身影。我国第一批人工智能训练师正是在阿里的客服团队中诞生的。

至于人工智能训练师所需具备的能力，总体而言，可以从智能产品应用、数据分析、业务理解以及智能训练等维度进行划分，具体包括：

- 标注和加工图片、文字、语音等业务的原始数据；
- 设计人工智能产品的交互流程和应用解决方案；
- 分析提炼专业领域特征，训练和评测人工智能产品相关算法、功能和性能；
- 监控、分析、管理人工智能产品应用数据；
- 调整、优化人工智能产品参数和配置。

2023年生成式人工智能概念兴起，国产生成式人工智能大模型如雨后春笋般涌现。2024年7月，人社部又发布了生成式人工智能系统应用员等新兴职业，如图7-2所示。

图7-1　2020年人社部公布16个新职业

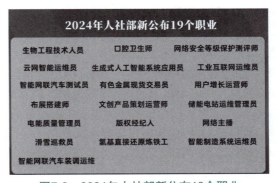

图7-2　2024年人社部新公布19个职业

生成式人工智能系统应用员负责运用生成式人工智能技术及工具，从事生成式人工智能系统设计、调用、训练、优化、维护管理等工作，包含但不限于：

（1）开发设计生成式人工智能系统整体架构，制定生成策略。

（2）调用不同生成式人工智能模型或应用开发接口，生成文本、图像、视频等内容。

（3）收集、处理和标注数据，训练不同应用场景中的生成式人工智能模型。

（4）根据实际需求改进算法或引入新技术，优化生成式人工智能系统的性能和效率。

（5）在实际应用场景中部署训练和优化后的生成式人工智能系统。

单元 3　　人工智能时代需要的人才

人工智能已经走进我们的生产和生活，成为推动社会进步最重要的力量。人工智能大力发展，正在逐步取代很多传统岗位。所以要想不被时代淘汰，就必须终身学习，不断研究并掌握新的技能，不断前进，才会有更好的生活。

7.3.1　跨学科知识

在人工智能时代，单一学科的知识已经难以满足复杂的技术需求和社会挑战。跨学科知识成为人才必备的素养。

人工智能涉及多个学科领域，如计算机科学、数学、统计学、心理学、哲学等。计算机科学为人工智能提供了算法和编程基础；数学和统计学在数据分析和模型构建中起着关键作用；心理学有助于理解人类认知和行为，为人工智能的人机交互设计提供依据；哲学则在思考人工智能的伦理和道德问题上发挥重要作用。

例如，在人工智能的自然语言处理领域，需要语言学、计算机科学和数学的跨学科知识。语言学家提供语言结构和语义的知识，计算机科学家设计算法和模型，数学家则运用统计学方法进行语言数据的分析和处理。

跨学科人才在人工智能时代具有重要的价值。他们能够打破学科壁垒，增强创新能力，为解决复杂的人工智能问题提供多元化的视角和方法。同时，跨学科人才更适应未来职业发展的需求，在全球化背景下的人工智能领域更具竞争力。

7.3.2　创新能力

在人工智能时代，创新能力成为人才的核心竞争力。随着人工智能技术的飞速发展，传统的工作模式和思维方式不断被颠覆，只有具备创新能力的人才能够在激烈的竞争中脱颖而出。

创新能力在人工智能领域的重要性不言而喻。一方面，人工智能技术本身就是创新的产物，其发展离不开持续的创新。例如，深度学习算法的不断改进、自然语言处理技术的突破等，都是创新的结果。另一方面，人工智能的应用场景日益广泛，需要创新能力来开拓新的领域和解决新的问题。以医疗领域为例，创新型人才可以利用人工智能技术开发新的疾病诊断方法、治疗方案和医疗设备，为患者提供更好的医疗服务。

创新能力的培养不仅需要个人的努力，也需要社会的支持。政府可以加大对科技创新的投入，制定鼓励创新的政策，为创新人才提供良好的发展环境。同时，企业也应重视创新人才的培养和激励，建立创新奖励机制，激发员工的创新热情。

7.3.3　实践能力

在人工智能时代，实践能力是人才不可或缺的关键素养。人工智能技术的发展不仅仅停留在理论层面，更需要通过实践来不断验证、优化和拓展。

实践能力在人工智能领域的重要性日益凸显。首先，人工智能的算法和模型需要通过大量的实践数据进行训练和优化。例如，机器学习工程师在开发算法时，必须依靠实际数据进行反复试验和调整，以提高模型的准确性和泛化能力。据统计，经过充分实践优化的人工智能模型，在实际应用中的准确率可以提高20%以上。

其次，实践能力有助于人才更好地理解和解决实际问题。在人工智能的应用场景中，往往

单元 4　人工智能安全和评估

7.4.1　人工智能的安全问题

1. 数据安全

数据作为人工智能的核心要素，其安全性至关重要且面临诸多挑战。AI系统的高效运行依赖于大量的数据进行训练和学习，这些数据涵盖了各个领域，从医疗记录到金融交易信息，从用户的行为习惯到企业的生产数据等。一旦数据被泄露或篡改，将会引发一系列严重的后果。

在医疗领域，如果患者的医疗数据被泄露，这不仅是对患者隐私的严重侵犯，还可能直接导致医疗诊断错误。例如，患者的病史、检查结果以及基因数据等都是非常敏感的信息。如果这些数据落入不法分子手中，他们可能会恶意篡改数据，使得医生在诊断过程中依据错误的数据做出不准确的判断，进而影响患者的治疗效果，甚至危及生命。

在金融领域，数据安全同样不容忽视。金融交易数据包含了客户的账户信息、资金流动情况以及交易习惯等。如果这些数据被泄露，黑客可能会利用这些信息进行诈骗活动，如盗刷信用卡、转移资金等，给客户和金融机构都带来巨大的经济损失。

此外，在互联网应用中，用户的行为数据被广泛收集用于AI系统的个性化推荐等功能。如果这些数据安全措施不到位，用户的个人喜好、浏览历史以及社交关系等信息可能被泄露，这可能会导致用户收到大量的垃圾广告推送，甚至遭受网络诈骗。

2. 算法安全

算法作为AI系统的灵魂，其安全性也是至关重要的。一些恶意攻击者可能会出于各种目的，通过篡改算法的参数或结构，使AI系统产生错误的决策。

以自动驾驶汽车系统为例，如果算法被篡改，可能会导致车辆失控，引发严重的交通事故。在自动驾驶过程中，车辆依靠复杂的算法来感知周围环境、做出决策并控制车辆的行驶。如果攻击者篡改了算法中关于车辆速度控制的参数，可能会使车辆在不适当的情况下加速或减速，从而与其他车辆或障碍物发生碰撞。

在金融风险预测系统中，如果算法被破坏，可能会导致对金融市场风险的错误评估。金融机构依靠算法来分析大量的市场数据，预测股票价格走势、汇率波动以及信贷风险等。如果算法被篡改，可能会给出错误的风险提示，使得金融机构做出错误的投资决策，引发金融市场的动荡。

在智能安防系统中，如果算法的安全性得不到保障，可能会导致系统无法准确识别危险情况或误判正常行为为危险行为。例如，在机场安检系统中，如果算法被篡改，可能会将一些正常的物品误判为危险物品，给旅客带来不必要的麻烦，同时也会影响安检的效率和准确性。

7.4.2　人工智能的安全评估标准

人工智能的安全评估标准对于确保其安全可靠运行至关重要。目前，国际上已经开始制定一系列的标准来规范人工智能的安全评估。

在《生成式人工智能应用安全测试标准》和《大语言模型安全测试方法》两项国际标准中，为测试和验证生成式人工智能应用的安全性提供了框架。《生成式人工智能应用安全测试标准》定义了人工智能应用程序架构每一层的测试和验证范围，包括基础模型选择、嵌入和矢量数据库等，确保人工智能应用各方面都经过严格的安全性和合规性评估。《大语言模型安全测试方法》提出了大语言模型安全风险分类、攻击分类分级方法以及测试方法，并给出四种不同攻击强度的攻击手法分类标准，提供了严格的评估指标和测试程序。

我国也在积极探索人工智能的安全评估标准。《生成式人工智能服务管理办法（征求意见稿）》提出了人工智能服务安全的国家标准，包括语料安全、模型安全、安全措施等。评估标准主要围绕语料来源安全、生成内容安全、问题拒答展开。

人工智能的安全评估标准可以从多个方面进行考虑。首先是数据安全，包括数据的采集、存储、使用和共享等环节。确保数据的来源合法、准确、可靠，并且采取有效的加密和防护措施，防止数据泄露和篡改。其次是模型安全，评估模型的准确性、稳定性和可靠性，防止模型被攻击和篡改。还可以考虑算法的公正性和透明性，避免算法偏见和歧视。

此外，安全评估标准还应考虑人工智能系统的鲁棒性和抗攻击性。通过模拟各种攻击场景，测试人工智能系统的抵御能力，及时发现和修复潜在的安全漏洞。同时，建立应急响应机制，在发生安全事件时能够迅速采取措施，降低损失。

单元5　人工智能的伦理与隐私

7.5.1　人工智能引发的伦理问题

随着人工智能技术的飞速发展，伦理问题也日益凸显，人工智能伦理和安全受到国际社会的普遍重视。

例如，瑞典数学家奥勒·哈格斯特姆曾指出，脑机接口技术带来的两种常见的伦理问题是：隐私和认知能力的"军备竞赛"。

关于隐私问题，在高科技时代，每一次技术升级都会导致隐私状态发生改变。从人类历史发展来看，随着社会的进步，人类的隐私范围逐渐缩小。在人工智能时代，这种情况尤为紧迫。一旦大脑植入设备可以轻易获取我们大脑内的电信号，其内容完全可以被破译出来，这就会导致很多个人或机构想要获取这些信息，从而利用这些信息实施对我们基于特殊目的的操控。这种过程是渐进的，在温水煮青蛙效应中，人类的隐私一点点失去。1999年斯坦利教授在哈佛大学通过解码猫的丘脑外侧膝状体内的神经元放电信息来重建视觉图像，同理，利用这套技术也可以重建人类的视觉内容。这表明脑机接口所引发的隐私问题并非遥不可及。

除了隐私问题，认知能力的"军备竞赛"也不容忽视。由计算机在精确计算、数据传输与记忆方面比人类表现强很多，随着技术的发展与完善，总会有一些人尝试在大脑中植入一些芯片，使自己的能力与计算机的能力进行整合，这将造就认知超人。而正常人再怎么努力也无法达到计算机所具有的记忆能力，这种事情一旦开始就无法停下来，从而陷入"军备竞赛"的游戏框架下，因为没有人敢于停下来，否则将被淘汰。

责任划分问题也是在人工智能时代人类不得不面对的一个难题。当AI系统做出决策时，确定责任的归属成为一个极为复杂且棘手的伦理难题。在不同的应用场景下，涉及多个相关方，使得责任界定困难重重。

以自动驾驶汽车为例，当发生交通事故时，确定责任归属并非易事。如果是自动驾驶系统的故障导致事故发生，那么是汽车制造商的责任吗？汽车制造商负责车辆的整体设计和生产，包括自动驾驶系统的集成。然而，算法开发者也可能成为责任主体，因为他们设计了自动驾驶汽车所依赖的决策算法。如果算法存在缺陷或错误，导致车辆做出错误的决策，那么算法开发者似乎难辞其咎。此外，如果车辆在自动驾驶过程中，驾驶员（如果按照某些设计，驾驶员仍然需要在某些特定情况下干预车辆操作）没有按照规定进行操作，或者在应该接管车辆控制权时未能及时做出反应，那么驾驶员也可能需要承担一定的责任。这种复杂的责任划分机制在实际应用中尚未完全明确，导致在事故发生后，各方可能会互相推诿责任，给受害者的权益维护带来极大的困难。

在医疗领域，使用AI辅助诊断系统也存在类似的责任划分问题。如果AI系统给出了错误的诊断结果，导致患者病情延误或治疗不当，是医疗设备制造商的责任，还是算法开发者的责任，又或者是使用该系统的医生的责任呢？医生可能会认为他们是基于AI系统提供的结果进行判断，而AI系统的错误结果误导了他们；算法开发者则可能强调系统是在一定的误差范围内运行，医生应该对最终诊断结果负责；医疗设备制造商可能会指出他们只是提供了硬件平台，算法的准确性并非他们所能完全控制。这种责任不清的情况不仅会影响患者的权益，也会阻碍AI技术在医疗领域的进一步推广和应用。

此外，人工智能还带来了其他伦理问题。例如，人工智能算法在目标示范、算法歧视、训练数据中的偏失可能带来或扩大社会中的歧视，侵害公民的平等权。深度学习等复杂的人工智能算法会导致算法黑箱问题，使决策不透明或难以解释，从而影响公民知情权、程序正当及公民监督权。信息精准推送、自动化假新闻撰写和智能化定向传播、深度伪造等人工智能技术的滥用和误用可能导致信息茧房、虚假信息泛滥等问题，以及可能影响人们对重要新闻的获取。虚假新闻的精准推送还可能加大影响人们对事实的认识和观点，进而可能煽动民意、操纵商业市场和影响政治及国家政策。剑桥分析公司利用社交网站上的数据对用户进行政治偏好分析，并据此进行定向信息推送来影响美国大选，就是典型实例。

人工智能引发的伦理问题复杂多样，需要高度重视，并采取有效的措施来加以解决。我国先后发布《全球数据安全倡议》《全球人工智能治理倡议》等文件，为相关国际讨论和规则制定提供了有益借鉴。2024年3月首届"AI善治论坛"会议发布了《中华人民共和国人工智能法（学者建议稿）》，其中在第三条"科技伦理原则"中提出：发展人工智能应当坚持以人为本，尊重人身自由和人格尊严，增进人民福祉，保障公共利益，引导和规范人工智能产业健康有序发展。2024年9月，全国网络安全标准化技术委员会发布了《人工智能安全治理框架》1.0版，明确提出了"包容审慎""风险导向""技术与管理结合""开放合作"四大核心原则。这些原则为AI伦理框架的构建提供了重要指导，有助于推动AI技术的健康发展。

7.5.2 人工智能时代的隐私保护

在人工智能时代，保护个人隐私至关重要。随着人工智能技术的广泛应用，个人信息面临着前所未有的泄露风险。

首先，提高个人隐私保护意识是关键。人们应认识到在与人工智能交互过程中，信息可能被作为数据储存。例如，在使用人工智能工具时，不要轻易泄露自己的照片、位置等隐私信息。同时，要学会辨别不同的人工智能服务，选择注重隐私保护的产品和平台。

其次，技术创新在隐私保护中发挥着重要作用。数据加密是一种有效的隐私保护方法，通过对个人数据进行加密，即使数据被非法访问或窃取，攻击者也无法获取其中的内容。数据匿名化则可以去除或替换个人数据中的身份信息，降低数据被识别的风险。例如，在人工智能系统处理数据之前进行数据匿名化，确保个人数据的隐私性。此外，差分隐私算法可以向敏感数据添加噪声，防止私人信息的推断，降低数据去匿名化的风险。

再者，法律法规的制定是保障隐私的重要手段。相关部门应制定严格的法律法规，明确规定个人数据的使用和保护要求，加强对违规行为的制裁。例如，制定隐私保护相关的法律法规，明确企业在收集、使用和保护个人数据方面的责任和义务。同时，加强对人工智能技术的监管，确保其在合法合规的框架内发展。2021年8月20日，《中华人民共和国个人信息保护法》正式通过。它是我国个人信息保护制度建设的关键节点。该法明确了个人信息权益保护与个人信息合理利用的平衡，规定了个人信息处理规则、跨境提供规则、个人在信息处理活动中的权利、处理者的义务、履行保护职责的部门以及法律责任等内容，为人工智能领域中个人信息的收集、存储、使用、加工、传输、提供、公开等处理活动提供了明确的法律依据。

最后，多方合作共同努力是实现隐私保护的必要途径。个人、组织和政府应积极参与隐私保护工作，确保其行为符合相关的规定和法律要求。企业应加强自身的隐私保护措施，定期进行安全审计，实施强有力的数据保护实践。政府应加强监管力度，推动技术创新，提升公众意识。通过各方的合作与共同努力，建立起一个安全、可靠的人工智能环境，保护个人隐私。

在人工智能时代，我们需要通过提高个人意识、推动技术创新、制定法律法规和加强多方合作等多种方式，共同努力保护个人隐私，确保人工智能技术的健康发展。

实 训 任 务

实训7.1　人工智能时代的职业生涯规划

【背景描述】

作为一名在校大学生，请根据所学专业，兴趣爱好以及个人实际情况，结合人工智能技术发展趋势，通过行业调研，做出一份符合人工智能时代社会发展趋势、行业发展方向的职业生涯规划，并按要求填写表格。

【实训目标】

（1）理解人工智能技术对人类工作岗位和工作方式的改变。

（2）深入了解人工智能时代对人才的要求。

（3）能够做出顺应时代变革、符合人工智能发展趋势的职业生涯规划。

【实施步骤】

（1）确定职业目标：包括行业、企业/单位、岗位。

（2）撰写选择此目标的原因：包括行业发展趋势，人工智能在此行业/岗位的应用结合情况等。

（3）完成职业生涯规划：围绕目标职业要求，结合人工智能时代对人才的要求，规划学习实践行动并填写表7-2。

【注意事项】

（1）进行职业规划时，应考虑到人工智能技术对行业/岗位的影响。

（2）学习实践行动尽量结合实际、内容具体、可执行性强。

表7-2　实训任务表

姓　　名		专　　业	
行业			
企业/单位			
岗位			
选择原因			
学习实践行动 （能力培养计划）	跨学科知识	创新能力	实践能力

自 我 测 评

一、选择题

1. 以下选项中，（　　　）是人工智能未来可替代的职业。（多选题）
   A. 财务类人员　　　B. 流水线工人　　　C. 电话销售员　　　D. 心理学家
2. 人工智能时代需要的人才需要具备的能力包括（　　　）。（多选题）
   A. 跨学科知识　　　B. 跳跃式思维　　　C. 创新能力　　　　D. 实践能力
3. 在人工智能时代，新型人才的需求特点包括（　　　）。（多选题）
   A. 跨学科知识背景　　　　　　　　　　B. 创新思维和解决问题的能力
   C. 熟练掌握编程语言　　　　　　　　　D. 擅长人际交往和沟通

4. 在人工智能时代，（　　）类型的人才需求将会增加。
   A. 数据科学家　　　　　　　　　B. 传统制造业工人
   C. 手工艺人　　　　　　　　　　D. 纸质图书编辑

二、判断题

1. 人工智能训练师要求具备人工智能技术背景，是一个人工智能技术岗位。（　　）
2. 企业引入人工智能产品的主要目的是让人事工作可以更加仔细、简单。（　　）

三、简答题

1. 人工智能可能引发的负面影响有哪些？
2. 结合自己所学的专业，查阅相关行业资料，思考该行业未来需要人工智能训练师吗？在哪些具体工作领域有需求？
3. 在人工智能时代，你认为新型人才应具备哪些核心技能和素质？

附录 A
国际青年人工智能大赛

国际青年人工智能大赛是由中国人工智能学会主办，联合国可持续发展目标全球协作项目工作委员会支持的一项全球性赛事，大赛秘书处设立在哈尔滨工业大学工程创新实践中心，大赛是目前竞赛水平高、参与院校多的国际级青年高水平人工智能大赛之一。迄今为止已举办了六届，是重要的青年科技创新交流平台，参赛作品涵盖了最新人工智能技术。大赛旨在进一步激发广大青年学生创新创业创造热情，搭建国际青年携手解决机器人科技、人工智能领域前沿问题以及发挥科技与文化艺术深度融合的合作平台。

大赛已逐步发展成为更加聚焦高精尖技术交流、产业技术应用、市场规模影响等方面，围绕科研与技术类、科普创造类两大竞赛方向，以推动全球人工智能技术领域核心技术攻关；大赛将持续吸引世界范围内青年群体广泛参与，为各国热爱"人工智能+"的青年提供展示平台。

大赛共吸引了来自来自国内外380余所高校共襄盛会。包括中国、韩国、英国、俄罗斯、德国、泰国、新加坡、赞比亚、芬兰、巴基斯坦、土耳其等国家代表队同台竞技共展风采。

大赛将不断发挥自身平台优势，为参赛选手、裁判员、参与者提供一个汇聚创新资源、产业资源、市场资源、资本资源、人才资源的全球化开放合作平台，激发人工智能行业的科技研发潜力，成为推动全球创新人才、科技人才、技能技术人才培养的重要力量。

随着大赛国际影响力的逐步扩大，包括联合可持续发展目标全球协作项目工作委员会、中国人工智能学会等国际官方与学术组织持续支持大赛发展。在不久的将来，比赛将办成世界级知名高水平大赛，扩大参赛深度与广度，成为国际青年朋友科技创新、文化交流的重要平台。

大赛项目设置紧密结合人工智能领域的前沿技术和趋势，分为创新创意设计开发赛道、技能应用挑战赛道、人型机器人竞技挑战赛道、专题赛四个方面，共设立22个赛项，分别是：四足机器人任务挑战赛-中型组，无人车任务挑战赛，四足机器人任务挑战赛-小型组，探索者创新设计赛，人工智能应用与技能创新比赛，无人车视觉巡航赛，百度Apollo星火自动驾驶赛，人工智能与机器人创新赛（创意组），智慧物流分拣挑战赛，人工智能与机器人创新赛（实物组），仿人机器人舞蹈赛，智能机器人工程应用比赛，探索者全地形运载机器人任务挑战赛，地空机器人任务赛，人工智能与边缘计算应用开发赛，空中机器人任务挑战赛，Pepper智能人型服务机器人应用赛，NAO人型机器人竞走接力赛，生成式大模型创新应用比赛（学生组），生成式大模型创新应用比赛（教师组），人工智能文艺科普创新比赛，NAO人型机器人高尔夫球赛。

下面以技能应用挑战赛道中的智慧物流分拣挑战赛这一具有代表性的赛项为例，深入了解赛项的规则与参赛要求。

（一）赛项名称

赛项名称：智慧物流分拣挑战赛。

（二）赛项主题

此赛项为普及智能制造工业4.0概念，机器人智慧物流分拣挑战赛通过模拟智能制造中的机器人分拣、视觉识别、移动运输等智能环节，帮助参赛选手学习机器人编程与控制技术、传感器知识、移动机器人技术及机器视觉，掌握编程技能，培养智能制造集成思维。

① 选手需亲手实践配置，现场协作与编程，对学生的动手能力与创新能力进行真实考核。

② 团队需协作与沟通，锻炼学生的团队协作能力。注重学生根据现场公布的赛事条件，现场制定参赛策略，完成最终的竞赛。

③ 使用以工业外形为设计参考的桌面六轴机器人作为参赛平台，保证学生操作安全的同时为学生提供尽可能真实的机器人场景。推广高科技产品的教育方向应用，探索全新教育模式。

（三）赛项规则

1. 报名要求

本赛项以团队为单位报名参赛。允许跨专业组建团队，每个团队的参赛成员不少于2人，不能超过5人。指导教师最多2人。

2. 竞赛形式

线上。

3. 赛前准备

① 参赛队伍自备1台Windows系统笔记本计算机。

② 计算机提前安装软件及设备驱动。

③ 设备安装与场景搭建。

4. 竞赛内容介绍

参赛队伍通过编写程序控制机械臂从快件摆放区将快件搬运至传送带，再通过视觉摄像头训练识别快件二维码并通过编写程序控制机械臂将不同地区快件分拣至对应区域。

（1）竞赛场地说明

比赛场地分为快件摆放区、安全电源开关摆放区、1#机器人摆放区、2#机器人摆放区、气泵盒摆放区、传输带及快件分类摆放区（注：图A-1显示快件分区仅为示意图，具体尺寸以比赛为准）。

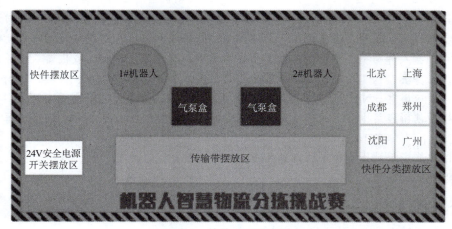

图A-1 快件分区示意图

快件的大小规格为25mm×25mm×25mm,快件上分别为不同地区二维码及地区标识,如图A-2所示。

图A-2　快件地区标识

快件摆放区：倾斜滑台可随机放置12个不同地区快件。

1#机器人摆放区：位于原料区黄色圆形区域内,该机械臂用于将快件滑台上的快件搬运至运输区的传送带上。

传送带摆放区：位于运输区灰色位置,用于传输快件。

2#机器人摆放区域：位于放置区黄色圆形区域内,该机器人末端有视觉摄像头,需通过视觉摄像头识别不同快件二维码并搬运到指定地区。

快件分类摆放区：比赛开始,老师会随机选取不同快件地区彩纸放置于该区域。

（2）竞赛任务说明

挑战赛以模拟机器人智慧物流中的快件识别分拣场景。由参赛队伍控制两台机械臂、一条传送带及视觉摄像头共同完成,通过程序控制完成物品的搬运、识别、分类与分拣,按照规定的时间内完成任务计算得分最终判定输赢。参赛小组需分别完成以下三项任务：

① 快件搬运：将快件从快件滑台搬运到传送带。

② 快件分类分拣：将不同地区快件分拣至指定地区区域内。

③ 安全操作：避免碰撞,规范操作。

（3）参赛准备

参赛队需录制好全景视频（整体场景入镜且不允许有遮挡）,要体现出各单元模块的工作状况,设备运行完成后需展示分拣后的物块放置情况,最终将视频文件与竞赛文档发送到指定邮箱。

（4）评分说明

① 快件搬运任务得分：参赛队每成功抓取快件并放置到传送带得2分,最多取12次。例如,成功取走2个,得4分（如不能将滑台上的物块转运,可使用手动或自动装置将物块放置在传送带上进行比赛。手动放置物块不得分,自动装置得1分）。

② 分类码放得分：将识别到的快件摆放到指定区域的物块得4分,放入错误区域的物块得2分。

③ 安全操作得分：运行过程中操作规范无碰撞得8分。满分为：24+48+8=80分。

（5）规则补充说明

参赛队伍需要在限定的时间内,完成快件搬运、运输及快件分拣任务所对应的程序调试。其他说明包含：

① 搬运比赛环节总时间3 min,录制视频不能超过3 min,超出部分不计入分数。

② 机械臂需自动执行程序,程序自动运行后不允许手动干预设备运行。

③ 竞赛规则之未明确细则,由大赛裁判长按统一标准,进行临时判罚约定。

④ 竞赛组委会对此比赛具有最终解释权。

参 考 文 献

[1] 程显毅，任越美，孙丽丽.人工智能技术及应用[M].北京：机械工业出版社，2020.

[2] 周苏，张泳.人工智能导论[M].北京：机械工业出版社，2020.

[3] 黄河燕，毛先领，李侃，等.人工智能导论[M].北京：高等教育出版社，2023.

[4] 李昂生.人工智能科学：智能的数学原理[M].北京：科学出版社，2024.

[5] 周斌斌，周苏，等.人工智能基础与应用[M].北京:中国铁道出版社有限公司，2022.

[6] 胡征.解密人工智能[M].北京:化学工业出版社，2022.

[7] 王树徽，闫旭，黄庆明.跨媒体分析与推理技术研究综述[J].计算机科学，2021，48(3):79-86.

[8] 赵罡，刘亚醉，韩鹏飞，等.虚拟现实与增强现实技术[M].北京:清华大学出版社，2022.

[9] 曾文权，王任之.生成式人工智能素养[M].北京:清华大学出版社，2024.

[10] 王东，利节，许莎.人工智能[M].北京:清华大学出版社，2019.

[11] 古天龙.人工智能伦理导论[M].北京:高等教育出版社，2022.

[12] 丁磊.生成式人工智能：AIGC的逻辑与应用[M].北京:中信出版社，2023.

[13] 梁正.前沿人工智能的发展现状[J].中国发展观察，2024，(09):106-110.

[14] 宋齐明，胡燕珊.人工智能时代大学生就业能力需求变革及教育应对[J].中国大学生就业，2024，(11):75-83.

[15] 吴倩，王东强.人工智能基础及应用[M].北京:机械工业出版社，2022.

[16] 丁艳.人工智能基础与应用[M].2版.北京:机械工业出版社，2024.

[17] 牛百齐，王秀芳.人工智能导论[M].北京:机械工业出版社，2023.